# 虚拟仪器系统设计与程序开发

杨小强　任焱晞　马光彦　著

北　京

冶 金 工 业 出 版 社

2017

# 内 容 简 介

本书共分3篇,第1篇(第1~3章)通过对数据采集技术和虚拟仪器硬件技术等的讲解,使读者初步具备硬件选型能力,了解虚拟仪器的设计与开发方法。第2篇(第4~6章)以LabVIEW2014版本为对象,讲述虚拟仪器的图形化开发技术,使读者掌握虚拟仪器的基本开发、编程技术及系统的软硬件集成技术,具备初步的虚拟仪器开发能力。第3篇(第7~8章)通过两个典型的机械设备测控虚拟仪器系统的开发案例,使读者能举一反三,能应用虚拟仪器技术开发各种测控仪器及工程应用系统。

本书可作为军队及地方高等工科院校机械工程类、近机类各专业和军事装备学、测控技术与仪器专业本科生、研究生虚拟仪器课程教材或教学参考书,也可供工程技术人员或装备保障人员在开发机械装备测控系统、故障检测与诊断系统的时阅读参考。

## 图书在版编目(CIP)数据

虚拟仪器系统设计与程序开发/杨小强等著 . —北京:
冶金工业出版社,2017.4
ISBN 978-7-5024-7491-1

Ⅰ.①虚… Ⅱ.①杨… Ⅲ.①虚拟仪表—系统设计
Ⅳ.①TH860.2

中国版本图书馆 CIP 数据核字(2017)第 060014 号

出 版 人 谭学余
地　　址 北京市东城区嵩祝院北巷 39 号 邮编 100009 电话 (010)64027926
网　　址 www.cnmip.com.cn 电子信箱 yjcbs@cnmip.com.cn
责任编辑 程志宏 徐银河 美术编辑 吕欣童 版式设计 孙跃红
责任校对 卿文春 责任印制 李玉山
ISBN 978-7-5024-7491-1
冶金工业出版社出版发行;各地新华书店经销;固安华明印业有限公司印刷
2017 年 4 月第 1 版,2017 年 4 月第 1 次印刷
787mm×1092mm 1/16;18.5 印张;449 千字;285 页
58.00 元
冶金工业出版社 投稿电话 (010)64027932 投稿信箱 tougao@cnmip.com.cn
冶金工业出版社营销中心 电话 (010)64044283 传真 (010)64027893
冶金书店 地址 北京市东四西大街46号(100010) 电话 (010)65289081(兼传真)
冶金工业出版社天猫旗舰店 yjgycbs.tmall.com
(本书如有印装质量问题,本社营销中心负责退换)

# 前　　言

　　虚拟仪器技术是测试技术、信号处理技术和计算机技术相结合的产物,是这几门学科的最新技术的结晶。它融合了测试理论、仪器原理和技术、计算机接口技术、高速总线技术、图形化编程技术和系统集成技术。

　　使用虚拟仪器技术,工程技术人员可以利用图形化开发软件,方便、高效地创建和完全自定义的解决方案,以满足工程领域需求灵活多变的趋势。目前,世界财富500强中超过85%的制造型企业已经选择了虚拟仪器技术,大幅度减少了自动化测试设备以及减小了控制设备的尺寸,使系统的整体工作效率提高了十多倍,而成本却没有明显的增加。与此同时,虚拟仪器技术本身也在不断发展和创新,由于建立在商业可用技术的基础之上,使得目前正蓬勃发展着的新兴技术也成为推动虚拟仪器技术发展的新动力。

　　当前,虚拟仪器和LabVIEW为各个学科的测量、控制等问题提供了一个基本统一的软件、硬件平台,这就使得有可能面对众多专业学生开设一门共同课程,为他们各自的学习研究提供一个基本通用的解决问题平台。另一方面,虚拟仪器技术在工业领域的广泛应用,为工程师和现场技术人员提供了一种方便的产品设计和开发手段,使仪器或现场测控系统的开发能力、产品质量提升到一个新的高度。最新的虚拟仪器为高等院校教学和科研、生产应用带来新活力,将教学与研究提升到一个新层次,有利于培养学生及提升工程技术人员的应用和创新能力。

　　本书主要反映虚拟仪器丰富的知识内容、技术体系、开发技巧和作者的工程实践经验和教学体会,力求使读者能够全面地了解虚拟仪器技术,掌握虚拟仪器系统的开发与系统集成。本书共分为三篇:第1篇包括第1章~第3章,讲述虚拟仪器硬件技术与开发基础;第2篇包括第4章~第6章,讲述虚拟仪器软件编程;第3篇包括第7章~第8章,讲述虚拟仪器系统开发案例与实践。

本书由解放军理工大学杨小强、任焱晞和马光彦撰写。

虚拟仪器硬件发展迅速,软件功能日益强大、更新很快,应用领域分布十分广泛,鉴于作者的学识水平所限,书中难免有不妥和疏漏之处,恳请读者批评指正。

读者可通过电子邮件至:3113593699@qq.com 与作者联系。

作　者
2017 年 1 月

# 目　　录

## 第 1 篇　虚拟仪器硬件技术

## 第2篇　虚拟仪器的软件开发环境与软件设计

## 第 3 篇　虚拟仪器系统开发案例

# 第1篇　虚拟仪器硬件技术

本篇通过对测试仪器技术、虚拟仪器技术、数据采集技术、虚拟仪器硬件技术的介绍，使读者了解测试技术、虚拟仪器技术的基本概念、构成、原理以及开发技术，掌握传感器、数据采集、模拟量 I/O、数字量 I/O 等相关基础知识，认识典型虚拟仪器硬件，包括 PCI 数据采集卡、PXI、USB、CompactRIO、CompactDAQ、GPIB、VXI、LXI 等总线或仪器系统的结构原理与集成方法，具备虚拟仪器系统的硬件方案设计、系统集成与研制开发能力。

# 第1章　虚拟仪器技术概述

## 1.1　仪器技术发展概况

仪器是人类认识世界的基本工具，也是信息社会人们获取信息的主要手段之一。电子测量仪器发展至今，经历了指针式仪表、模拟器件仪器、数字器件仪器、智能仪器、个人仪器、虚拟仪器等发展阶段。其间，微电子学和计算机技术对仪器技术的发展起了巨大的推动作用。

20 世纪 70 年代以来，随着微处理器和计算机技术的发展，微处理器或微机被越来越多地嵌入到测量仪器中，构成了所谓的智能仪器或灵巧仪器（smart struments）。智能仪器实际上是一个专用的微处理器系统，一般包含有微处理器电路（CPU、RAM、ROM 等）、模拟量输入输出通道（A/D、D/A、传感器等）、键盘显示接口、标准通信接口（GPIB 或 RS-232）等。智能仪器使用键盘代替传统仪器面板上的旋钮或开关，对仪器实施操控，这就使得仪器面板布置与仪器内部功能部件的分布之间不再互相限制和牵连；利用内置微处理器强大的数字运算和数据处理能力，智能仪器能够提供自动量程转换、自动调零、触发电平自动调整、自动校准和自诊断等"智能化"功能；智能仪器一般都带有 GPIB（General Purpose Interface Bus）或 RS-232 接口，具备可程控功能，可以很方便地与其他仪器实现连接，组成复杂的自动测试系统。

随着智能仪器和个人计算机的大量应用，在工程技术人员的工作台上常常会出现多台带有微机的仪器与 PC 机同时使用。一个系统中拥有多台微机、多套存储器、显示器和键盘，但又不能相互补充或替代，造成资源的极大浪费。1982 年，美国西北仪器系统公司推出了第一台个人仪器（Personal Instrument）。个人仪器也称为 PC 仪器（PC Instrument）或卡式仪器。在个人仪器或个人仪器系统中，通用的个人计算机代替了各台智能仪器中的微机及其键盘、显示器等人机接口，由置于个人计算机扩展槽或专门的仪器扩展箱中的插卡或模块来实现仪器功能，这些仪器插卡或模块通过 PC 总线直接与计算机相连。个人仪器充分利用了 PC 机的软件和硬件资源，相对于传统仪器，大幅度地降低了系统成本、缩短研制周期。因此，个人仪器的发展十分迅速。

个人仪器最简单的构成形式是将仪器卡直接插入 PC 机的总线扩展槽内。这种构成方式结构简单、成本很低，但缺点是 PC 机扩展槽数目有限，机内干扰比较严重，电源功率和散热指标也难以满足重载仪器的要求。此外，PC 总线也不是专门为仪器系统设计的，无法实现仪器间的直接通信以及触发、同步、模拟信号传输等仪器专用功能。因此，这种卡式个人仪器性能不是很高。

为了克服卡式仪器的缺点，美国 HP（Hewlett Packard）公司于 1986 年推出了 6000 系列模块式 PC 仪器系统，该系统采用了外置于 PC 机的独立仪器机箱和独立的电源系统；专门设计了仪器总线 PC-IB；提供了 8 种常用的个人仪器组件，即数字万用表、函数发生器、通用计数器、数字示波器、数字 I/O、继电器式多路转换器、双 D/A 转换器和继电器驱动器，每种组件都封装在一个塑料机壳内，并具有 PC-IB 总线接口。在将一块专用接口卡插入 PC 机扩展槽后，PC 机与外部仪器组件就可以通过 PC-IB 总线实现连接。随后，Tektronix 公司及其他一些公司也相继推出了各自的高级个人仪器系统。

个人仪器系统以其突出的优点显示了强大的生命力。然而，由于各厂家在生产个人仪器时没有采用统一的总线标准，不同厂商的机箱、模块等产品之间兼容性很差，在很大程度上影响了个人仪器的进一步发展。1987 年 7 月，Colorado Data Systems、HP、Racal Dana、Tektronix 和 Wavetek 五家公司成立的一个专门委员会颁布了用于通用模块化仪器结构的标准总线——VXI（VMEbus Extensions for Instrumentation）总线的技术规范。VXI 总线是在 VME 计算机总线的基础上，扩展了适合仪器应用的一些规范而形成的。VXI 总线是一个公开的标准，其宗旨是为模块化电子仪器提供一个开放的平台，使所有厂商的产品均可在同一个主机箱内运行。自诞生之日起，VXI 总线仪器就以其优越的测试速度、可靠性、抗干扰能力和人机交互性能等，吸引了各仪器厂商的目光，VXI 总线自动测试系统被迅速推广应用于国防、航空航天、气象、工业产品测试等领域，截止到 1994 年，生产 VXI 产品的厂商已有 90 多家，产品种类超过 1000 种，安装的系统总数超过 10000 套。

在个人仪器发展的过程中，计算机软件在仪器控制、数据分析与处理、结果显示等方面所起的重要作用也越来越深刻地为人们所认识。1986 年，美国国家仪器公司（National Instrument，NI）提出了虚拟仪器（Virtual Instrumentation）的概念。这一概念的核心是以计算机作为仪器的硬件支撑，充分利用计算机的数据运算、存储、回放、调用、显示及文件管理等功能，把传统仪器的专业功能软件化，使之更加紧密地与计算机融为一体，构成一种从外观到功能都与传统仪器相似，但在实现时却主要依赖计算机软硬件资源的全新仪器系统。

到 20 世纪 90 年代，PC 机的发展更加迅速，面向对象和可视化编程技术在软件领域为更多易于使用、功能强大的软件开发提供了可能性，图形化操作系统 Windows 成为 PC 机的通用配置。虚拟现实、虚拟制造等概念纷纷出现，发达国家更是在这一虚拟技术领域的研究上投入了巨资，希望有朝一日能在它的带动下率先进入信息时代。在这种背景下，虚拟仪器的概念在世界范围内得到广泛的认同和应用。美国 NI 公司、HP 公司、Tektronix 公司、Racal 公司等相继推出了基于 GPIB 总线、PC-DAQ（Data Acquisition）和 VXI 总线等多种虚拟仪器系统。

在虚拟仪器得到人们认同的同时，虚拟仪器的相关技术规范也在不断地完善。1993 年 9 月，为了使 VXI 总线更易于使用，保证 VXI 总线产品在系统级的互换性，GenRad、NI、Racal Instruments、Tektronix 和 Wavetek 公司发起成立了 VXI 即插即用（VXlplug & play，VPP）系统联盟，并发布了 VPP 技术规范。作为对 VXI 总线规范的补充和发展，VPP 规范定义了标准的系统软件结构框架，对 VXI 总线系统的操作系统、编程语言、仪器驱动器、高级应用软件工具、虚拟仪器软件体系结构（VISA）、产品实现和技术支持等方面做了详细的规定，从而真正实现了 VXI 总线系统的开放性、兼容性和互换性，进一步缩短了 VXI 系统的集成时间，降低了系统成本。VXI 总线系统也因此成为虚拟仪器系统的理想硬件平台，完整的虚拟仪器技术体系已经建立起来。

为了进一步方便虚拟仪器用户对系统的使用和维护，解决测试软件的可重用和仪器的互换性问题，1997 年春季，NI 公司又提出了一种先进的可交换仪器驱动器模型——IVI（Interchangeable Virtual Instruments，可互换式虚拟仪器）。1997 年夏天，IVI 基金会成立并发布了一系列 IVI 技术规范。在 VPP 规范的基础上，IVI 规范建立了一种可互换的、高性能的、更易于维护的仪器驱动器，支持仿真功能、状态缓冲、状态检查、互换性检查和越界检查等高级功能。允许测试工程师在系统中更换同类仪器时，无须改写测试软件，也允许开发人员在系统研制阶段或价值昂贵的仪器没有到位时，利用仿真功能开发仪器测试代码，这无疑将有利于节省系统开发、维护的时间和费用，增加了用户在组建虚拟仪器系统时硬件选择的灵活性。目前，IVI 技术规范仍在不断完善之中。

在虚拟仪器技术发展的初期，虚拟仪器系统主要采取三种结构形式：基于 GPIB 总线、PC-DAQ 或 VXI 总线，但这三种系统却都有各自的不足之处，GPIB 实质上是通过计算机对传统仪器功能的扩展和延伸，数据传输速度较低；PC-DAQ 直接利用了 ISA 总线或串行总线，没有定义仪器系统所需的总线；VXI 系统是将用于工业控制的 VME 计算机总线而建立的，价格昂贵，适用于大型或复杂仪器系统，应用范围集中在航空、航天、国防等领域。为适应虚拟仪器用户日益多样化的需求，1997 年 9 月，NI 公司推出了一种全新的开放式、模块化仪器总线规范——PXI（PCI eXtensions for Instrument），直接将 PC 机中流行的高速 PCI（Peripheral Component Interconnect）总线技术、Microsoft Windows 操作系统和 CompaetPCI（坚固 PCI）规范定义的机械标准巧妙地结合在一起，形成了一种性价比极高的虚拟仪器系统。CompactPCI 是将 PCI 电气规范与耐用的欧洲卡机械封装及高性能连接器相结合的产物，这种结合使得 CompactPCI 系统可以拥有多达 7 个外设插槽。在享有 CompactPCI 的这些优点的同时，为了满足仪器应用对一些高性能的需求，PXI 规范还提供了触发总线、局部总线、系统时钟等资源，并且做到了 PXI 产品与 CompactPCI 产品可以双向互换。目前，PXI 模块仪器系统以其卓越的性能和极低的价格，吸引了越来越多的虚拟仪器界工程技术人员的关注。

从 20 世纪 80 年代 NI 公司提出虚拟仪器的概念至今只有 30 多年的时间，但虚拟仪器产品已占有了世界仪表仪器市场近 30% 左右的份额。从事仪器仪表研究和研制的科学家和工程师们清楚地认识到虚拟仪器不仅毋庸置疑的是 21 世纪仪器发展的方向，而且必将逐步取代传统的硬件电子化仪器，使成千上万种传统仪器都融入计算机体系中。到那时，电子仪器在广义上已不是一个独立的分支，而是已演变成为信息技术的本体。

## 1.2　虚拟仪器的基本概念

虚拟仪器是指以通用计算机为系统控制器、由软件来实现人机交互和大部分仪器功能的一种计算机仪器系统。它利用目前计算机系统的强大功能，结合专用的硬件（包括数据采集卡、PXI 仪器、GPIB 卡、VXI 仪器、PLC、串行设备、图像采集卡、运动控制卡等），大大突破传统仪器在数据处理、显示、传送、存储等方面的限制，使用户可以很方便地对其进行维护、扩展和升级等，其典型结构如图 1-1 所示。虚拟仪器的出现模糊了测量仪器与个人计算机的界限。

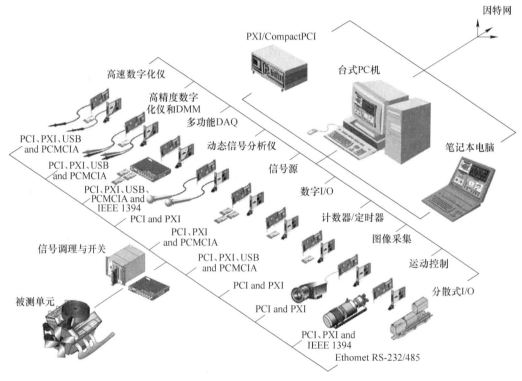

图 1-1　虚拟仪器典型结构

虚拟仪器实质是将可以完成传统仪器功能的硬件和最新计算机软件技术充分地结合起来，用以实现传统仪器的功能，来完成数据采集、分析与显示。虚拟仪器系统技术的基础是计算机系统，核心是软件技术。美国 NI 公司提出其著名的口号：The software is the Instrument（软件就是仪器），所以通常把用 G 语言（Graphical Language）、LabWindwos/CVI 开发语言、Measurement Studio 开发包、Delphi 平台虚拟仪器扩展开发包等编制的可视化测控系统程序统称为虚拟仪器 Virtual Instrument，简称 VI，全书统一使用 VI 作为虚拟仪器的英文缩写。

虚拟仪器一词中的"虚拟"有以下两方面的含义：

（1）虚拟仪器面板。在使用传统仪器时，操作人员是通过操纵仪器物理面板上安装的各种开关（通断开关、波段开关、琴键开关等）、按键、旋钮等来实现仪器电源的通断、通道选择、量程、放大倍数等参数设置，并通过面板上安装的发光二极管、数码管、液晶或 CRT（阴极射线管）等来辨识仪器状态和测量结果。

而在虚拟仪器中，计算机显示器是唯一的交互界面，物理的开关、按键、旋钮以及数码管等显示器件均由与实物外观很相似的图形控件来代替，操作人员通过鼠标或键盘操纵软件界面中这些控件来完成仪器的操控。

（2）由软件编程来实现仪器功能。在虚拟仪器系统中，仪器功能是由软件编程来实现的。测量所需的各种激励信号可由软件产生的数字采样序列控制 D/A 转换器来产生；系统硬件模块不能实现的一些数据处理功能，如 FFT 分析、小波分析、数字滤波、回归分析、统计分析等，也可由软件编程来实现；通过不同软件模块的组合，还可以实现多种自动测试功能。

## 1.3　虚拟仪器的组成

一个典型的虚拟仪器的构成框图如图 1-2 所示。虚拟仪器的构成可以分为硬件和软件两个方面，从硬件角度而言，虚拟仪器主要由传感器、信号调理电路、数据采集卡（板）、计算机、控制执行设备五部分组成。按照虚拟仪器系统中各部分之间的依赖关系，又可以把一套虚拟仪器系统划分成几个层次，如图 1-3 所示。一个好的虚拟仪器应用产品不仅应具备良好性能和高可靠性，还应提供高性能的驱动程序和简单易用的高层语言接口，使用户能较快速地建立可靠的应用系统。近年来，由于多层电路板、可编程仪器放大器、即插即用、系统定时控制器、多数据采集板实时系统集成总线、高速数据采集的双缓冲区以及实现数据高速传送的中断、DMA（直接存储器存取）等技术的应用，使得最新的数据采集卡能保证仪器级的高准确度与可靠性。

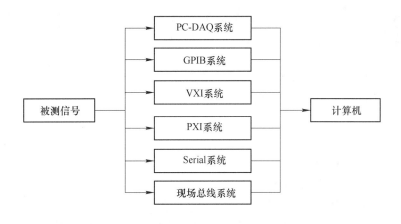

图 1-2　虚拟仪器的构成框图

软件是虚拟仪器测控方案的关键。虚拟仪器的软件系统主要分为 4 层结构，即系统管理层、测控程序层、仪器驱动层和 I/O 接口层。

I/O 接口驱动程序完成特定外部硬件设备的扩展、驱动和通信。DAQ（数据采集卡）硬件是离不开相应软件的，大多数的 DAQ 应用都需要驱动软件。驱动软件直接编制 DAQ 硬件的登录、操作管理和集成系统资源，如处理器中断、DMA 和存储器等的软件层管理。

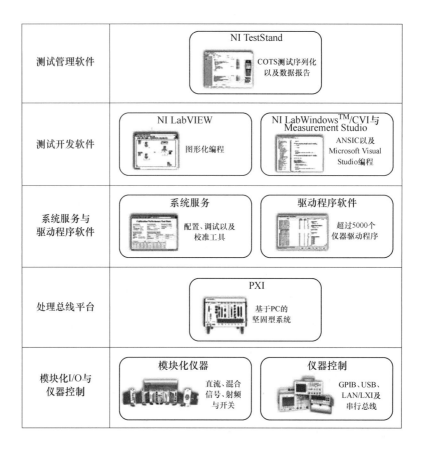

图1-3 虚拟仪器系统的层次结构

驱动软件隐含了低级、复杂的硬件编程细节，而提供给用户的是容易理解的界面。控制 DAQ 硬件的驱动软件按功能可分为模拟 I/O、数字 I/O 和定时 I/O。驱动软件有如下的基本功能。

（1）以特定的采样频率获取数据。

（2）在处理器运算的同时提取数据。

（3）使用编程的 I/O、中断和 DMA 传送数据。

（4）在磁盘上存取数据流。

（5）同时执行几种功能。

（6）集成一个以上的 DAQ 卡。

（7）同信号调理器结合在一起。

虚拟仪器硬件系统包括 GPIB（IEEE488.2）、VXI、插入式数据采集点，图像采集板、串行通信与网络等几类 I/O 接口。

GPIB（General Purpose Interface Bus）是目前使用最为广泛的仪器接口，IEEE 488.2 标准使基于 GPIB 的计算机测试系统进入了一个新的发展阶段。GPIB 总线的出现，提高了仪器设备的性能指标。利用计算机对带有 GPIB 接口的仪器实现操作和控制，可实现系统的自动校准、自诊断等要求，从而提高了测量精度，便于将多台带有 GPIB 接口的仪器组合起来，形成较大的自动测试系统，高效地完成各种不同的测试任务，而且组建和拆散灵活，使用方便。

VXI（VMEbus eXtension for Instrumentation）总线，即 VME 总线在测量仪器领域中的扩展。它能够充分利用最新的计算机技术来降低测试费用，增加数据吞吐量和缩短开发周期。VXI 系统的组建和使用越来越方便，其应用面也越来越广，尤其是在组建大、中规模自动测量系统以及对精度、可靠性要求较高的场合，有着其他仪器系统无法比拟的优势。

PCI（Peripheral Component Interconnect Special Interest Group，PCISIG 简称为 PCI）即外部设备互联。PCI 总线是一种即插即用（PnP，Plug-and-Play）的总线标准，支持全面的自动配置，PCI 总线支持 8 位、16 位、32 位、64 位数据宽度，采用地址/数据总线复用方式。其主要特点有：突发传输，多总线主控方式，同步总线操作，自动配置功能，编码总线命令，总线错误监视，不受处理器限制，适合多种机型，兼容性强，高性能价格比，预留了发展空间等。PC-DAQ 测试系统是以数据采集卡、信号调理电路及计算机为硬件平台组成的测试系统。这种方式借助于插入 PC 中的数据采集卡和专用的软件，完成具体的数据采集和处理任务。由于系统组建方便，数据采集效率高，成本低廉，因而得到广泛的应用。

设计虚拟仪器的硬件部分时需要考虑多种因素，下面列举其中最主要的几个：

（1）被测量物理信号的特性。不同的物理信号需要使用不同类型的传感器将其转换为可供计算机分析的电信号，而不同的传感器又需要配备不同的信号调理模块。某些早期虚拟仪器系统直接通过 GPIB 等总线与传统仪器连接，利用传统仪器的硬件部分转换和采集被测信号。

（2）硬件技术指标。不同档次的数据采集设备可以支持的采样率、分辨率以及精度等都有差别。通常，一套系统会选取能够满足测量需要的最低级别硬件或是不超出资金预算的最高级别硬件。

（3）满足应用需求。根据虚拟仪器系统工作环境的不同，需要为系统选择不同种类的运算、控制单元。比如，工作在恶劣环境下的虚拟仪器系统需要采用工业级别计算机作为载体；被放置在工业现场狭小空间内的虚拟仪器需要采用嵌入式系统；需要满足多种测量功能的虚拟仪器系统可以选用 PXI 机箱作为载体。

当虚拟仪器的硬件平台建立起来之后，设计、开发、研究虚拟仪器的主要任务就是编制应用程序。软件是虚拟仪器的关键，通过运行在计算机上的软件，一方面实现虚拟仪器图形化仪器界面，给用户提供一个检验仪器通信、设置仪器参数、修改仪器操作和实现仪器功能的人机接口；另一方面使计算机直接参与测试信号的产生和测量特征的分析，完成数据的输入、存储、综合分析和输出等功能。虚拟仪器的软件一般采用层次结构，包含以下三部分：

（1）输入/输出（I/O）接口软件。I/O 接口软件存在于仪器与仪器驱动程序之间，是一个完成对仪器内部寄存器单元进行直接存取数据操作、为仪器驱动程序提供信息传递的底层软件，是实现开放的、统一的虚拟仪器系统的基础和核心。虚拟仪器系统 I/O 接口软件的特点、组成、内部结构与实现规范等在 VPP（VXI Plug & Play）系统规范中有明确的规定，并被定义为 VISA（Virtual Instrument Software Architecture）软件。

（2）仪器驱动程序。仪器驱动程序的实质是为用户提供用于仪器操作的较抽象的操作函数集。对于应用程序，它和仪器硬件的通信、对仪器硬件的控制操作是通过仪器驱动程序来实现的；仪器驱动程序对于仪器的操作和管理，又是通过调用 I/O 软件所提供的统一基础与格式的函数库来实现的。对于应用程序的设计人员，一旦有了仪器驱动程序，在不是十分了解仪器内部操作过程的情况下，也可以进行虚拟仪器系统的设计。仪器驱动程序是连接顶层应用软件和底层 I/O 软件的纽带和桥梁。虚拟仪器的组成结构和实现在VPP 规范中也做了明确定义，并且要求仪器生产厂家在提供仪器模块的同时，提供仪器驱动程序文件和 DLL 文件。

（3）顶层应用软件。顶层应用软件主要包括仪器面板控制软件和数据分析处理软件，完成的任务包括利用计算机强大的图形功能实现虚拟仪器面板，给用户提供操作仪器、显示数据的人机接口以及数据采集、分析处理、显示和存储等。

VPP 规范要求应用软件具有良好的开放性和可扩展性。虚拟仪器软件的开发可以利用 Visual C++、Visual Basic、Delphi 等通用程序开发工具，也可以利用像 HP 公司的 HP VEE、NI 公司的 LabVIEW 与 LabWindows/CVI 等专用开发工具。VC、VB 作为可视化开发工具具有友好的界面、简单易用、实用性强等优点，但作为虚拟仪器软件开发工具，一般要在仪器硬件厂商提供的 I/O 接口软件、仪器驱动程序的基础上进行应用软件开发。HP VEE、LabVIEW 和 LabWindows/CVI 等虚拟仪器软件开发平台是随着软件技术的不断发展而出现的功能强大的专用开发工具，具有直观的前面板、流程图式的开发能力和内置数据分析处理能力，提供了大量的功能强大的函数库供用户直接调用，是构建虚拟仪器的理想工具。

设计虚拟仪器系统的软件部分首先需要考虑的是使用何种开发平台。开发平台的选择，一要考虑系统硬件的限制，二要考虑软件开发的周期和成本。某些硬件只支持特定的开发软件，比如某些嵌入式系统必须使用 Linux 操作系统和 C 编程语言。一般来说，基本台式机的虚拟仪器系统对开发软件的支持更全面，可以选择 Windows 或其他操作系统，可以选择 LabVIEW、VB、VC 等各种常用编程语言。这其实也是在硬件设计时应当考虑的因素，选择虚拟仪器硬件系统的结构时，应当尽量选择有完善软件支持的硬件设备。各种开发软件适用场合、难易程度都不尽相同。选择一种最为广泛应用的开发语言，可以提高软件开发效率，节省开发成本，保证系统质量。根据 TIOBE 公司统计的各类编程语言的使用情况，近年来 Java、C、C++始终是使用的最为广泛的编程语言。但就测试测量领域来说，情况并非如此。在测控领域，使用最为广泛的编程语言是 LabVIEW 和 LabWindows/CVI。

## 1.4 虚拟仪器的特点

虚拟仪器和传统仪器相比，有以下几个特点：

（1）性价比高。规模经济效益使通用个人计算机具有很高的性价比，而且基于个人计算机的虚拟仪器和仪器系统可共享计算机硬件资源，从而大大增强了仪器的功能，降低了仪器的成本。传统仪器小而全，而且各仪器的资源不能共享。虚拟仪器把传统仪器的公共部分如显示、存储、控制、打印、通信等都由计算机来完成，即无论任何功能的仪器都可利用或共享这些公共资源，而无需重复设置。

（2）开放性好。具有开放性的模块化设计，便于用户能根据测试任务随心所欲地组建仪器或系统，仪器扩充、联网和升级十分方便，可更新配置测试功能模板，甚至无需改变硬件，只需应用模块化的软件包的重新搭配，便可构成新的虚拟仪器，提高资源的可再用性。

（3）智能化程度高。虚拟仪器是基于计算机的仪器，其软件具有强大的分析、计算、逻辑判断等功能，可以在计算机上建立一个普通的智能仪器到智能专家系统。

（4）界面友好，使用方便。传统仪器的面板只有一个，其上布置着种类繁多的显示和操作元件。由此导致许多认读和操作错误。虚拟仪器与之不同，它们采用图形界面，在屏幕上虚拟出仪器面板，用鼠标操作，简单快捷，仪器功能选择、参数设置、数据处理、结果显示均能通过友好的人机对话来进行。这样可以提高操作的正确性和便捷性。同时，虚拟仪器的面板上的显示元件和操作元件的种类与形式不受标准件和加工工艺的限制，而由编程来实现，设计者可以根据用户的认知要求和操作要求设计仪器面板。

虚拟仪器实现了测量仪器的智能化、多样化、模块化和网络化，体现出多功能、低成本、应用灵活、操作方便等优点。同传统仪器相比，虚拟仪器功能更强，使用更灵活，在很多领域大有取代传统仪器的趋势，成为当代仪器发展的一个重要方向，并受到各国业界的高度重视。

虚拟仪器软件编程环境给用户提供了一个充分发挥自己才能和想象力的空间，可根据用户自己的设想及要求，通过编程来设计、组建自己的仪器系统。虚拟仪器由用户自行设计、自行定义，彻底打破了传统仪器只能由生产厂家定义、用户无法改变的模式。在硬件平台确立之后，是由软件而不是硬件来决定仪器的功能，虚拟仪器可通过改变软件的方法来适应不同的需求，它的功能灵活、开放，容易与其他外设、网络相连，构成更大的系统，技术更新周期短，可随着计算机技术的发展和用户的需求进行仪器与系统的升级，在性能维护和灵活组态等多个方面都有着传统仪器无法比拟的优点，且投入少，收效大。

决定虚拟仪器具有上述传统仪器不可能具备的特点的根本原因在于：虚拟仪器的关键是软件。

虚拟仪器在工程应用和社会效益方面还具有突出的优势。一方面，目前我国高档台式仪器如数字示波器、频谱分析仪、逻辑分析仪等还主要依赖进口，这些仪器的加工工艺复杂，要求很高的制造技术，国内生产尚有困难，而采用虚拟仪器技术可以通过只采购必要的通用数据采集硬件来设计自己的高性能价格比的仪器系统。另一方面，用户可以将一些先进的数字信号处理方法应用于虚拟仪器设计，提供传统台式仪器不具备的功能，而且完全可以通过软件配置实现多功能集成的仪器设计。因此，可以说虚拟仪器代表了未来测量仪器设计发展的方向。

虚拟仪器正在继续迅速发展。它可以取代测量技术传统领域的各类仪器。虚拟仪器在组成和改变仪器的功能和技术性能方面具有灵活性与经济性，因而特别适应于当代科学技术迅速发展和科学研究不断深化所提出的更高更新的测量课题和测量需求。"没有测量就没有鉴别，科学技术就不能前进"。虚拟仪器将会在科学技术的各个领域得到广泛应用。

## 1.5　虚拟仪器的应用

虚拟仪器由于其功能灵活，很容易构建，所以应用面极为广泛。尤其在科研、开发、测量、计量、测控等领域，更是不可多得的好工具。虚拟仪器技术先进，十分符合国际上流行的"硬件软件化"的发展趋势，因而常被称作"软件仪器"。它功能强大，可实现示波器、逻辑分析仪、频谱仪、信号发生器等多种普通仪器的全部功能。虚拟仪器系统已成为仪器领域的一个基本方案，是技术进步的必然结果。今天，它的应用已经遍及各行各业。

在仪器计量系统方面，示波器、频谱仪、信号发生器、逻辑分析仪、电压电流表是科研机关、企业研发实验室、大专院校的必备测量设备。由于传统的仪器设备缺乏相应的计算机接口，因此数据采集及数据处理十分困难。在完成某个测试任务时，需要许多仪器，如示波器、电压表、频率分析仪、信号发生器等，对复杂的数字电路系统还需要逻辑分析仪、IC 测试仪等。这么多的仪器不仅价格昂贵、体积大，占用空间，而且相互连接起来也费事费时。而虚拟仪器将计算机资源与仪器硬件、DSP 技术结合，在系统内共享软/硬件资源，既有传统仪器的功能，又有传统仪器所没有的特殊功能。它把由厂家定义仪器功能的方式转变为由用户自己定义，用户可根据测试功能的需要，自己设计所需要的仪器系统，只要将具有一种或多种功能的通用模块相组合，并且调用不同功能的软件模块，就能组成不同的仪器功能。

在专用测量系统方面，虚拟仪器的应用空间更广阔。环顾当今社会，随着信息技术的迅猛发展，各行各业无不转向智能化、自动化、集成化。无所不在的计算机应用为虚拟仪器的推广提供了良好的基础。虚拟仪器的概念就是用专用的软、硬件配合计算机实现专用设备的功能，并使其自动化、智能化。因此，虚拟仪器适合一切需要计算机辅助进行数据存储、数据处理、数据传输的计量场合。测量与处理、结果与分析相脱节的面貌将大为改观。数据的获取、存储、处理、分析一条龙操作，既有条不紊又迅捷快速。推而广之，一切计量系统，只要技术上可行，都可用虚拟仪器代替。

在自动控制和工业控制领域，虚拟仪器同样应用广泛。绝大部分闭环控制系统要求精确的采样，及时的数据处理和快速的数据传输。虚拟仪器系统恰恰符合上述特点，十分适合测控一体化的设计。尤其在制造业，虚拟仪器的卓越计算能力和巨大数据吞吐能力必将使其在温控系统、在线监测系统、电力仪表系统、流程控制系统等工控领域发挥更大的作用。

在军事领域的应用方面越来越广泛，如数字化激光弹丸测试系统、导弹战斗部静爆试验测速系统、引信及包装盒密封检测系统、火工品发火延期时间测试系统等武器装备测试等项目中虚拟仪器技术的应用。军事装备领域的应用通常以先进的虚拟仪器设计思想为基础，集成高速数字采集技术、军用传感器技术、高精度信号处理技术和先进的故障检测与诊断理论，实现了武器装备制造水平、控制水平和可靠性的大幅提高，呈现出良好的应用前景。

虚拟仪器的出现是仪器发展史上的一场革命，代表仪器发展的最新方向和潮流，是信息技术的一个重要领域，对科学技术的发展和工业生产将产生不可估量的影响。虚拟仪器可广泛应用于电子测量、振动分析、声学分析、故障诊断、航天航空、军事工程、电力工程、机械工程、建筑工程、铁路交通、地质勘探、生物医疗、教学及科研诸多方面。

# 第 2 章　数据采集技术

## 2.1　数据采集概述

数据采集就是将被测对象（外界、现场）的各种参量（如压力、温度、流量和振动等）通过各种传感器进行适当转换后，再经采样、量化、编码、传输等步骤，最后送到处理器进行数据处理或存储记录的过程。处理器一般由计算机承担，所以说计算机是数据采集系统的核心，它对整个系统进行控制，并对采集的数据进行加工处理。用于数据采集的成套设备称为数据采集系统 DAS（Data Acquisition System）。

计算机信息系统总离不开数据采集问题。它是了解被控对象的一种必要手段。进一步而言，计算机数据采集系统也是电子测量的一个极其有用的手段，是计算机用于电子测量的一个重要标志。数据采集系统已广泛应用于国民经济和国防建设的各个领域，并且随着科学技术的发展尤其是计算机技术的发展与普及，数据采集技术将有更广阔的发展前景。

数据采集的关键问题是采样速度和精度。采样速度主要与采样频率、A/D 转换速度等因素有关，而采样的精度主要与 A/D 转换器的位数有关。对任何被测参数而言，为了使测试有意义，都要求有一定的精确度。提高数据采集的速度不仅仅是提高了工作效率，更主要的是扩大了数据采集系统的适用范围，便于实现动态测试。

现代数据采集系统具有以下主要特点：

（1）大规模集成电路及计算机技术的飞速发展，使其硬件成本大大降低。

（2）数据采集系统通常由计算机控制，使数据采集的质量与效率大大提高。

（3）数据采集与处理工作的紧密结合，使系统工作实现了一体化。

（4）数据采集系统的实时性，能够满足更多实际应用环境的要求。

（5）数据采集系统中配备有 A/D 转换装置和 D/A 转换装置，使得系统具有处理数字量和模拟量的能力。

（6）随着微电子技术的发展，电路集成度的提高使得数据采集系统的体积越来越小，而可靠性变得越来越高。

（7）总线技术在数据采集中的应用日益广泛，对数据采集系统结构的发展起着重要的作用。

本章主要讨论以美国 NI 公司为代表的虚拟仪器系统中的数据采集技术，包括传感器、信号调理电路、测量系统选型、数据采集系统的构成与技术指标等方面的内容。传感器、系统配置、电路连接等主要内容结合 NI 公司的 NI-DAQmx 驱动软件进行讨论。

## 2.2　采样定理

对于数据采集来说，采样频率（采样间隔的导数，简称采样率）是一个非常重要的参数。要确定合理的采样频率，需要综合考虑被测信号的最高频率成分、测量系统所要达到的精度、系统的噪声以及数据采集装置的性能等。由于采样定理是采样频率选取的理论基础，了解采样定理的应用是十分必要的。

采样定理指出，只有当数据采集的采样频率 $f_s$ 大于或等于被测信号包含的最高频率 $f_m$ 的两倍时，采样数据才能包含原始信号的所有频率分量的信息。如果采样频率不满足这一要求，那么信号将发生畸变。图 2-1 显示了利用恰当的采样频率和过低的采样频率对信号进行采样的结果。

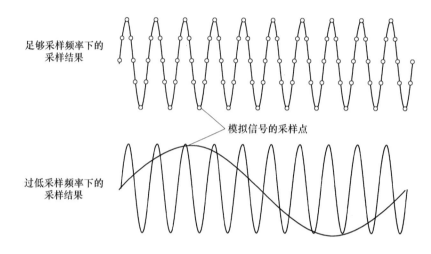

图 2-1　不同采样频率下的采样结果

采样频率过低时，由采样后的数据还原所得的信号频率与原始信号可能不同，这种信号畸变称作混叠。如图 2-2 所示，假设被采样信号中含有 33Hz、75Hz、180Hz 和 730Hz 等频率成分，采样频率为 200Hz，那么原始信号中频率低于 $f_s/2$ 即 100Hz 以下频率的信号可以被正确采样，而高于 100Hz 的频率成分在采样时将发生畸变，产生含有 20Hz 和 70Hz 的畸变频率成分，如图 2-3 所示。

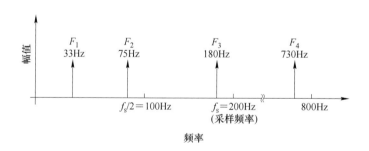

图 2-2　原始信号

为了避免混叠现象的发生，通常在信号被采样之前经过一个低通滤波器，将信号中过高的频率成分滤掉。这种滤波器称为抗混叠滤波器。理想的滤波器能滤除信号中高于 $f_s/2$ 的频率成分，但是实际的滤波器通常都有一个过渡带，因而必须在采样频率和滤波器类型之间进行适当的权衡。在很多场合中，使用一阶或二阶滤波器就可以达到较好的滤波效果了。

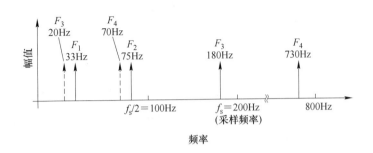

图 2-3  混叠现象

在确定采样频率时，人们可能会考虑采用数据采集装置支持的最高频率。但是需要注意的是，过高的采样频率可能导致计算机内存相对不足以及硬盘存储数据量过大。根据采样定理，$f_s$ 设置为被测信号最高频率成分 $f_m$ 的 2 倍就可以了，但在工程实际应用中，为了较好地还原信号波形，$f_s$ 通常取为信号最高频率 $f_m$ 的 5~8 倍。

## 2.3  数据采集系统的基本构成

数据采集系统包括硬件和软件两大部分。硬件部分又可分为模拟部分和数字部分。图 2-4 是数据采集系统硬件基本组成示意图。以下数据采集系统的各个组成部分介绍。

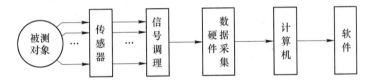

图 2-4  计算机采集系统构成

一个典型的数据采集系统通常由被测对象（信号）、信号调理设备、数据采集设备和计算机等四个部分组成。然而，被测试对象的参数信号并非都是直接可测的电信号，都需要传感器将被测对象的参数转换为数据采集设备可识别的电压或电流信号。加入信号调理设备是因为某些输入的电信号并不便于直接测量，需要信号调理设备对其进行诸如放大、滤波、隔离等处理，使得数据采集设备更便于对该信号进行精确的测量。数据采集设备的作用是将模拟电信号转换为数字信号输入到计算机中进行处理，或将计算机产生的数字信号转换为模拟信号输出。计算机上安装了驱动和应用软件，方便与硬件交互，完成采集任务，并对采集到的数据做进一步的分析、处理和存储。

### 2.3.1  传感器

传感器作为数据采集系统的第一环节，是系统进行准确测量的基础。传感器的作用是把非电的参数信号（如速度、温度、压力、流量等）转变为模拟量（如电压、电流、电阻或频率）。例如，使用热电偶或热电阻可以获得随温度变化而变化的电压，转速传感器可以把转速信号转换为电脉冲等。通过把传感器输出到 A/D 转换器的这一段信号称为模拟通道。常用的传感器及其分类见表 2-1。

表2-1 传感器的分类

| 分类方法 | 传感器的种类 | 说　明 |
|---|---|---|
| 按工作机理 | 物理型、化学型、生物型 | 传感器以其工作机理方式进行分类 |
| 按输入量 | 位移、压力、温度、流量、加速度等 | 传感器以被测物理量来命名（按用途分类） |
| 按构成原理 | 结构型 | 依靠传感器结构参数的变化而实现信号转换 |
| | 物性型 | 依靠敏感元件材料本身物理性质的变化来实现信号转换 |
| 按能量关系 | 能量控制型 | 由外部供给传感器辅助能量，而由被测量来控制输出的能量 |
| | 能量转换型 | 传感器输出量直接由被测对象能量转换获得 |
| 按输出信号 | 模拟式 | 传感器输出量为模拟量 |
| | 数字式 | 传感器输出量为数字量 |

数据采集始于被测的对象参数，可能是机械设备的温度、液压系统的压力、光源的强度、作用在物体上的力，或是其他的许多物理现象。一个有效的数据采集系统可以测量这一切不同的现象。

### 2.3.2　信号调理

来自传感器的输出信号通常是含有干扰噪声的微弱信号，因此，后面的信号调理电路的基本作用为：

（1）放大功能。放大是最为普遍的信号调理功能。例如，需要对热电偶的信号进行放大以提高采样分辨率和降低噪声。为了得到最高的分辨率，要对信号放大以使调理后信号的最大电压范围和AD转换模块的最大输入范围相等。又如，SCXI有多种信号调理模块可以放大输入信号，在临近传感器的SCXI机箱内对低电压信号进行放大，然后把放大后的高电压信号传送到采集设备，从而最大限度地降低噪声对信号的影响。

（2）隔离功能。另一种常见的信号调理应用是为了安全目的，把传感器的信号和计算机相隔离。被监测的系统可能产生瞬态的高压，如果不使用信号调理，这种高压会对计算机造成损害。使用隔离的另一原因是为了确保插入式数据采集设备的读数不会受到接地电势差或共模电压的影响。当数据采集设备输入和所采集的信号使用不同的参考"地线"，而一旦这两个参考地线有势差，就会带来问题。这种电势差会产生接地回路，这样就将使所采集信号的读数不准确，或者如果电势差太大，它也会对测试系统造成损害。使用隔离式信号调理能消除接地回路并确保信号可以被准确地采集。例如，SCXI-1120和SCXI-1121模块能提供高达250V（rms）的共模电压隔离。

（3）多路复用功能。多路复用是使用单个测试设备来测量多个信号的常用技术。模拟信号的信号调理硬件常对如温度这样缓慢变化的信号采用多路复用方式。AD转换模块采样一个通道后，转换到另一个通道并进行采集，然后再转换到下一个通道，如此往复。由于同一个AD可以采集多个通道而不是一个通道，每个通道的有效采样速率和所采样的通道数成反比。例如，200kS/s的PCI-6024E模拟采样通道为16个，那么每个通道的有效采样频率大约为200÷16kS/s=12.5kS/s。

（4）滤波功能。滤波器的功能是指在所测量的信号中滤除不需要的信号。例如，噪声滤波器用于如温度这样的缓变的信号，它可以衰减那些降低测量精度的高频信号。许多 SCXI 模块在使用数据采集设备对信号数字化前有使用 4Hz 和 10kHz 的低通滤波器来滤除噪声。如振动这样的交流信号常常需要另一种被称为抗混频的滤波器。抗混滤波器是低通滤波器，但是其截止频率需要非常陡峭，从而可以滤除信号中所有高于设定的截止频率的信号。如果这些高频信号未能有效滤除，将会进入到信号分析带宽中成为干扰信号。专用于交流信号测量、高频信号测量和振动信号测量的设备都有内置的抗混滤波器。

（5）激励功能。对于某些需要外部提供激励信号的传感器，调理电路还兼有信号激励功能。如热电偶、热电阻等温度测量传感器，工作时需外部提供电压或电流激励信号，所配套的信号调理模块通常提供相应的激励信号。如 SCXI-1121 和 SCXI-1122 调理模块有板载激励源，可配置为电流或电压激励模式，用于热电偶、热电阻和应变电桥的信号调理。

（6）线性化功能。许多传感器，如热电偶等，其信号的输入/输出关系是非线性，这些传感器的专用调理模块往往具有线性化变换功能，另一种线性化的方法就是软件调整法，NI-DAQ 驱动软件模块或应用开发软件如 LabVIEW、LabWindows/CVI 和 Measurement Studio 中嵌入的调理模块，能够完成热电偶和 RTD 等的线性化处理。

### 2.3.3　数据采集硬件

数据采集硬件是指从模拟量到数字量的转换装置，也是计算机和外接器件的接口，主要是把调理后的信号合并成一组量。数据采集功能包括模拟输入/输出、数字输入/输出、计数器/定时器等相结合的模拟和数字设备。

模拟输入是数据采集最基本的功能，一般由多路开关（MUX）、放大器、采样保持电路及 A/D 转换器来实现。通过这些环节，一个模拟信号就可以转化为数字信号。A/D 转换器的性能参数直接影响着模拟输入的质量，要根据实际需要的精度来选择合适的 A/D 模块。

模拟输出通常是为采集系统提供激励。输出信号受数模转换器（D/A）的建立时间、转换速率、分辨率等因素的影响。建立时间和转换速率决定了输出信号幅值改变的快慢。建立时间短、转换速率高的 D/A 转换器能够提供较高频率的信号。如果用 D/A 转换器的输出信号去驱动一个加热装置，就不需要使用速度很快的 D/A 转换器，因为加热器本身就不能很快地跟踪电压变化。应该根据实际需要选择 D/A 转换器的参数指标。

数字 I/O 通常用来控制过程、产生测试信号和与外设通信等。它的重要参数包括数字通道数、接收（发送）率、驱动能力等。如果输出是驱动电机、灯、开关型控制器件等，就不必用较高的数据转换率。数字通道数目要能同控制对象配合，而且需要的电流要小于采集卡所能提供的驱动电流。如果加上数字信号调理设备，则可用采集卡输出的低电流的 TTL 电平信号去监控高电压、大电流的工业设备。数字 I/O 常见的应用是在计算机和外设如打印机、数据记录仪之间传送数据。另一些数字口为了同步通信的需要还有"握手"线。

计数器/定时器的应用场合是大为广泛的，如定时、产生方波等。计数器包括三个重要信号：门限信号、计数信号和输出信号。门限信号实际上是触发信号——使计数器工作或不工作；计数信号也即信号源，提供了计数器操作的时间基准；输出信号是在输出端口上产生脉冲或方波。计数器最重要的参数是分辨率和时钟频率，高分辨率意味着计数器可以计更多的数，时钟频率决定了计数的快慢，频率越高，计数速度就越快。

### 2.3.4 计算机系统

计算机系统是整个计算机采集系统的核心。计算机控制整个计算机数据采集系统的正常工作，进行必要的数据分析和数据处理。计算机还需要把数据分析和处理之后的结果写入存储器以备将来分析和使用，通常还要把结果显示出来。

### 2.3.5 软件

一个完整的数据采集系统需要高效的软件支持。首先需要选择一个能够满足系统应用需求且随着系统升级可以轻松扩展的软件工具，而且驱动程序必须和软件工具相互兼容，这一点非常重要。此外，应用软件必须能够简单地与系统和数据管理软件集成，以存储大量的数据或各种测试信息。

（1）驱动软件。驱动软件将计算机和数据采集硬件转变成完整的数据采集、分析处理与显示工具。驱动软件是硬件和计算机应用软件之间联系的桥梁，使得虚拟仪器开发人员不需要深入了解复杂的缓存器层级的程序设计和指令流程，就可以操作控制硬件功能。

（2）应用程序软件。应用层可以是客户定制的应用程序并且符合特定条件的开发环境，也可以是配置为基础、具有预先设计功能的程序。应用程序软件为驱动程序软件增加分析及信号显示的功能。要选择正确的应用程序软件，应先评估应用程序的复杂程度，是否能取得符合应用所需配置，以及开发时间等。NI 提供三种开发环境软件，用于开发完整的仪器控制、数据采集与控制应用程序。

## 2.4 数据采集的性能指标

数据采集系统性能指标的选择对信号获取的质量和虚拟仪器系统的设计影响很大，应精心选择和确定。数据采集系统的主要性能指标如下。

### 2.4.1 系统分辨率

系统分辨率是指数据采集系统可以分辨的输入信号的最小变化量。通常用最低有效位值（LSB）占系统满刻度信号的百分比来表示，或用系统可分辨的实际电压数值来表示，有时也用满刻度值可以划分的级数来表示。表 2-2 列出了满度值为 10V 时数据采集系统的分辨率。

表 2-2　系统的分辨率

| 位　数 | 级　数 | 1LSB（满度值的百分数）/% | 1LSB（10V 满度） |
|---|---|---|---|
| 8 | 256 | 0.391 | 39.1mV |
| 12 | 4096 | 0.0244 | 2.44mV |
| 16 | 65536 | 0.0015 | 0.15mV |
| 20 | 1048576 | 0.000095 | 9.53μV |
| 24 | 16777216 | 0.00000060 | 0.60μV |

### 2.4.2　系统精度

系统精度是指当系统工作在额定采集速率时，每个离散子样的转换精度。模/数转换器的精度是系统精度的极限值。实际情况是系统精度往往达不到模/数转换器的精度，这是因为系统精度取决于系统的各个环节（部件）精度，如前置放大器、滤波器、模拟多路开关等。只有这些部件的精度明显优于 A/D 转换器精度时，系统精度才能达到 A/D 的精度。这里还应注意系统精度与系统分辨率的区别。系统精度是系统的实际输出值与理论输出值之差，它是系统各种误差的总和，通常表示为满度值的百分数。

### 2.4.3　采样率

采样率又称为系统通过速率、吞吐率等，是指在满足系统精度指标的前提下，系统对输入模拟信号在单位时间内所完成的采样次数，或者说是系统每个通道、每秒可采集的子样数目。这里所说的"采集"，包括对被测物理量进行采样、量化、编码、传输、存储的全过程。在时间域上，与采集速率对应的指标是采样周期，它是采样速率的倒数，表征了系统每采集一个有效数据所需的时间。

### 2.4.4　动态范围

动态范围是指某个物理量的变化范围。信号的动态范围是指信号的最大幅值和最小幅值之比的分贝数。数据采集系统的动态范围通常定义为所允许输入的最大幅值 $V_{imax}$ 与最小幅值 $V_{imin}$ 之比的分贝数。若用 $I_i$ 表示动态范围，则有

$$I_i = 20\lg \frac{V_{imax}}{V_{imin}}$$

式中，最大允许输入幅值 $V_{imax}$ 是指使数据采集系统的放大器发生饱和或者是使模/数转换器发生溢出的最小输入值。最小允许输入幅值 $V_{imin}$ 一般用等效输入噪声电平 $V_{IN}$ 来代替。

动态范围信号的高精度采集时，还要用到"瞬时动态范围"这一概念。所谓瞬时动态范围是指某一时刻系统所能采集到的信号的不同频率分量幅值之比的最大值，即幅值最大频率分量的幅值 $A_{fmax}$ 与幅度最小频率分量 $A_{fmin}$ 之比的分贝数。若用 $I$ 表示瞬时动态范围，则有

$$I = 20\lg \frac{A_{fmax}}{A_{fmin}}$$

### 2.4.5　非线性失真（也称谐波失真）

当给系统输入一个频率为 $f$ 的正弦波时，其输出中出现很多频率为 $kf$（$k$ 为正整数）的新的频率分量的现象，称为非线性失真。谐波失真系数用来衡量系统产生非线性失真的程度，它通常用下式表示：

$$H = \frac{\sqrt{A_2^2 + A_3^2 + \cdots}}{\sqrt{A_1^2 + A_2^2 + A_3^2 + \cdots}} \times 100\%$$

式中，$A_1$ 为基波振幅；$A_k$ 为第 $k$ 次谐波（频率为 $kf$）的振幅。

## 2.5　数据采集的信号类型

数据采集前，必须对所采集的信号的特性有所了解，因为不同信号的测量方式和对采集系统的要求是不同的，只有了解被测信号，才能选择合适的测量方式和采集系统配置。

任意一个信号都是随时间而改变的物理量。一般情况下，信号所蕴含的信息是很广泛的，包括状态（state）、速率（rate）、电平（level）、形状（shape）、频率成分（frequency content）等。

根据信号携带的信息方式的不同，可以将信号分为模拟信号或数字信号。数字（二进制）信号分为开关信号和脉冲信号。模拟信号可分为直流、时域、频域信号等。主要的信号划分方式如图 2-5 所示。

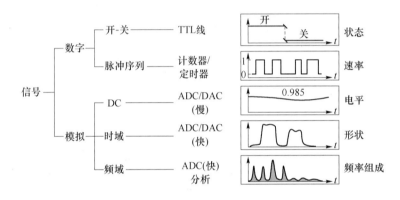

图 2-5　信号的划分方式

### 2.5.1　数字信号

数字信号不能以时间为基准而赋予任何数值。数字信号只能有两个可能值高或低（1 或 0）。数字信号通常会符合一个特定的规格，该规格定义了信号的特性。数字信号常被称为"晶体管至晶体管逻辑（Transistor-to-Transistor Logic，TTL）"。TTL 规格指出，当信号幅值处于 0～0.8V 之间时，数字信号视为低；在 2～5V 之间则视为高。可以从数字信号中测量得出的有用信息包括状态和速率，如图 2-6 所示。

#### 2.5.1.1　状态

数字信号不会以相对于时间的方式以数值呈现。数字信号的状态基本上就是信号的强度（有或无，高或低）。监视开关的状态（开或关）是常见的应用，说明了知道数字信号状态的重要性。

#### 2.5.1.2　速率

数字信号的速率决定数字信号相对于时间改变的方式。测量数字信号速率的范例之一就是判断旋转机械的转速。和频率不同，数字信号的速率是测量单位时间内某种特征信号出现的次数。数字信号的处理不需要复杂的软件算法来确定，也不需要使用软件运算法来判断信号的速率。

数字信号可以分为以下两类：

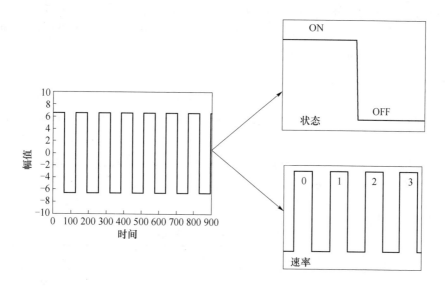

图 2-6　数字信号的主要特征

　　第一类数字信号是开关信号。一个开关信号携带的信息与信号的瞬间状态有关。TTL 信号就是一个开关信号，一个 TTL 信号如果在 2~5V 之间，就定义它为逻辑高电平，如果在 0~0.8V 之间，就定义为逻辑低电平。

　　第二类数字信号是脉冲信号。这种信号包括一系列的状态转换，信息就包含在状态转化发生的数目、转换速率、一个转换间隔或多个转换间隔的时间里。安装在电动机轴上的光学编码器的输出就是脉冲信号。有些装置需要数字输入，比如一个步进电机就需要一系列的数字脉冲信号作为输入来驱动其运转、控制其位置和速度。

### 2.5.1.3　连接数字 I/O 信号

　　不同的设备包含不同数量的数字线。图 2-7 为三种常见 DIO 应用的信号连接。

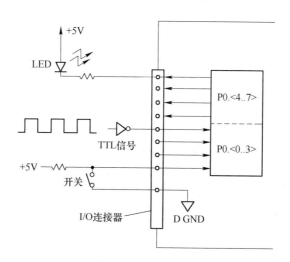

图 2-7　常见 DIO 应用的信号连接图

P0. <0..3>用于数字输入，P0. <4..7>用于数字输出。数字输入应用包括接收 TTL 信号和采集外部设备状态（例如，开关的状态）。数字输出应用包括发送 TTL 信号和设置外部设备状态（例如，LED 的状态），如图 2-7 所示。

### 2.5.1.4 计数器

计数器用于测量和生成数字信号。计数器通常用于时间测量（例如，测量信号的数字频率或周期）的边沿计数。依据不同的设备和应用，计数器使用不同的信号连接。

### 2.5.1.5 数字逻辑状态

测试工程师可为不同的通信和测试应用选择具有各种特性的数字 I/O 仪器。通常，除驱动数字模式（1 和 0）外，数字仪器还支持包含表 2-3 所示部分或全部逻辑状态的波形。

表 2-3 数字信号的逻辑状态

| 仪器状态 | 逻辑状态 | 驱动数据 | 预期响应 |
|---|---|---|---|
| 驱动状态 | 0 | 逻辑低电平 | 无要求 |
| | 1 | 逻辑高电平 | 无要求 |
| | Z | 禁用 | 无要求 |
| 比较状态 | L | 禁用 | 逻辑低电平 |
| | H | 禁用 | 逻辑高电平 |
| | X | 禁用 | 无要求 |

六种逻辑状态除控制电压驱动器外，在设备支持的情况下，还可按照时钟周期控制数字测试器（例如，DAQ 设备）的比较引擎。驱动状态可指定数字测试器设备驱动数据所在的通道或禁用电压驱动器的时间（三态或高阻抗状态）。比较状态可表明被测设备的预期响应。通过六种逻辑状态可实现双向通信和对采集数据的实时硬件比较。

### 2.5.1.6 占空比

占空比是脉冲的特性。可通过下列方程计算高-低脉冲时间不一致的脉冲的占空比。

$$占空比 = 高脉冲时间/脉冲周期$$

脉冲周期是高/低脉冲时间的和。

脉冲的占空比介于 0 和 1 之间，通常用百分比表示。占空比如图 2-8 所示。对于高/低脉冲时间相同的脉冲，占空比为 0.5 或 50%。占空比小于 50% 表明低脉冲时间大于高脉冲时间；占空比大于 50% 表明低脉冲时间小于高脉冲时间。

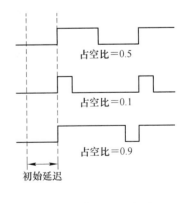

图 2-8 占空比示意图

## 2.5.2 模拟信号

模拟信号可以是任何与时间对比的值。模拟信号的例子包括电压、温度、压力、声音等。模拟信号的主要特征参数为幅值、形状和频率等，如图 2-9 所示。

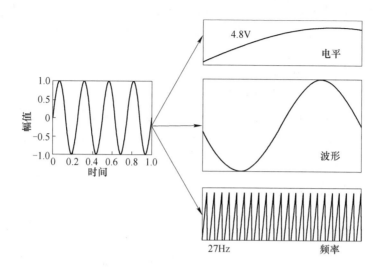

图 2-9  模拟信号的主要特征

### 2.5.2.1  幅值

由于模拟信号可以是任意值，因此信号的幅值提供关于所测模拟信号的重要信息。光线的强度、被测对象的温度、液压系统的压力，都是说明信号幅值重要性的例子。在测量信号的强度时，通常信号不会迅速随着时间变动。但是测量的准确度非常重要。应该选择可产生最大准确度的数据采集系统来协助测量模拟信号幅值。

### 2.5.2.2  波形

有些信号是以其特殊形状来命名，如正弦、方波、锯齿波以及三角波等信号。模拟信号的波形可能和其幅值一样重要，因为测量模拟信号的形状可以进一步分析该信号，包括信号的峰峰值、DC 值、峭度等信息。波形占有相当重要性的信号通常会随着时间迅速变化，但是系统的准确度仍然很重要。心跳、影像信号、声音、振动，以及电路响应的分析，都是包括波形测量的一些应用。

### 2.5.2.3  频率

所有的模拟信号均可依其频率大小来分类。和信号的形状及幅值不同的是，频率一般不能直接进行测量。频率信息的获取通常利用分析软件来实现，对信号频率进行分析的最常用的算法是傅里叶变换。

模拟信号可以分为以下几种类型：

（1）直流模拟信号。直流模拟信号是静止的或变化非常缓慢的模拟信号。直流信号最重要的信息是其在指定的时间范围内的信号幅值。常见的直流信号有温度、压力、应变、电流等。采集系统在采集直流模拟信号时，需要有足够的精度以准确地测量信号电平，由于直流信号变化缓慢，选用软件计时即可，不需要采用成本高的硬件计时。

（2）时域模拟信号。时域模拟信号与其他信号的不同之处在于，时域信号所反映的信息不仅有信号的电平，还有信号电平随时间的变化情况。在测量一个时域信号时，也可以说是测量时域波形时，需要关注一些有关波形形状的特性参数，比如信号的斜度、峰值等。为了测量一个时域信号，必须有一个精确的时间序列，序列的时间间隔也有一定要求。用于测量时域信号的采集系统通常包括一个 A/D 转换器、一个采样时钟和一个触发器。A/D 模块的分辨率要足够高，保证数据采集的精度，带宽要足够高，用于高速信号采样；精确的采样时钟，用于高精度的时间间隔采样；触发器使测量在恰当的时间开始。

（3）频域模拟信号。频域模拟信号与时域模拟信号类似，然而，从频域信号中提取的信息是基于信号的频域内容，而不是信号的时域波形形状。

上述信号分类不是互相排斥的。一个特定的信号可能蕴含有不止一种信息，可以用多种方式来定义信号并测量它，用不同类型的系统来测量同一个信号，从信号中取出需要的各种信息。

# 2.6 测量系统的连接方式

## 2.6.1 测量类型和信号源

信号连接至测量设备的方式由输入信号源的类型（接地或浮接）和测量系统的配置（差分、单端、伪差分）确定。

表 2-4 为应用相关的模拟输入连接。

**表 2-4 模拟输入连接**

| 输　入 | 信号源类型 | |
| --- | --- | --- |
| | 浮接信号源（未连接至建筑物接地） | 接地信号源 |
| | 例如：未接地热电偶、带有隔离输出的信号调理或使用电池的设备 | 例如：带有非隔离输出的仪器 |
| 差分（DIFF） | | |
| 接地参考单端（RSE）<br>其中：AI GND 是 RSE 通道的公用参考 | | 不推荐<br><br>接地环路，测量信号包含 $V_g$ |
| 非参考单端（NRSE）<br>其中：AI SENSE 是 NRSE 通道的公用参考 | | |

| 输　入 | 信号源类型 | |
| --- | --- | --- |
| | 浮接信号源（未连接至建筑物接地） | 接地信号源 |
| | 例如：未接地热电偶、带有隔离输出的信号调理或使用电池的设备 | 例如：带有非隔离输出的仪器 |
| 伪差分 | | |

注：$R_{ext}$ 为添加的外部偏置电阻。

数据采集系统里的被测信号可以分为接地和浮动两种类型，而测量系统可以分为差分（Differential）、参考地单端（RSE）、无参考地单端（NRSE）3 种连接类型。

### 2.6.1.1　接地信号和浮动信号

接地信号就是将信号的一端与系统地连接起来，如大地或建筑物的地等。如果信号采用的是系统地，则其与数据采集装置是共地的。接地最常见的方法是使用建筑物内嵌的电源插座里的接地引出线，如信号发生器和电源就是采用的这种接地方式。

一个不与任何地（如大地或建筑物的地）连接的信号称为浮动信号。浮动信号的每个端口都与系统地独立。产生浮动信号的常见设备有电池、热电偶、变压器和隔离放大器等。

### 2.6.1.2　测量系统分类

A　差分测量系统

差分测量系统中，信号输入端分别与数据采集卡的一对模拟输入端口相连接，模入端口通过多路开关（MUX）分别连接到仪表放大器（Instrumentation Amplifier）的同向与反向输入端。图 2-10 是一个 8 通道的差分测量系统，其中仪表放大器通过多路开关进行通道间的切换。模拟地引脚（AIGND）是测量系统的地。

一个理想的差分测量系统应只能测出输入信号两端口的电位差，而无法测量到共模电压，但是实际应用的数据采集装置的共模电压的范围限制了相对于测量系统地的输入电压的波动范围。共模电压的范围关系到一个数据采集装置的性能，可以采用不同的方式来消除共模电压的影响。如果系统共模电压超过允许范围，需要限制信号地与数据采集装置的地之间的浮地电压，以避免得到错误的测量数据。关于共模电压的定义及其他知识，可参考相关书籍。

B　参考地单端测量系统

在参考地单端测量系统中，被测信号一端接模拟输入通道，另一端接系统地。图 2-11（a）描述了一个 16 通道的参考地单端测量系统。

C　无参考地单端测量系统

在无参考地单端测量系统中，被测信号的一端接模拟输入通道，另一端接共用参考端，但这个参考端电压相对于测量系统的地来说是不断变化的。图2-11（b）显示了一个无参考地单端测量系统。

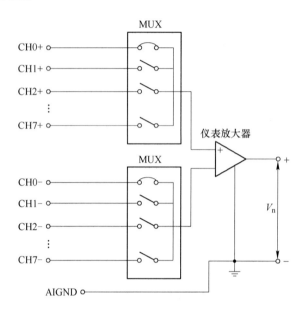

图 2-10  差分测量系统

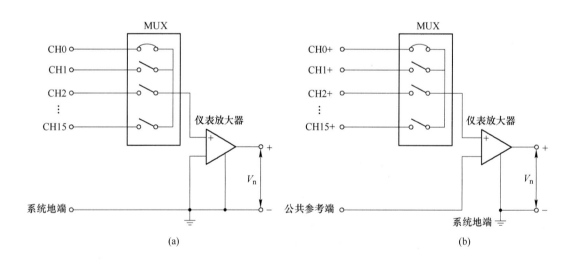

（a）

（b）

图 2-11  单端测量系统

（a）参考地单端测量系统；（b）无参考地单端测量系统

### D  伪差分测量系统

伪差分测量系统具有差分输入通道和参考单端（RSE）输入通道的某些特点。与差分输入通道类似，伪差分测量系统的通道包含正极和负极。正极和负极分别连接至待测单元的输出。负极输入通过相对较小的阻抗（在图2-12中为$Z_1$）与系统接地相连。负极输入和接地间的阻抗包含阻性和容性组件。输入通道的正极和负极间存在较大的阻抗

$(Z_{输入})$。

伪差分输入配置常用于同步采样和未使用多路复用信号架构的动态信号采集（DSA）设备。伪差分系统适用于测量浮接或隔离设备（例如，使用电池的设备或加速计）的输出。如参考信号与测量系统接地间的电势差不大，伪差分设置也适用于测量参考信号。如信号负极与机箱接地间的电势差过大，接地回路可能影响性能。总而言

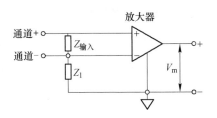

图 2-12  伪差分测量系统

之，差分输入比伪差分输入具有更高的共模抑制比（CMRR）。

### 2.6.1.3  连接模拟输出信号

不同的设备、接线盒或信号调理模块使用不同的连线方式。图 2-13 为 NI 设备通常的模拟输出连接。

### 2.6.1.4  抑制共模电压

理想的差分测量系统只测量正极（+）和负极（-）之间的电势差。任何相对于仪器放大器接地的电压测量都包含存在于放大器两个输入端的共模电压。理想的差分测量系统不存在共模电压。在由电缆连接的系统的电路中，通常存在以共模电压的形式导入的噪声。

实际情况下，设备的共模电压由多个参数（例如，共模电压范围和共模抑制比（CMRR））确定。

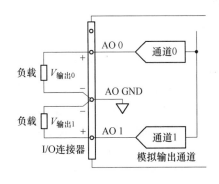

图 2-13  NI 设备的模拟输出连接

A  共模电压

共模电压范围是每个输入端相对于测量系统接地的允许电压变化。超出该范围的电压不仅可导致测量错误，还可能损坏设备。共模电压 $V_{cm}$ 由下列公式确定：

$$V_{cm} = (V_+ + V_-)/2$$

$V_+$ 是测量系统的非反向接线端相对于测量系统接地的电压；$V_-$ 是测量系统的反向接线端相对于测量系统接地的电压。

B  共模抑制比（CMRR）

CMRR 用于衡量差分测量系统对共模电压信号的抑制。例如，如在噪声环境中测量热电偶，环境噪声可能影响输入导线。因此，该噪声作为共模电压信号被抑制，大小等于仪器的 CMRR。绝大多数 DAQ 设备指定的 CMRR 频率为 60Hz，即电源线的频率。CMRR 由下列公式确定，以 dB 为单位：

$$CMRR(dB) = 20lg(差分增益 / 共模增益)$$

简单的电路如图 2-14 所示。在该电路中，CMRR 可表示为：$20lg(V_{cm}/V)$ 输出，$V_{cm} = V_+ + V_-$，以 dB 为单位。

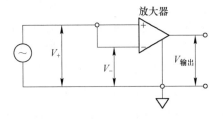

图 2-14  CMRR 计算示意图

### 2.6.2  测量系统的选择

由于测量系统存在接地、浮动两种类型的信号，又有差分、参考地单端、无参考地单端三种连接方式，因而实际的测量系统可以组成表 2-5 中所示的 6 种连接方式。

表 2-5  测量系统的连接方式

| 测量系统 | 接地信号 | 浮动信号 |
|:---:|:---:|:---:|
| DEF | ✓ | ✓ |
| RSE |  | ✓ |
| NRSE | ✓ | ✓ |

注：✓为推荐使用的方式。

一般来说，选择浮动信号和差动连接方式较好，但具体选择哪种方式还应根据实际情况而定。

#### 2.6.2.1  测量接地信号

测量接地信号最好采用差分或无参考地单端测量系统。如果采用参考地单端测量系统，将会给测量结果带来较大的误差。图 2-15 描述了用参考地单端测量系统测量一个接地信号源时存在的弊端。该图中所测量的电压 $V_m$ 是信号电压 $V_s$ 和电位差 $\Delta V_g$ 之和。其中 $\Delta V_g$ 是信号地和测量地之间的电位差，该电位差来源于接地回路电阻，可能会造成测量误差。接地回路通常会在测量数据中引入频率为电源频率的交流噪声和偏置直流干扰噪声，此时可以采用隔离措施，通过测量隔离之后的信号来减小噪声和干扰。

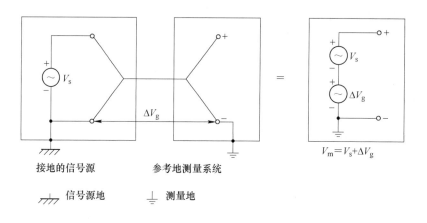

$$V_m = V_s + \Delta V_g$$

图 2-15  由参考地单端测量系统引入的接地回路电压

如果信号电压很高，并且信号源和数据采集装置之间的连线阻抗足够小，则可以采用参考地单端测量系统。这是因为此时接地回路电压相对于信号电压来说很小，信号源电压的测量值受接地回路的影响可以忽略。

#### 2.6.2.2  测量浮动信号

浮动信号可以采用差分、参考地单端、无参考地单端等方式来测量。如果采用差分测量系统，则应保证相对于测量地的信号的共模电压处于测量系统设备所允许的范围以内。

另外，采用差分或无参考地单端测量系统，放大器输入偏置电流会导致浮动信号的电压偏离数据采集装置的有效范围。此时为稳定信号电压，需要在每个测量端与测量地之间连接偏置电阻，如图 2-16 所示，这为放大器的输入端到放大器的地端提供了一个直流通路。偏置电阻的阻值应该足够大，以使信号源可以相对于测量地浮动。

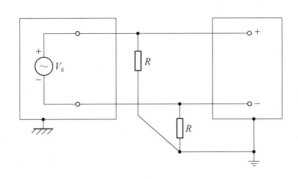

图 2-16　增加偏置电阻

如果输入是直流信号，则只需要用一个电阻将负端（-）与测量系统的地连接起来。然而，如果信号源内阻相对较高，从消除干扰的角度而言，这种连接方式会导致系统的不平衡。此时，应该选取两个等值电阻，一个连接信号高电平（+）与地，一个连接信号低电平（-）与地。如果输入是交流信号，则也需要两个偏置电阻，以满足放大器直流偏置通道的要求。

### 2.6.2.3　测量系统类型的选择

总的来说，不论测量接地信号还是浮动信号，差分测量系统都是很好的选择，因为它不但避免了接地回路干扰，还避免了环境干扰。相反，如果采用参考地单端测量方式，则两种干扰可能同时存在。当待测信号满足以下 3 个条件时，可以考虑采用参考地单端测量方式。

（1）输入信号是高电平（一般大于 1V）。

（2）连线比较短（一般小于 5m），并且环境干扰很小或屏蔽良好。

（3）所有输入信号都与信号源共地。

当输入信号不满足上述条件时，就要考虑采用差分测量方式。

为了更好地实现测量系统，还要考虑输入信号源阻抗与数据采集卡的阻抗匹配特性。对于电池、RTD、应变片、热电偶等信号源，由于它们的阻抗很小，可以将它们直接连接到数据采集卡或信号调理电路上。对于高阻抗的信号源，如果它们直接接到数据采集装置上，则会出现较大的测量误差。

### 2.6.3　触发

触发信号（Trigger）一般是指能够引起一个操作开始的信号。用户需要设置从某一时刻开始测量时，就可以使用触发。例如，某一测量系统需要测试一个电路对一个脉冲输入信号的响应，此时可以使用脉冲输入作为触发信号来告诉测量设备什么时候开始采集样本。如果不使用触发，则必须在施加测试信号之前开始采集数据。

如果想从触发信号到来时刻开始测量操作，需要使用 Start Trigger。如果想在触发信号到来之前采集数据，则必须使用 Reference Trigger，此时触发点在所有样本里起到了参考位置（Reference Position）的作用。

另外，用户还必须决定使用何种触发方式。如果需要一个数字信号作为触发信号，可以使用数字边沿触发（Digital Edge Trigger），使用 PFI 引脚作为触发源。如果需要一个模拟信号作为触发信号，则应使用模拟边沿触发（Analog Edge Trigger）或模拟窗口触发（Analog Window Trigger）。

在虚拟仪器开发平台 LabVIEW 或 LabWindows/CVI 等语言中，还有软件触发和硬件触发之分。前者的优点是与硬件无关，可以灵活应用于包括数据采集的各种场合，但它并不是严格意义上的触发，只是按照所设定的条件截取信号。本节的重点是硬件触发的说明。

### 2.6.3.1 数字边沿触发

数字边沿触发信号通常是一个含有高、低电平的 TTL 信号。当数字信号从高电平向低电平跳变时，产生一个下降沿；当数字信号从低电平向高电平跳变时，产生一个上升沿。用户可以在信号的上升沿或下降沿构建 Start Trigger 或 Reference Trigger。例如，在图 2-17 中，数据采集操作在信号的下降沿被触发。使用美国国家仪器公司的测量设备时，用户可以把数字触发信号连接到 PFI 引脚。

### 2.6.3.2 模拟边沿触发

模拟边沿触发是在模拟信号达到用户指定的条件时发生，这些条件一般是信号在其上升/下降边沿达到某个电平。当测量设备辨认出触发条件时，它将进行与该触发关联的操作。例如，在图 2-18 中，当触发信号达到预先指定的上升边沿时，数据采集操作开始。

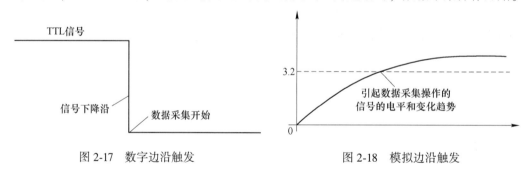

图 2-17　数字边沿触发　　　　　　图 2-18　模拟边沿触发

### 2.6.3.3 模拟窗口触发

模拟窗口触发是在模拟信号进入或离开一个由高、低两电平稳定的窗口时产生的操作。窗口顶端和底端的电平值由用户指定。例如在图 2-19（a）中，当信号进入窗口时，触发数据采集操作；在图 2-19（b）中，当信号离开窗口时，触发数据采集操作。

模拟窗口触发与模拟边沿触发不同，它的触发条件主要是电平，而且需要一次设置两个触发电平（窗口顶部和底部）。不管上升还是下降过程中，只要触发源信号进入（离开）这个窗口的顶部至底部的电平之间，就会引起触发。

## 2.6.4 采样注意事项

### 2.6.4.1 设备范围

设备范围指 ADC 可转换为数字信号的最大和最小模拟信号电平。许多测量设备可通

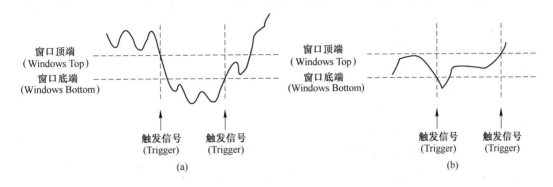

图 2-19 模拟窗口触发示例

（a）进入模拟窗口触发示例；（b）离开模拟窗口触发示例

过在单极模式/双极模式间切换或使用不同的增益，选择其他范围，使 ADC 在数字化信号时充分利用精度。

**A 单极和双极模式**

单极模式下，设备仅支持范围 0～+X；双极模式下，设备支持-X～+X。某些设备仅支持一种模式，某些设备可在两种模式间切换。

通过切换至不同的模式，设备可选择最适合待测信号的模式。图 2-20（a）为单极模式下的 3 位 ADC。ADC 将 0～10V 的范围划分 8 个区间。在双极模式下，该区间为-10.00～10.00V，如图 2-20（b）所示。相同的 ADC 可将 20V 的范围划分为 8 个区间。最小的可检测电压变化由 1.25V 增大为 2.50V，信号的表示精度随之降低。设备依据创建虚拟通道时指定的输入限制选择最佳模式。

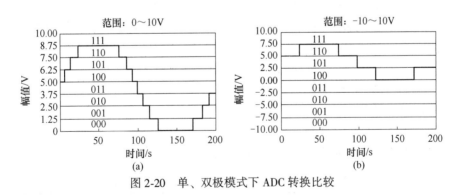

图 2-20 单、双极模式下 ADC 转换比较

**B 增益调节**

如设备有多个增益，输入信号乘以增益可使信号充分利用设备范围。因此，设备可选择不同的范围。例如，如设备的整体范围为-10～10V，可能的增益为 1、2 和 4，则可选范围为-10～10V、-5～5V 和-2.5～2.5V。设备依据创建虚拟通道时指定的输入限制选择增益。

**2.6.4.2 输入限制（最大值和最小值）**

输入限制是指换算后（包括自定义换算）要测量的最大值和最小值。输入限制通常被误认为是设备范围。设备范围是指特定设备的输入范围。例如，DAQ 设备的设备范围可能为 0~10V，但设备使用的温度传感器可能为 1℃ 对应输出值 100mV。此时，输入限制为 0~100，10V 对应 100℃。

输入限制使用相似的方法改进测量的精度。例如，如已知温度小于等于 50℃，则可选择最小值为 0，最大值为 50。设备数字化处理的电压为 0~5V，而非 0~10V，设备可检测更小的温度变化。

### 2.6.4.3　采样率的选择

模拟输入/输出系统最重要参数之一是测量设备对输入信号进行采样或生成输出信号的速率。采样率在 Traditional NI-DAQ（Legacy）中称为扫描率，是设备在每个通道上采集或生成采样的速率。较高的输入采样率可在指定时间内采集更多的数据，更好地表现原有信号。对于 1 Hz 的信号，使用 1000 S/s 的采样率生成 1000 个点的表现效果好于使用 10 S/s 的采样率生成 10 个点的表现效果。

过高的采样率无法很好地表现模拟信号。过低的采样率无法准确表现原有信号的频率，可导致混叠。

### 2.6.4.4　计算可检测的最小变化（编码宽度）

测量设备可检测的输入信号的最小变化，称为编码宽度，由测量设备的精度和设备范围确定。编码宽度越小，测量精度越高。

可通过下列公式计算编码宽度：

$$编码宽度 = 设备量程/2^{分辨率}$$

例如，12 位测量设备的电压量程是 0~10V，则可检测的最小变化（精度）为 2.4mV；如设备量程是 -10~10V，则可检测的最小变化（精度）为 4.8mV，即分别为：

$$设备量程/2^{分辨率} = 10/2^{12}\,V = 2.4mV$$
$$设备量程/2^{分辨率} = 20/2^{12}\,V = 4.8mV$$

对于此前给定的设备电压量程，高精度 A/D 转换器（ADC）具有较小的编码宽度，即分别为：

$$设备量程/2^{分辨率} = 10/2^{16}\,V = 0.15mV$$
$$设备量程/2^{分辨率} = 20/2^{16}\,V = 0.3mV$$

表 2-6 为 12 位测量设备编码宽度随设备量程的变化。设备依据创建虚拟通道时指定的输入限制选择最佳量程。选择准确反映待测信号的输入限制以获取最小的编码宽度。LabVIEW 语言中的 NI-DAQmx 函数可强制转换输入限制符合选定的设备量程。

**表 2-6　12 位采集设备编码宽度随设备量程变化**

| 整体设备量程 | 可能的带宽增益调整的设备量程 | 精　度 |
| --- | --- | --- |
| 0~10V | 0~10V | 2.44mV |
| | 0~5V | 1.22mV |
| | 0~2.5V | 610μV |
| | 0~1.25V | 305μV |
| | 0~1V | 244μV |
| | 0~0.1V | 24.4μV |
| | 0~20mV | 4.88μV |

| 整体设备量程 | 可能的带宽增益调整的设备量程 | 精　度 |
|---|---|---|
| −5～5V | −5～5V | 2.44mV |
| | −2.5～2.5V | 1.22mV |
| | −1.25～1.25V | 610μV |
| | −0.625～0.625V | 305μV |
| | −0.5～0.5V | 244μV |
| | −50～50mV | 24.4μV |
| | −10～10mV | 4.88μV |
| −10～10V | −10～10V | 4.88mV |
| | −5～5V | 2.44mV |
| | −2.5～2.5V | 1.22mV |
| | −1.25～1.25V | 610μV |
| | −1～1V | 488μV |
| | −0.1～0.1V | 48.8μV |
| | −20～20mV | 9.76μV |

## 2.7　常见传感器及信号调理

传感器可生成用于测量物理现象（例如，温度、力、声音和光）的电信号。不同的应用使用不同的传感器。常见的传感器包括：应变计、热电偶、热电阻、角度编码器、线性编码器、基于电桥的传感器以及电阻式温度检测器（RTD）。

### 2.7.1　电阻

常见的电阻传感器的电阻电路主要 2 线电阻、3 线电阻和 4 线电阻等，其精度和应用范围各有不同。

#### 2.7.1.1　2 线电阻

2 线电阻方法通常用于测量大于 100Ω 的电阻，如图 2-21 所示。激励电流流经导线和未知电阻 $R_{meas}$。测量设备通过导线测量电阻的电压并计算阻值。

测量低阻值电阻时，2 线测量的误差由导线电阻 $R$ 导线引起。由于导线两端的压降等于 $I×R_{Lead}$，设备测量值并非电阻 $R_{meas}$ 两端的电压。由于常规导线电阻值介于 $0.01～1Ω$ 之间，当 $R_{meas}$ 阻值小于 100Ω 时，很难实现精确 2 线电阻测量。

#### 2.7.1.2　3 线电阻测量

3 线电阻方法用于测量具有三根导线的电阻，如图 2-22 所示。

3 线方法使用 3 根测试导线。一对导线用于激励电流（$E_{x+}$，$E_{x-}$），第三根导线（Sense−）用于导线电阻补偿。第三根导线测量激励电流路径的 $E_{x-}$ 连线端的导线电阻电压。从总的差分信号中间减去该值，即设备补偿了 $E_{x+}$ 连线端的寄生导线电阻。但上述操

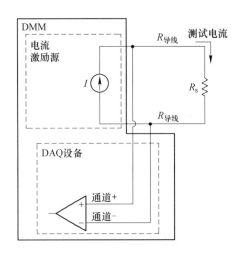

图 2-21　2 线电阻测量

作仅能补偿 $E_{x+}$ 连线端的导线电阻，不能补偿 $E_{x-}$ 连线端。如要同时补偿 $E_{x-}$ 和 $E_{x+}$ 连线端的导线电阻，设备假设 $E_{x+}$ 连线端的电压与 $E_{x-}$ 连线端的电压相同，逼近 $E_{x+}$ 端电压。由此 Sense$_-$ 和 $E_{x-}$ 间的电压在被总的差分信号减去前被翻倍。当 $E_{x+}$ 连线端的导线电阻与 $E_{x-}$ 导线电阻匹配时，上述方法适用。

有些较早型号的设备不支持补偿。在这种情况下，用户需要指定导线电阻，以在软件中减去导线电阻电压。

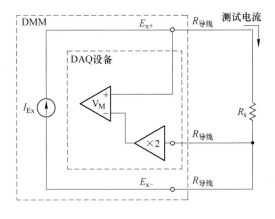

图 2-22　3 线电阻测量

### 2.7.1.3　4 线电阻测量

4 线电阻方法用于测量小于 100Ω 的电阻，如用于 RTD 温度传感器的高精度测量，其接线图如图 2-23 所示。4 线方法的精度高于 2 线方法。

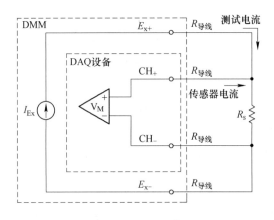

图 2-23　4 线电阻测量

4线方法是用4条测试导线。一对导线用于注入电流（测试导线），另一对用于感应电阻 $R_{meas}$ 两端的电压（传感器导线）。由于传感器导线上没有电流经过，设备仅测量电阻两端的电压。4线电阻可消除测试导线和连接导线产生的误差。

### 2.7.2 基于电桥的传感器

基于电桥的传感器可通过惠斯通电桥中一个或多个电阻阻值的变化，测量各种物理现象（例如，应变、温度或力）。常见的惠斯通电桥由四个相互连接的电桥臂和激励电压 $V_{Ex}$ 组成。一个或多个电桥臂为有效传感元件。

惠斯通电桥等价于两个并联的电压驱动器电路。$R_1$ 和 $R_2$ 为一个电压驱动器电路，$R_4$ 和 $R_3$ 为另一个电压驱动器电路。惠斯通电桥的输出为中间点与两个电压驱动器间的电压，如图 2-24 所示。

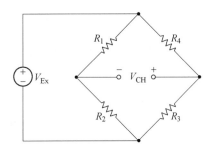

图 2-24 基于电桥的传感器

物理现象（例如，温度变化或样本的应变）可改变惠斯通电桥中传感元素的阻值。惠斯通电桥配置可用于测量由样本物理变化引起的传感元素阻值的微小变化。

#### 2.7.2.1 电桥测量类型

虚拟仪器平台可通过多种测量类型测量基于电桥的传感器。

（1）应变计：通过应变计测量应变。

（2）力、压力和扭矩：使用支持的设备通过基于电桥的传感器测量力、压力和扭矩。

虚拟仪器的其他测量类型用于读取电学单位中的数据。通过自定义换算或写入换算代码，可将电流单位转换为物理单位。

（3）桥（$V/V$）：通道使用该测量类型返回电压比率，而非物理单位。在支持的设备上使用该测量类型，可用于基于电桥的传感器、换算数据至虚拟仪器系统的 NI-DAQmx 不支持的物理单位，或测量扭曲应变。

（4）带激励的自定义电压：在不支持应变计、力、压力、扭矩或电桥（$V/V$）测量类型的测量设备上使用该测量类型。指定换算使用激励，以获取电压比率。对于比值设备，必须指定换算使用激励，其他设备仅可获取电压比率。

（5）电压：该测量类型用于基于电桥的传感器（包含内部放大器和输出电压）。

（6）电流：该测量类型用于基于电桥的传感器（包含内部放大器和输出电流）。

#### 2.7.2.2 电桥传感器换算

对基于电桥的传感器的测量实际上是测量与激励电压成比率的电压。NI-DAQmx 使用下列方程计算该比率：

$$V_R = \frac{(V - V_{IB}) \times G}{V_{EX}}$$

式中，$V_R$ 是电压比率；$V$ 是电桥的电压输出；$V_{IB}$ 是初始电桥电压，由失调清零确定；$V_{EX}$ 是连接至电桥的激励电压源；$G$ 是分流校准的增益调整。

比值设备依据硬件提供的激励电压划分电桥的输出电压。因此，$V/V_{EX}$ 必须位于设备的"设备范围"内。对于电压设备，电桥的电压输出必须在设备范围内。调整初始桥电压和增益可影响设备范围和输入限制的关系。例如，如设备可测量±5V，则 1V 桥电压对应的最小/最大输入限制必须为−6~4V。

对于 NI-DAQmx 支持的其他基于电桥的传感器，NI-DAQmx 依据应变测量的电桥配置，或符合传感器制造商指定规范的最佳换算类型，使用不同的方法，使电压比率换算为物理单位。

### 2.7.2.3 电桥配置

电桥配置有三种：1/4 桥、半桥和全桥配置，如表 2-7 所示。通过惠斯通电桥中的有效元件数量可判定电桥配置的类型。应变计可使用不同的电桥配置。

表 2-7 电桥配置

| 配　置 | 有效元件数量 |
| --- | --- |
| 1/4 桥 | 1 |
| 半桥 | 2 |
| 全桥 | 4 |

### 2.7.2.4 电桥传感器信号调理要求

基于电桥的传感器的信号调理要求包括电桥电阻、电桥激励和负载端电压采样和信号放大等三个方面。

考虑到传感器物理特性的改变、传感器测量的物质、导线阻值的变化和测试系统的缺陷，应对传感器进行周期性校准。对基于电桥的传感器进行校准包括两个步骤：失调清零或电桥平衡，分流校准或增益调整。

#### A 桥结构

除全桥传感器外，其他电桥必须使用完整桥结构电阻。因此，基于电桥的传感器的信号调理器，通常包含由两个高精度参考电阻组成的半桥完整桥结构电阻。对于完整桥结构电阻，额定阻值一致的重要性高于具体数值。理想情况下，两个电阻的阻值大小相同，可为测量通道的负极输入导线提供稳定的参考电压 $V_{EX}/2$。完整桥结构电阻的阻值越高，由激励电压导致的电流牵引就越小。但是，过大的完整桥结构电阻可导致噪声增大，以及偏置电流引起的误差。

#### B 信号放大

基于电桥的传感器的输出值相对较小。例如，绝大多数应变计电桥和基于应变计的传感器的输出值都小于 10mV/V（激励电压为 1V 时的输出值为 10mV）。因此，基于电器的传感器的信号调理器通常包含放大器，用于放大信号电平，提高测量精度和信噪比。例如，SCXI 信号调理模块包含可配置的增益放大器，增益最高为 2000。其他设备支持多个设备范围。

C　电桥激励

基于电桥的传感器需要为电桥提供稳定的电压。电桥信号调理器通常应包含电压源。传感器行业尚未形成激励电压的统一标准，激励电压通常为 3~10V。

激励源应具有稳定性和准确性。比值传感器换算数据时使用连续测量的实际激励电压，而非设定的激励电压值。

D　负载端电压采样

如电桥电路远离信号调理器和激励源，连接激励源和电桥的导线的阻值产生的电压降可能导致误差。某些信号调理器包括的负载端电压采样可补偿该误差。通常有两种负载端电压采样。

通过反馈的负载端电压采样，使额外的传感器连线连接至激励电压连线至电桥电路的位置。额外的传感器连线用于调节激励源、补偿导线上的电压损失，还可为电桥提供所需电压。

负载端电压采样还可使用单独的测量通道，直接测量电桥两端的激励电压。由于测量通道导线上的电流极小，导线电阻对测量的影响可忽略不计。通过电压至应变转换中测量的激励电压可补偿导线上的电压损失。

E　基于电桥的传感器校准

考虑到传感器物理特性的改变、传感器测量的物质、导线阻值的变化和对测试系统缺陷的补偿，应对传感器进行周期性校准。对基于电桥的传感器进行校准包括两个步骤：失调清零或电桥平衡，分流校准或增益调整。

（1）失调清零（电桥平衡）。安装基于电桥的传感器时，即使未加负载，电桥的输出也可能不为 0V。对电桥桥臂的微小改动可导致初始的偏移电压不为零。通过"DAQmx 执行桥测量失调清零校准"VI/函数或 DAQ 助手，可使用多种方式进行电桥平衡，实现失调清零校准。关于设备提供的失调清零方法，可参考相应的设备文档。

（2）软件补偿（初始桥电压）。该方法通过软件补偿初始桥电压进行电桥平衡。使用该方法时，NI-DAQmx 在不加载负载时测量电桥。换算电桥读数时，NI-DAQmx 使用该值作为初始桥电压。该方法简单快速，无需手动调整。该方法的缺点是无法从根本上消除电桥失调。如失调足够大，则可限制输出电压上的放大器增益，限制测量的动态范围。

F　基于电桥的力、压力和转矩传感器

通常，测量力、压力和转矩（例如，称重）的传感器基于惠斯通电桥。此类传感器一般使用全桥配置，额定电桥电阻为 350Ω。

传感器制造商提供的表格或多项式方程可说明电学值与传感器测量的物理现象之间的换算关系。依据传感器制造商提供的规范，NI-DAQmx 可提供多种换算类型。

G　应变计

应变计的电阻与设备的应变存在比例关系。通过应变计和信号调理可测量应变。对与应变计连接的设备施加力，通过测量电阻（Ω）变化可获得应变值。应变计可对不同材料的挤压和振动返回不同的电压值。应变计电阻的变化可表明材料的形变。对于电压测量，应变计需要激励（通常为电压激励）和线性化。

通常，应变测量的值以 $\mu\varepsilon$ 为单位。因此，应变测量需要准确测量电阻非常微小的变化。例如，如测量样本的实际应变为 $500\mu\varepsilon$，则应变计因子为 2 的应变计可检测的电阻变化为 $2\times(500\times10^{-6}) = 0.1\%$。对于 $120\Omega$ 的电阻，变化值为 $0.12\Omega$。

为测量电阻的微小变化和补偿温度变化，应变计通常使用带有电压或电流激励源的惠斯通电桥。应变计位于一个或多个电桥配置中。测量值为惠斯通电桥中多种因素综合作用的结果。

NI-DAQmx 支持测量轴向应变和弯曲应变。也可使用相似的配置类型测量扭曲应变，但 NI 软件换算不支持该配置。通过包含电桥（$V/V$）的自定义换算或使用激励通道的自定义电压，可使用 NI 产品测量扭曲应变。

H　电涡流位移探针

位移探针是用于测量相对电涡流的传感器。它通过电压的变化测量旋转或往复运动的轴表面。作为非接触式传感器，位移探针位于静止的机械结构（例如，轴承体）内。在该位置，传感器可测量机械的静态或动态位移。电涡流位移探针可用于测量动态位置（例如，移动机械间的空隙）。

电涡流位移探针包含驱动电路和监控器，或稳定的 DC 电源。监控器或 DC 电源可为驱动电路提供 -24V(DC) 的电源输入。驱动电路内部的示波器可将某些能量转换为高频无线电信号。信号通过同轴电缆传输至探针线圈。探针末端的线圈可将该信号作为磁场传递至周围区域。如磁场中存在导体，则生成涡电流，使高频无线电信号的能量消失。导体越接近探针末端，信号消失的能力越多。能量消失可导致驱动电路的电压变化。

### 2.7.3　编码器

常见工程应用中通常使用双脉冲编码器和正交编码器测量位置参数。

#### 2.7.3.1　正交编码器

正交编码器通过两个脉冲信号进行位置测量。该信号可称为信号 A（通道 A）和信号 B（通道 B）。信号 A 和信号 B 的偏移量为 90°，用于确定编码器移动的方向。例如，在角度正交编码器中，如信号 A 位于信号 B 之前，则编码器按顺时针方向旋转。反之，编码器按逆时针方向旋转。

M 系列、C 系列和 NI-TIO 设备上的计数器支持对 X1、X2、X4 三种类型的正交编码器进行解码：对于 X1 解码，信号 A 在信号 B 之前，计数器在信号 A 的上升沿增加计数；如信号 B 在信号 A 之前，计数器在信号 A 的下降沿减少计数（见图 2-25）。

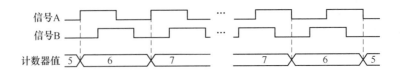

图 2-25　X1 正交编码器原理

对于 X2 解码，动作与 X1 解码相同，只是计数器在信号 A 的上升沿和下降沿增加和减少计数，如图 2-26 所示。

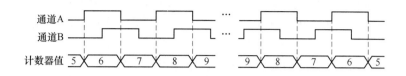

图 2-26　X2 正交编码器原理

对于 X4 解码，计数器在信号 A 和信号 B 的上升沿和下降沿增加和减少计数，如图 2-27所示。X4 解码对位置更加敏感，如编码器处于振动环境，更容易导致测量错误。

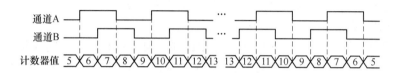

图 2-27　X4 正交编码器原理

许多编码器也通过使用 Z 索引准确判定参考位置。

### 2.7.3.2　双脉冲编码器

双脉冲编码器是一种位置测量传感器，具有 A、B 两条通道。当编码器移动时，A 或 B 即发出一个脉冲信号。信号 A 上的脉冲表示一个方向的位移，信号 B 上的脉冲表示相反方向的位移。信号 A 产生脉冲时，计数器计数增加。信号 B 产生脉冲时，计数器计数减少，如图 2-28 所示。

### 2.7.3.3　Z 索引

编码器通常使用第三个信号进行 Z 索引。通过在固定位置产生的脉冲可准确判断参考位置。例如，如角度编码器的 Z 索引为 45°，则每次编码器旋转 45°时可发送脉冲至 Z 输入接线端。

不同的设计信号 Z 的动作不同。关于编码器

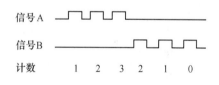

图 2-28　双脉冲编码器原理

依据信号 A 和信号 B 获取信号 Z 的时机，见编码器的相关文档。在 NI-DAQmx 中，可通过 Z 索引相位属性配置 Z 索引。

## 2.7.4　压电集成电路（IEPE）

压电集成电路（IEPE）是一种附带内置放大器的传感器。由于一些传感器产生的电量很小，因此传感器产生的电信号容易受到噪声干扰，需要用灵敏的电子器件对其进行放大和信号调理。IEPE 传感器集成了灵敏的电子器件，使其尽量靠近传感器以保证更好的抗噪声性并更容易封装。操作这些传感器需要 4~20mA 电流激励。

### 2.7.4.1　加速度计

加速计是通过电压表示加速度的传感器，分为两种轴类型。最常见的加速计仅测量沿单轴的加速度。通常，此类加速计用于测量机械振动的水平。另一类加速计为三轴加速计。此类加速计可通过正交组件创建加速度的三维向量。此类加速计用于测量组件振动（横向、纵向或旋转）或加速度的方向。

两类加速计均可以是两端导线绝缘（隔离）或单端导线接地。某些加速计通过压电效应生成电压。使用此类传感器测量加速度时，传感器必须连接电荷灵敏放大器。

其他传感器具有内置的电荷灵敏放大器。该放大器需使用稳定的电流源，阻抗随压电晶体电荷的变化而变化。加速计输入端的电压变化可反映阻抗的变化。加速计的每个轴仅使用两根连线用于传感器的激励（电流或电压）和信号输出。此类加速计包含稳定的电流源和差分放大器。电流为传感器的内置放大器提供了激励，而仪器的放大器则测量传感器两端的电压。

选择放大器时，应考虑最关键的参数。如需在极端温度下使用传感器，应选择通过压电效应生成电压的传感器。如环境噪声很大，应选择内置电荷灵敏放大器的传感器。

为降低加速计的误差，应考虑下列因素：

（1）如传感器为 DC 耦合，加速计的 DC 偏移可随温度和使用时间变化。加速计的电荷灵敏放大器也存在相同的问题。放大器的输出为 AC 耦合时，可使系统的漂移最小化。

（2）电动机、变压器和其他工业设备可使传感器电缆产生噪声电流。对于通过压电效应生成电压的加速计，该电流为传感器系统中主要的噪声。谨慎选择连线路径可降低电缆中的噪声。

（3）加速计可能存在接地环路。某些传感器的包装与传感器的导线相连，其他的传感器可能与包装完全隔离。如在输入放大器接地的系统中使用包装接地的传感器，则存在较大的接地环路，可产生噪声。

### 2.7.4.2 力传感器（压电）

压电式力传感器通常用于测量动态的应力。这类传感器一般分为两种：荷重测力元和冲击力锤。

压电荷重测力元测量在外部激励下（例如摇动、冲击）传感器传输的力的大小。

冲击力锤用于在某种材料上施加冲击力，并测量实际施加的力的大小。然后，可将荷重测力元测得的力与加速器的读数相关联。冲击力锤可使用不同大小、形状、材质的锤测量不同的频率。

不同的荷重测力元和冲击力锤的灵敏度特性有所区别。详细信息请参考相关荷重测力元和冲击力锤的说明文档。

力传感器存在校准问题，这主要是因为力传感器使用时间较长后，可能相对于文档上的额定值有所偏移。力传感器校准也就是将传感器复原为原来的精度。使用校准过的加速计进行比例校准，确定力传感器的实际精度。

### 2.7.4.3 麦克风

麦克风是将声音波形转换为电信号的传感器。最常见的为电容式麦克风，使用容性传感元素。

电容式麦克风包含的金属振膜可作为电容的一个基板。紧靠振膜的金属盘可作为另一个基板。声音触发金属振膜后，两个基板间的电容可随声压的变化而变化。通过高阻抗连接稳定的 DC 电压至基板，可使基板保存电荷。电荷数量的变化引起 AC 输出随声压的变化而变化。图 2-29 为电容式麦克风。

作为仪器的麦克风通常包含麦克风模块和前置放大器。两部分可各自独立，也可集成在一起。

麦克风的主要参数为灵敏度（以 mV/Pa 为单位）和频率响应。麦克风有不同的直径，通常为：1/8in、1/4in、1/2in 和 1in。不同尺寸的麦克风具有不同的灵敏度和响应频率。

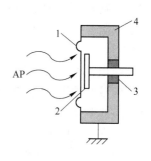

图 2-29　电容式麦克风
AP—声压；1—金属振膜；2—金属盘；
3—绝缘体；4—容器

为降低使用麦克风时的误差，应考虑下列因素：

（1）对于自由音场（音场附近无主要的反射）中的测量，可使用自由音场麦克风指向声源。

（2）对于扩散场（在混响较高的室内），可使用随机散射麦克风。

（3）如麦克风位于房间墙面或待测物体表面，可使用声压式麦克风。

（4）对于室外测量，应对麦克风进行相应的防护。例如，遮挡风雨的装置和防止水汽凝结的内置加热器。

（5）通过支架固定麦克风可防止混响对测量的影响。关于混响对灵敏度的影响，见麦克风的产品规范。

（6）对于重复进行的测量，应确保麦克风始终位于相同位置（相对于待测单元和环境）。

（7）开始测试前应校准所有测试相关设备。对于要求较高的测量（例如，需增加额外防范措施），测试结束后应立即进行校准，确保系统的误差在允许范围内。

#### 2.7.4.4　速度传感器

速度传感器用于测量动态速度，例如，运行机械或振动结构产生的速度。

早期的速度探针在永磁场中使用一个移动线圈来生成信号并计算振动的速度。

较新的速度传感器的原理和 IEPE 加速计的原理相同。然后，使用一个集成电路将加速度转换为速度。IEPE 速度传感器的操作、校准、安装和信号调理与 IEPE 加速计相同。

### 2.7.5　温度传感器

热电偶、电阻式温度检测器（RTD）和热敏电阻是最常见的三种温度传感器。表 2-8 比较了各种传感器的优劣。进行温度测量时，可参考该表选择合适的传感器。

表 2-8　温度传感器选型表

| 传感器 | 优　　点 | 缺　　点 |
|---|---|---|
| 热电偶 | 范围大，速度快，成本低 | 需要 CJC，非线性 |
| RTD | 耐用，精确 | 速度慢，需要激励，需要考虑导线电阻，非线性 |
| 热敏电阻 | 可重复使用、精度适中、适用于低电流和速度快的场合 | 需要激励、范围窄和非线性 |

#### 2.7.5.1　电阻式温度传感器（RTD）

RTD 是一种电阻随温度上升的温度传感设备。RTD 通常为线圈或带有保护膜的金属。

不同金属制成的 RTD 具有不同的电阻，最常见的是铂 RTD，0℃时的额定电阻为 100Ω。

信号调理中通常要求使用 RTD 测量温度。RTD 是具有阻值的设备，必须输入电流，产生可测量的电压。在测量中提供电流是信号调理的一种形式，称为电流激励。除了为 RTD 提供电流激励，信号调理可将输出电压信号放大并对信号进行滤波以去除不需要的噪声。信号调理还可用来将 RTD 和被监测的系统与 DAQ 系统和计算机主机隔离。

不同的 RTD 使用不同的材料，具有不同的额定阻值和电阻温度系数（TCR）。RTD 的 TCR 是指在 0～100℃之间，RTD 阻值的平均温度系数，是表明 RTD 特性的最常用方法。

### 2.7.5.2　热敏电阻

热敏电阻是由金属氧化物制成的半导体，通常经高温压制成较小的珠状、磁盘状或其他形状，外部包裹一层环氧材料或玻璃。

与 RTD 类似，通过在热敏电阻上连接电流，读取热敏电阻两端的电压，可获得热敏电阻的温度。不同于 RTD，热敏电阻的阻值更大（2000～10000Ω）且更灵敏（约 200Ω／℃）。热敏电阻的测量范围通常在 300℃以下。

NI-DAQmx 使用 Steinhart-Hart 热敏电阻方程将热敏电阻的阻值换算为温度：

$$\frac{1}{T} = A + B(\ln R) + C(\ln R)^3$$

式中，$T$ 为温度值，以开尔文为单位；$R$ 为电阻测量值；$A$、$B$ 和 $C$ 为热电偶厂商提供的常量。

由于热敏电阻的阻值远大于导线的电阻，故导线的电阻不会影响测量的准确性。不同于 RTD，2 线测量即可达到要求。

### 2.7.5.3　热电偶

热电偶是最常见的测量温度的传感器。

两种不同的金属接触时，接触点可产生微小的开路电压。热电偶根据该原理制成，该开路电压与温度相关。该电压称为 Seebeck 电压，与温度成非线性关系。热电偶需要信号调理。

不同类型的热电偶的成分和精度不同。

## 2.7.6　LVDT

LVDT 由一个固定线圈组和一个可动铁芯组成，工作原理类似于变压器。LVDT 将某一信号值与铁芯上的具体位置建立关联，从而测得位移。LVDT 信号调理器生成一个正弦波作为主输出信号并对次输出信号进行同步解调。被解调后的输出信号通过一个低通滤波器滤去其高频波纹。最后得到的输出信号是一个与铁芯位移呈正比的直流电压。直流电压的符号表明位移向左或向右。

LVDT 的传感器使用特殊的电子设计。由于信号调理器的滤波处理，LVDT 通常有 10ms 延迟。

LVDT 通常有 4 线（明线）和 5 线（壁纸线）两种配置。传感器上的连线被连接到一个将 LVDT 的输出转换为一个可测量电压的信号调理电路。第一个和第二个次信号的信号调理分别使用 4 线和 5 线配置。在 4 线配置中，传感器仅测量次信号间的电压差。

4 线配置仅需简单的信号调理系统。温度变化可能影响 LVDT 的磁性感应性能。4 线配置对主信号和输出的次电压信号的相位变化敏感，过长的连线和较低的激励也影响性能。

5 线配置对温度变化和主次信号间的相位变化不敏感。设备通过信号调理电路确定相位信息，无需参考主激励源的相位。因此，LVDT 和信号调理电路间可使用较长的连线。

LVDT 坚固耐用，可在较大的温度范围内工作，不受湿度和灰尘的影响。LVDT 使用寿命长，适用于严酷且无需移动的环境，可承受一定的摩擦。LVDT 还可进行小于 0.1in 的精确测量（例如，测量薄板材料的厚度）。与其他位移传感器不同，LVDT 传感器非常坚固。传感元素间不存在物理接触，因此无须对传感元素进行包裹。

由于设备通过磁性的变化进行测量，因此 LVDT 的精度可任意调节。配合适当的信号调理硬件可测量最小的移动，传感器的精度由数据采集系统的精度确定。

### 2.7.7　RVDT

RVDT 是旋转的 LVDT，适用范围通常在 ±30°~±70°。RVDT 具有 Servo 安装端，可连续进行 360°不停歇旋转。

RVDT 的传感器需特别设计的电子器件。由于信号调理器需要滤波，故 RVDT 通常有 10ms 延迟。RVDT 坚固耐用，可在较大的温度范围内工作。在温度及振动条件都非常极端的环境中，RVDT 是测量范围大于 70°的最佳选择。

### 2.7.8　传感器电子数据表格（TEDS）

IEEE P1451.4 是模拟传感器添加即插即用功能的标准。即插即用识别的内部机制为传感器电子数据表格（TEDS）的标准化。TEDS 包含设备或测量系统用于识别、特性化、交互和正确使用模拟传感器信号所需的关键信息。该信息包括传感器的型号编号、型号 ID、校准常量、换算常量和传感器的其他技术参数。

TEDS 适用于下列传感器类型：

（1）TEDS 可位于传感器内的嵌入式内存（通常为 EEPROM）中。可通过支持 TEDS 的硬件（例如，BNC-2096 或 SCXI-1314）下载至传感器，再将 MAX 中的 TEDS 下载至应用程序。关于下载和使用 TEDS 的详细信息，见 NI-DAQmx 的 MAX 帮助。

（2）虚拟 TEDS 可作为单独的文件存在并通过 Internet 下载。传统的传感器和应用程序（不包含嵌入式内存或 EEPROM）可通过虚拟 TEDS 使用标准化的 TEDS。访问 ni.com，输入传感器序列号，可下载虚拟 TEDS。虚拟 TEDS 无须支持 TEDS 的硬件。

通过写入 TEDS 数据函数/VI 可写入函数数据至传感器。TEDS 数据必须为 TEDS 文件或按照 IEEE 1451.4 规范生成的比特流。

某些传感器包含 PROM，可写入数据一次。写入 TEDS 数据时，可选择在 PROM 或 EEPROM 中写入基本 TEDS 数据。该信息包括生产商 ID、型号编号、序列号、版本号和版本字母。如写入基本 TEDS 数据至 PROM，再次尝试写入基本 TEDS 数据至 EEPROM 时，写入 TEDS 数据函数/VI 将返回错误。

### 2.7.9　信号调理

如需测量传感器的信号，必须将其转换为 DAQ 设备可读取的格式。例如，热电偶的输出电压很小且易被噪声干扰。因此，在转换为数字信号前，必须进行放大和滤波处理。

使信号适合数字化的过程称为信号调理。信号调理通常包括放大、线性化、传感器激励和隔离等。

### 2.7.9.1 放大

放大是信号调理的一种，通过增大信号相对于噪声的幅度，提高数字化信号的精度。

通过放大信号，使最大电压变化等于 ADC 或数字化仪的最大输入范围，可获得尽可能高的准确性。系统应通过最接近信号源的测量设备放大低电平信号。如图 2-30 所示。

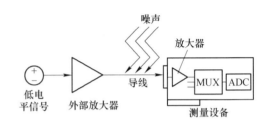

图 2-30 信号的放大

应使用屏蔽式电缆或双绞线电缆。通过减小电缆长度可降低导线引入的噪声。使信号连线远离 AC 电源电缆和显示器可减少频率为 50~60Hz 的噪声。

如通过测量设备放大信号，则测量和数字化的信号中可能包含由导线引入的噪声。在接近信号源的位置通过 SCXI 模块放大信号，可减少噪声对被测信号的影响。

### 2.7.9.2 线性化

线性化是信号调理的一种，通过软件使传感器产生的信号线性化，换算后的电压可用于物理现象。例如，通常，热电偶 10mV 的电压变化并意味着温度有 10 个相应单位改变。但是，通过软件或硬件的线性化处理，应用中的热电偶值可换算为相应的温度变化。绝大多数传感器具有用于说明传感器换算关系的线性化表格。

### 2.7.9.3 传感器激励

信号调理系统可为某些传感器生成激励。应变计和 RTD 需要外部电压和电流激励电路，然后开始测量物理现象。激励类似于收音机用于接收和解码音频信号所需的电源。许多测量设备可为传感器提供激励。关于设备是否可生成激励，可查阅相关的设备文档。

### 2.7.9.4 隔离

信号通常会超出测量设备可处理的范围。尝试测量过大的信号可导致测量设备损坏或人身伤害。通过隔离信号调理技术可防止人体和测量设备接触过大的电压。信号调理硬件可降低较高的共模电压，获取测量设备可处理的电压信号。通过隔离可避免接地电势差对设备的影响。

# 第 3 章　虚拟仪器硬件技术

## 3.1　虚拟仪器硬件简介

虚拟仪器的硬件平台由计算机和 I/O 接口设备两部分组成。I/O 接口设备主要执行信号的采集输入、放大、模/数转换的任务。

对于单台虚拟仪器而言，虚拟仪器开发平台 LabVIEW 和 LabWindows/CVI 程序所涉及的 I/O 接口设备是数据采集卡，当由多台虚拟仪器组成仪器测量控制系统时，LabWindows/CVI 所涉及的 I/O 接口设备为总线，总线的类型有 USB 总线、RS-232 总线、GPIB 总线、VXI 总线和 PXI 总线等。

通过数据采集卡和总线获取数据通常应用于测量系统中，实现仪器间的数据获取。图 3-1 为典型的虚拟仪器系统 I/O 接口设备构成图。

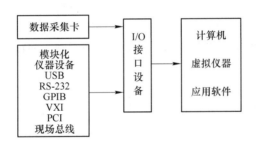

图 3-1　典型的虚拟仪器硬件设备构成图

从图 3-1 中可以看出，由数据采集卡（PC-DAQ 系统）、GPIB 系统、VXI/PXI/LXI 系统、串口系统和现场总线等组成虚拟仪器测试系统。

### 3.1.1　PC-DAQ 系统

该系统就是一个具有仪器特征的数据采集系统，它将具有信号调理、数据采集等功能的硬件板/卡插入 PC 的总线插槽内，再配合各种功能的软件，实现了具有电压测量、示波器、频率计、频谱仪等多种功能的仪器。这是最基本的虚拟仪器硬件系统，性价比相对比较高。这种系统的缺点在于，受 PC 机箱和微机总线的限制，电源功率有可能不足，机箱内部噪声电平较高，插槽数目有限、尺寸较小，机箱内各板卡间无屏蔽等。

### 3.1.2　GPIB 系统

工程中用到的仪器设备种类繁多、功能各异、独立性强，一个系统经常需要多台不同类型的仪器协同工作，而一般串、并口难以满足要求。为此，人们开始研究能够将一系列仪器设备和计算机连成整体的接口系统。GPIB 正是这样的接口，它作为桥梁，把各种可编程仪器与计算机紧密地联系起来，从而将电子测量由独立的、传统的单台仪器向大规模自动测试系统的方向发展。GPIB 仪器系统的构成是迈向"虚拟仪器"的第一步，即利用计算机增强和扩展传统仪器的功能，组织大型柔性自动测试系统，具有技术易于升级、维护方便、仪器功能和面板自定义，开发和使用容易等诸多优点。对于现有仪器的自动化或要求高度专业化仪器的系统，GPIB 是理想的选择。

### 3.1.3　USB 系统

USB 数据采集设备是 NI 公司推出的比较理想的虚拟仪器硬件平台，其应用从简单的数据记录系统到大型的嵌入式 OEM 系统，非常广泛。目前，高速 USB 的最大传输速率已达 5GB/s，这使其成为一种比较流行的仪器连接和控制手段（这里的仪器包括分立仪器和数据采样率低于 1MS/s 的虚拟仪器）。虽然大多数便携机、台式机和服务器可能有多个 USB 端口，但这些端口通常都连接到同一个主机控制器，所以 USB 的带宽是被这些端口共享的。USB 的时延属于中间级别（位于延迟最大的以太网与最小的 PCI 和 PCI Express 之间），线缆长度一般不超过 5m。USB 设备的优势在于自动检测功能，USB 设备不同于其他 LAN 或 GPIB 技术，当 USB 设备被接入 PC 时，PC 能够即刻识别并配置该 USB 设备（即所谓的即插即用功能）。在虚拟仪器所涉及的所有总线中，USB 连接器的鲁棒性是最差的而安全性是最低的。USB 设备比较适合便携式测量、便携机或台式机的数据录入和车载数据采集的应用。由于 USB 在 PC 上的普及程度，使其成为一种分立式仪器中较为普遍的通信方式，USB 数据采集设备为用户提供了一种低廉、便携的使用和操作连接方案。

### 3.1.4　PCI 总线系统

PCI 总线是使用最为广泛的内部计算机总线之一，它与 PCI Express 都具有最佳的带宽和时延规范。PCI 的带宽为 132MB/s，这一带宽为总线上的所有设备共享。PCI 的时延性能基准值为 700ns，与时延为 1ms 的以太网相比，这个指标是非常出色的。PCI 采用基于寄存器的通信方式。与其他虚拟仪器相差总线不同的是，PCI 并不通过线缆与外部仪器相连。相反的，PCI 是一个用于 PC 插入式板卡和模块化仪器系统的内部 PC 总线。显然，距离量度并不直接适应。然而，当与一个 PXI 系统相连时，PCI 总线可以通过使用 NI 光纤 MXI 接口，最远"延长"至 200m。由于 PCI 总线用于计算机内部，所以可以认为 PCI 连接器的鲁棒性可能受限于其所在的 PC 的稳定性和鲁棒性。PXI 模块化仪器系统是围绕 PCI 信令构建而成的，通过高性能背板连接器和多个螺钉端子固定连接，从而增强了其连接性。如果 PCI 或 PXI 模块安装恰当，系统启动后，Windows 将自动检测并为模块安装驱动程序。PCI（以及 PCI Express）与以太网、USB 的共同优势在于，它们普遍存在于 PC 上。一般来说，PCI 仪器需要的成本更低，因为这些仪器可共用其所在主机的电源、处理器、显示和内存，而不再需要在仪器中另外配置这些硬件。

### 3.1.5　以太网/LAN/LXI

长久以来，以太网一直是仪器控制的一种选择。这是一种成熟的总线技术，并一直被广泛地应用于测试与测量外的应用领域。100BaseT 以太网技术的最大理论带宽为 12.5MB/s。千兆位以太网或 1000BaseT 能将最大带宽增加到 125MB/s。在所有情况下，以太网的带宽由整个网络共享。理论上千兆位以太网的带宽为 125MS/s，其速度比高速 USB 更快，但当多个仪器和其他设备共享网络带宽时，其性能应付急剧下降。该总线采用基于消息的通信方式，通信包添加一些头信息明显地增加了数据传输的开销。鉴于此，以太网的时延在前述这些总线中是最差的。尽管如此，以太网仍然是创建分布式系统网络的有力选择。在没有采用中继器的情况下，以太网的最大工作距离为 85~100m，如果使用中继器则没有任何距离限制。没有其他总线可以支持这么远的从控制 PC 到平台的间隔距离。就像 GPIB 一样，以太网/LAN 不支持自动配置。用户必须手动为其仪器分配 Ipfbfht 进行子网配置。与 USB 和 PCI 相似，以太网/LAN 的连接普遍存在于现代 PC 中。这使得以太网成为分布式系统和远程监测的理想选择。以太网技术经常与其他总线和平台技术结合使用，以连接测量系统节点。这些本地节点或许由测量系统借助 GPIB、USB 和 PCI 组成。以太网的物理连接比 USB 的连接要稳定得多，但比 GPIB 或 PXI 的鲁棒性差。LXI（LAN 的仪器扩充）是一个已推出的基于 LAN 的标准。LXI 标准为带有以太网连接的分立仪器定义规范，增加了触发和同步的特性。

　　工业标准的 PCI 总线和 PXI 总线能为快速原型设计和测试应用提供现有最快的平台，达到 132MB/s，它是 GPIB 的 100 多倍。而且，标准的 PC 处理技术还为实现复杂的测量分析和显示提供了快速而稳定可靠的平台。随着更快的 PC 处理器的实现，可以很容易以极低的成本提高整个测量系统的性能。更高的总线带宽和增强的处理器性能意味着在更短时间内可以完成更多测量任务，从而在生产过程中降低测试成本、在设计过程中提供更精确、细致的测量。

## 3.2　基于数据采集卡的虚拟仪器

### 3.2.1　虚拟仪器数据采集系统的组成

　　个人计算机的日益普及和飞速发展便利众多的科学家和工程师开始将基于 PC 的数据采集系统用于实验室研究、测试与测量以及工业自动化领域，这种系统往往要借助于 PC 总线或通信端口，包括 ISA、PCI、PCMCIA、USB、IEEE1394、以太网接口、串行口或并行口等，再增加一些硬件和软件，以实现数据采集或一些不十分复杂的仪器功能，构成所谓的个人仪器、PC 仪器或卡式仪器。

　　基于 PC 的数据采集系统（Data Acquisition，DAQ）大致有两种：一种是采用插入 PC 扩展槽中的插卡形式实现数据采集并将数据直接通过 PC 总线传送到计算机内存中；另一种是采用远端数据采集硬件完成数据采集，然后通过串行或并行等方式将数据传回到计算机，如图 3-2 所示。

　　基于 PC-DAQ 的数据采集系统的主要组成部分与第 2 章所述的数据采集系统相差不大，需要强调的是数据采集系统的软件的作用。目前，大多数的数据采集系统应用中都使用了驱动器软件，将底层的、复杂的硬件操作隐藏起来，为用户提供宜于使用的接口。例如，下面的 C 语言代码通过调用 NI-DAQ 的两个函数，轻松地完成了从 NI 公司的 NI DAQ-6024E 模拟量输入通道采集数据和数据转换。

数据采集与分析硬件

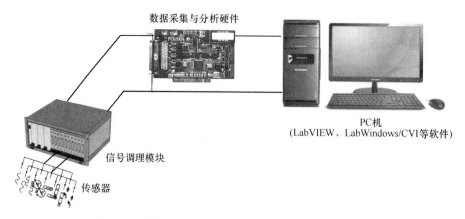

PC机
(LabVIEW、LabWindows/CVI等软件)

信号调理模块

传感器

图 3-2 基于 PC 的数据采集系统

```
main ( )        /*模拟量输入通道数据采集和定标程序*/
{
    int bdno,           /*DAQ 卡编号*/
        channel,        /*模拟量输入通道号*/
        gain,           /*通道增益*/
        RdVal;          /*A/D 转换的二进制结果*/
    double voltage,     /*转换后的模拟电压值*/
    bdno=1;             /*DAQ 卡编号=1*/
    channel=3;          /*模拟量输入通道号=3*/
    gain=1;             /*通道增益=1*/
    AI_ Read (bdno, channel, gain, &RdVal);    /*读入模拟量*/
    AI_ Scale (bdno, channel, RdVal, &volrage);    /*模拟量转换*/
    printf ( "\n 电压是 %lf V", voltage);
}
```

随着 DAQ 硬件、计算机和软件的复杂性越来越高，驱动器软件的重要性和价值也越来越被人们所重视。选择好的驱动器软件能够缩短 DAQ 系统的开发时间，提高系统的性能和灵活性。为了提高效率，有些公司还推出了适用于多种 DAQ 硬件的通用 DAQ 驱动器软件包，如 NI 公司提供的硬件配置管理软件 Measurement & Automation Explorer（简称 MAX），可以自动识别和检测计算机安装的 NI 公司的硬件，并且可以完成通道简单的设置，不需编程就能实现数据采集功能。用户在选择和开发通道驱动器软件时，应注意以下几点：

（1）驱动器函数的可用性。控制 DAQ 硬件的驱动器函数分为模拟量 I/O、数字量 I/O 和定时 I/O 三组。通用的 DAQ 驱动器软件都能够实现这些基本函数，但需要确认的是除此之外，通用驱动器软件是否如下功能：

1）以设定采样率进行数据采集；

2）在后台进行数据采集的同时，前台进行其他操作；

3）提供可编程 I/O、中断和 DMA 三种数据传输手段；

4）磁盘数据存取；

5）函数的并发执行能力；

6）适用于多种 DAQ 卡；

7）能够与信号调理设备进行无缝集成；

（2）驱动器支持的操作系统。用户应确认驱动器支持的操作系统是否与目前或将要使用的操作系统兼容。不同操作系统下驱动器软件的功能有所不同。例如 Windows XP 下的驱动器软件，在 Windows 7 等 64 位操作系统下难以运行，即便是 32 位 Windows 7，也可能不能兼容运行。

（3）驱动器软件支持的编程语言。驱动器软件应支持一些常用的编程语言和软件开发环境，以方便用户的二次开发。

（4）驱动器软件支持的硬件功能。驱动器软件能够访问 DAQ 硬件的全部功能。当 DAQ 硬件和软件是不同公司开发时，应特别注意这个问题。

### 3.2.2　数据采集卡参数与特点

一个典型的数据采集卡（PC-DAQ）的功能有模拟输入、模拟输出、数字 I/O 和计数器/定时器等。模拟输入是数据采集卡的最基本功能之一，模拟输入通道一般由放大器（Amplifer）、多路开关（MUX）、采样保持电路（S/H）和模数转换电路（ADC）来实现。模拟信号经过这几个环节后，转化为可被计算机分析处理的数字信号。ADC 的性能和参数直接影响着采集数据的质量，应根据实际测量所需要的精度来选择合适的 ADC。模拟输入通常是为采集系统提供激励。数据采集卡的模拟输出信号受其数/模转换器（DAC）的建立时间、分辨率等因素的影响。应该根据实际需要选取 DAC 的参数指标。

（1）分辨率。分辨率可以用 ADC、DAC（模/数、数/模转换）的位数来衡量。ADC、DAC 的位数越多，分辨率就越高，可区分的最小电压就越小。当分辨率足够高时，数字化信号才能有足够的电压分辨能力，从而比较好地恢复原始信号。目前就采集卡的分辨力来说，8 位、12 位的采集卡属于低档产品，16 位采集卡属于中档产品，而高于 16 位的如 32 位、64 位的数据采集卡属于高档产品了，这些不同档次的数据采集卡可以将模拟电压转换为多个等级。

（2）电压范围。电压范围由 ADC、DAC 能进行模/数、数/模转换的模拟信号的最高和最低电压决定。一般情况下，数据采集卡的电压范围是可调的，所以可选择和信号电压变化范围相匹配的电压范围，以充分利用分辨率的范围，得到更高的精度。比如，对于一个 8 位的 ADC，如果输入电压为 0~10V，ADC 就将 10V 分为 $2^8=256$ 等份；而如果输入电压范围为 -10~+10V，同一个 ADC 就将 20V 分为 256 等份，此时能分辨的最小电压从 0.039V 上升到 0.078V，显然信号的量化误差变大了。

（3）增益。增益主要用于在 AD 转换之前对信号进行放大。使用增益可以使输入到 ADC 的信号尽可能接近满量程，从而可以更好地复原信号，这是因为对同样的电压输入范围，大信号的量化误差小，而小信号的量化误差大。一般情况下要选择合适的增益值，使得输入信号的动态范围与 ADC 的电压范围相适应。当信号的最大电压乘以增益后超出数据采集卡的最大输入电压时，超出部分将被截断而读出错误的数据。对于 NI 公司的数据采集卡，增益的选择是在程序中通过设置信号输入范围来实现的，根据选择的输入范围自动配置增益。

（4）精度。数据采样卡的精度分为绝对精度和相对精度两种。绝对精度是指理论值与实际测得值之差，该误差一般大于 0.5LSB（最低有效位）。相对精度是绝对精度相对于满度值的比值，用相对满度的百分比表示。数据采集卡的分辨率越高，其精度就越高。若 DAC 的范围增大，则精度就会下降。

（5）建立时间。建立时间是从输入的数字量发生突变时开始，直到输入电压进入与稳态值相差±(1/2)LSB 范围以内的这段时间。该参数反映 DAC 的转换从一个稳态值到另一个稳态值的过渡过程的长短。建立时间一般为几十纳秒至几微秒。采集卡的单通道最高采样频率受建立时间的限制。

通用数据采集卡一般都有多个模拟量输入通道，但除了专用于同步数据采集的卡之外，大多数的数据采集卡都是采用所有的模拟输入通道共用一个 ADC 模块；因而在 ADC 输入之前配置了多路开关（MUX）、仪表放大器和采样保持电路（S/H）来实现信号的放大、切换和转换，以实现多通道信号的数据采集。当对多个通道的数据进行采样时，在一个扫描过程（Scan）中，数据采集卡将对所有设定的通道分别进行一次采样。扫描速率（Scan Rate）是数据采集卡每秒进行扫描的次数。

多通道的采样方式有 3 种，即循环采样、同步采样和间隔采样。当对多路信号进行采样时，如果多路开关以某一频率轮换将各个通道接入 ADC 以获取采样信号，则这种采样方式称为循环采样。当通道间的关系很重要时，就需要用到同步采样，支持这种采样方式的数据采集卡在每个通道设置独立独立的仪表放大器和采样保持电路，然后经过一个多路开关分别将不同的通道接入 ADC 进行转换。为了改善同步采样方式所存在的问题，可采用间隔扫描方式。在这种方式下，采样频率（扫描速率）由一个专门的扫描时钟（Scan Clock）来控制，而通道切换的时间间隔则由另一个专门的通道时钟（Channel Clock）来控制。通道时钟一般要比扫描时钟快。通道时钟速率越快，在每次扫描过程中相邻通道的时间间隔就越小。通道间的间隔实际上由数据采集卡的最高采样速率决定，可能是微秒甚至是纳秒级的，相对于缓慢变化的采样信号（如温度和压力等）一般可以忽略不计，此时，间隔采样的效果就接近于同步采样。应根据实际需要来确定使用哪种通道采样方式，大多数情况下，间隔采样是比较好的一种选择，一般的数据采集卡也都提供这种采样方式，如果要求信号准确同步，则需要考虑选用具有同步采样能力的采集卡，当对信号间的同步关系没有要求时，可以选用循环采样方式。

### 3.2.3 数据采集卡选型

现在市场上的数据采集卡类型繁多，具备单一功能的数据采集卡有模拟量输入卡、模拟量输出卡、数字量 I/O 卡、定时器/计数器卡、信号发生器卡、矩阵开关或复用器卡、逻辑分析卡、数字化仪/示波卡、信号调理卡等类型，而多功能数据采集卡一般将模拟量输入、模拟量输出、数字量 I/O 和定时器/计数器功能集成在一块卡上。各种卡采用的接口类型也多种多样，如 PCI、USB、PCMCIA、IEEE1394、CAN 等形式。

#### 3.2.3.1 PCI 数据采集卡

下面以 NI 公司 M 系列多功能数据采集产品中的低价位板卡 PCI-6221 为例，对多功能数据采集卡的性能和选型进行简要介绍。PCI-6221 是 NI 公司的生产的一种基于 PCI 总线的高性价比数据采集卡，用于常规的数据采集系统，其外形如图 3-3 所示。该卡采用 NI-STC 2定时和控制器 ASIC 实现高速数字 I/O 和计数器/定时器操作，可实现快速、精确的多通道扫描采样。另外，NI-PGIA 2 放大器和 NI-MCal 校准技术的应用，不但降低了稳定时间，而且能在所有的输入范围内进行校准并弥补非线性，与其他系列的 DAQ 产品相比，其精度提高了 4 倍多。利用板载的校准电路和简单的软件调用能够最大限度地减少由于温度和时间而造成的误差，提高信号采集的精确度。

NI PCI-6221 的主要特点：250kS/s 采样速率，16 位分辨率，16 路模拟输入；2 路 16 位模拟输出，更新速率 833kS/s；24 路数字 I/O（8 路高速可达 1MHz）；2 个 32 位 80MHz 计数器/定时器；NIST 校准认证证书和 70 多个信号调理选项。PCI-6221 的详细参数规格如下：

图 3-3　NI PCI-6221 数据采集卡

A　概述

（1）产品名称：PCI-6221。

（2）产品系列：多功能 DAQ。

（3）操作系统/对象：实时系统，Linux，Mac OS，Windows。

（4）LabVIEW RT 支持：是。

（5）DAQ 产品家族：M 系列。

（6）测量类型：数字、频率、电压、正交编码器。

（7）与 RoHS 指令的一致性：是。

B　模拟量输入

（1）16 路单端或 8 路差分输入通道。

（2）单通道最大采样率 250kS/s。

（3）16 位分辨率。

（4）最大模拟输入电压：10V。

（5）最大电压范围：±10V。

（6）最大电压范围精度：3100μV。

（7）最大电压范围的敏感度：97.6μV。

（8）最小电压范围：±200mV。

（9）最小电压范围精度：112μV。

（10）最小电压范围敏感度：5.2μV。

（11）量程数：4。

（12）同步采样：否。

（13）板上存储量：4095 样本。

C　模拟量输出

（1）2 通道，双缓冲方式。

（2）16 位分辨率。

（3）最大模拟输出电压：10V。

（4）最大电压范围：±10V。

（5）最大电压范围精度：3230μV。

（6）最小电压范围：±10V。

（7）最小电压范围精度：3230μV。

（8）频率范围：833kS/s。

（9）单通道电流驱动能力：5mA。

D　数字I/O

（1）双向通道：24。

（2）仅输入通道：0。

（3）仅输出通道：0。

（4）通道数：24，0。

（5）定时：软件、硬件。

（6）最大时钟速率：1MHz。

（7）逻辑电平：TTL。

（8）输入电流：漏电流、源电流。

（9）输出电源：漏电流、源电流。

（10）可编程输入滤波器：是。

（11）支持可编程上电状态：是。

（12）单通道电流驱动能力：24mA。

（13）总电流驱动能力：448mA。

（14）看门狗定时器：否。

（15）支持握手I/O：否。

（16）支持模式I/O：是。

（17）最大输入范围：0V、5V。

（18）最大输出范围：0V、5V。

E　计数器/定时器

（1）计数器/定时器数目：2。

（2）DMA通道数：2。

（3）缓冲操作：是。

（4）短时脉冲干扰消除：是。

（5）GPS同步：否。

（6）最大量程：0V、5V。

（7）最大信号源频率：80MHz。

（8）脉冲生成：是。

（9）分辨率：32位。

（10）时基稳定度：50ppm。

（11）逻辑电平：TTL。

F　物理标准

（1）长度：15.5cm。

（2）宽度：9.7cm。

（3）I/O 连接器：68-pin VHDCI 母头。

G 定时/触发/同步

（1）触发：数字。

（2）同步总线（RTSI）：是。

### 3.2.3.2 USB 数据采集卡

NI USB-6211 是一款 USB 总线高速 M 系列多功能 DAQ 模块，其外形如图 3-4 所示。

该卡内部集成了 NI-STC2 定时与同步技术、针对 USB 的 NI 信号流技术和针对多核处理的驱动软件，实现了 USB 总线上类似 DMA 的双向高速数据流捉拿和，使其在高采样率下也能保持高精度。USB-6211 是动态信号采集类应用和配合 NI 信号调理进行传感器测量的理想选择。该款卡为移动应用和空间上有限制的应用专门设计，其即插即用的安装最大限度地降低了配置和设置时间，同时它能直接与螺钉端子相连，从而削减了成本并简化了信号的连接。NI-DAQmx 驱动程序和测量服务软件提供了简单易用的配置和编程界面，DAQ Assistant 等功能可帮助用户

图 3-4 NI USB-6211 数据采集卡

缩短开发时间。每个 M 系列数据采集设备均包含一份 NI LabVIEW SignalExperss 的副本，无需编程即可快速采集、分析与显示数据。M 系列数据采集卡还与 LabVIEW、LabWindows/CVI、Measurement Studio 等开发平台兼容，也可应用于 Visual Stution . NET、C/C++和 Visual Basic 等开发语言。

USB-6211 的主要特点：16 路模拟输入；单通道 250kS/s 采样率；2 路模拟输出（16 位，250kS/s）；4 路数字 I/O，32 位计数/定时器；使用对传感器与高电压测量进行 SCC 信号调理的 Mass 终端板；使用用于 OEM 的仅含板卡的套件，与 LabVIEW、LabWindows/CVI、Measurement Studion 等兼容。其典型特性参数如下：

A 概述

（1）总线类型：USB。

（2）产品系列：多功能 DAQ。

（3）操作系统/对象：Windows。

（4）DAQ 产品家族：M 系列。

（5）测量类型：正交编码器、电压。

B 模拟输入

（1）通道数：8 个差分或 16 个单端。

（2）ADC 分辨率：16 位。

（3）DNL：保证无丢失代码。

（4）INL 误差：量程的 76ppm。

（5）采样率：

单通道最大值：250kS/s。

多通道最大值（多路综合）：250kS/s。

最小值：0S/s。

（6）定时精度：采样率的50ppm。

（7）定时分辨率：50ns。

（8）输入耦合：DC。

（9）输入范围：±0.2V、±1V、±5V、±10V。

（10）模拟输入的最大工作电压（信号+共模）：±10.4V，AI GND。

（11）CMRR（DC至60Hz）：100dB。

（12）输入偏置电流：±100pA。

（13）输入FIFO容量：4095个采样。

（14）扫描列表内存：4095项。

（15）数据传输：USB信号流、编程控制I/O。

C　模拟输出

（1）通道数量：2。

（2）DAC分辨率：16位。

（3）DNL：±1LSB。

（4）单极性：16位（无保证）。

（5）更新频率：

单通道：250kS/s。

双通道：250kS/s（每通道）。

（6）定时精度：采样速率的50ppm。

（7）定时器分辨率：50ns。

（8）输出电压范围：±10V。

（9）输出耦合：DC。

（10）输出FIFO容量：8191个采样。

（11）数据传输：USB信号流，编程控制I/O。

D　数字I/O/PFI

（1）数字输入通道数：4（PFI<0..3>/P0.<0..3>）。

（2）数字输出通道数：4（PFI<4..7>/P1.<0..3>）。

（3）参考地：D GND。

（4）下拉电阻：47kΩ±1%。

（5）输入电压保护：±20V，最多8个引脚。

（6）PFI<0..3>/端口0：静态数字输入、定时输入。

（7）PFI<4..7>/端口1：

功能：静态数字输出、定时输出。

定时输出源：多个AI、计数器定时信号。

E　通用计数器/定时器

（1）计数器/定时器数量：2。

（2）分辨率：32 位。

（3）计数器测量：边沿计数、脉冲、半周期、周期、双边沿间隔。

（4）位置测量：X1、X2、X4 正交编码（带复位通道 Z）；双脉冲编码。

（5）输出应用：脉冲、动态更新的脉冲序列、频分、等时采样。

（6）内部基准时钟：80MHz、20MHz、0.1MHz。

（7）外部基准时钟频率：0~20MHz。

（8）基准时钟精度：50 ppm。

（9）输入：Gate、Source、HW_ Arm、Aux、A、B、Z、Up_ Down。

（10）输入连线选项：PFI <0..3>、多种内部信号。

（11）FIFO 容量：1023 个采样。

（12）数据传输：USB 信号流，编程控制 I/O。

F　频率发生器

（1）通道数：1。

（2）基准时钟：10MHz、100kHz。

（3）分频数：1~16。

（4）基准时钟精度：50ppm。

（5）输出可连接至任意输出 PFI 接线端。

G　外部数字触发

（1）源端子：PFI <0..3>。

（2）极性：对绝大多数信号是软件可选。

（3）模拟输入功能：开始触发、参考触发、暂停触发、采样时钟、转换时钟、采样时钟时基。

（4）计数器/定时器功能：Gate、Source、HW_ Arm、Aux、A、B、Z、Up_ Down。

H　总线接口与外接端口

（1）USB：USB 2.0 高速或全速。

（2）USB 信号流：4 个（可用于模拟输入、计数器/定时器 0 和计数器/定时器 1）。

（3）螺栓端子连线：16~28 AWG。

### 3.2.4　数据采集系统集成

开发一个用于测试和控制的高质量数据采集系统时，开发者应从系统需要分析入手，考虑系统的各项功能需求和技术经济指标，然后进行详细的方案设计，研究系统的结构、功能和实现方式，根据系统方案选择符合要求的 DAQ 硬件、驱动器软件和虚拟仪器软件开发平台及一些附属设备，进行软件的设计和系统调试。

在 DAQ 系统集成时，应充分考虑系统中应用到的各个组件，在 DAQ 硬件满足系统要求的条件下，软件部分就是最重要的。由于插卡式 DAQ 板没有任何外部显示，软件是系统唯一的对外接口，系统控制以及系统信息的显示都依赖于软件。因此，DAQ 软件的选择十分关键，无论是在驱动器层，还是应用软件层，好的软件选择能够极大地节约系统开发时间和费用。例如，如果采用 LabWindows/CVI 作为虚拟仪器的软件开发平台，开发者就可以使用其中高级分析库中的信号处理函数，轻松地实现信号的频域分析、滤波和加窗等多种操作。

虚拟仪器的软件开发环境和软件设计详见第 4 章~第 6 章相关内容。

## 3.3　PXI 总线硬件

目前的三种主要的虚拟仪器系统：GPIB、PC-DAQ 和 VXI 总线系统各有其不足之处，GPIB 系统实质上是通过计算机对传统仪器的功能扩展和延伸，数据传输速度较低；PC-DAQ 直接利用了 ISA 或 PCI 总线，没有定义仪器系统的总线；VXI 系统的第一次投资成本较大。这些都限制了虚拟仪器系统进一步的开发应用。为了适应虚拟仪器与自动测试系统用户日益多样化的需求，1997 年美国 NI 公司推出了一种全新的开放式、模块化仪器总线规范——PXI。PXI 是 PCI 总线在仪器应用领域的扩展，将 Compact PCI（坚固 PCI）规范定义的 PCI（Peripheral Component Interconnect）总线技术拓展为适合于试验、测量与数据采集场合的机械、电气和软件规范，从而形成了新的虚拟仪器体系结构。

PXI 选择了 PCI 总线规范作为实现的基础，保持了与工业 PC 软件标准的兼容性，使 PXI 用户能够尽情地使用熟悉的各种 PC 软件工具和开发环境，包括台式 PC 的操作系统、底层的器件驱动器、高级的仪器驱动器、图形化 API 等。PXI 定义了包括 Microsoft Windows 和 Network Framework 等的系统软件框架，规定所有 PXI 模块都应有完善的器件驱动软件以利于系统集成。PXI 实现了 VISA 规范，不仅能够控制 PXI 模块，也能够控制 VXI、GPIB 及串行接口器件。因此，PXI 可以说是将跨体系的软件产品完美地应用于仪器领域的一种创新。

### 3.3.1　PXI 总线技术

PXI 是一种专为工业数据采集与仪器仪表测量应用领域而设计的模块化仪器自动测试平台。PXI 总线规范是 CompactPCI 总线规范的进一步扩展，如图 3-5 所示。PXI 综合了

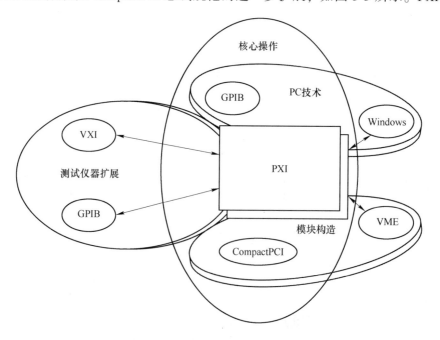

图 3-5　CompactPCI 和 PXI 的技术构成

PCI 与 VME 计算机总线、CompactPCI 的插卡结构、VXI 与 GPIB 测试总线的特点，并且采用了 Windows 和 Plug&Play 的软件工具作为这个自动测试平台技术的硬件与软件基础。

PXI 总线的核心部分来自于 PCI 和 CompactPCI 总线，经扩展在仪器应用上，并结合高性能的 VXI 总线中的仪器功能，如触发和本地总线在内。PXI 的机械结构采用了与 VME 和 CompactPCI 相同形式的欧式卡组装技术。

PXI 也定义了"VXI PnP 系统联盟"所规定的软件框架，以确保用户能快速地安装和运行系统。软件操作方式包括运行在 Windows 环境下的程序集和使用所有 PC 的应用软件技术。

PXI 规范从机械、电子和软件三个方面定义了系统的总体结构。

（1）PXI 的机械结构，利用了 CompactPCI 使用的 Eurocard（欧洲插卡）封装系统和高性能 IEC 接插件结构，并且在机械规范中强制增加了环境测试过程与主动冷却装置，以简化系统集成并确保不同厂商的产品之间具有互操作性。PXI 产品具备更严谨的环境一致性指标，并符合工业环境下振动、撞击、温度和湿度的极限要求。

（2）PXI 电气结构的核心部分直接来自于 PCI 和 CompactPCI，并且经扩展，引入了 VXI 总线的一些特性，提供了触发总线、本地总线、参考时钟和星形总线功能。这些专为仪器测量而设置的特性在工业计算机和 CompactPCI 机箱里都是没有的。

（3）PXI 也定义了符合即插即用规范的软件框架，确保用户能更快地安装和运行使用。在 Windows 操作系统的软件框架下，提供了对全部 PXI 外围模块需要的器件驱动软件和全部图形 API，以方便系统集成。PXI 还使用了虚拟仪器软件标准（VISA）来作为系统的配置与控制的标准手段。图 3-6 是 PXI 在机械、电气及软件体系结构方面的基本内容。

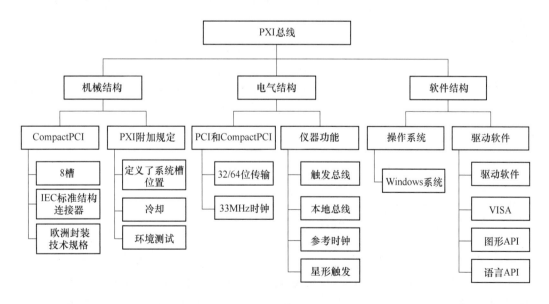

图 3-6　PXI 技术规范结构图

### 3.3.1.1　PXI 机械系统结构

从硬件的角度来看，一个 PXI 系统的物理结构是由一个如图 3-7 所示的机箱所构成。

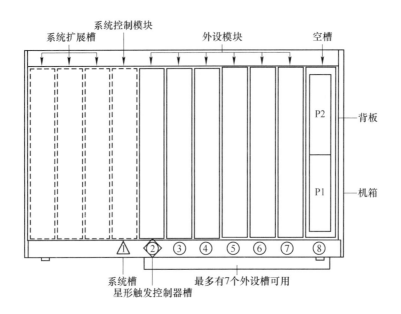

图 3-7　PXI 机箱结构图

机箱作为 PXI 系统的外壳包含了电源系统、冷却装置和装入仪器模块的槽位。机箱中的背板支持系统控制器模块与外围模块进行通信。机箱至少拥有一个系统槽，还备有多个外围设备槽。机箱的左边第一槽位是用于系统控制器的规定槽位。目前使用的有多种控制器，常见的两种是嵌入式 PC 兼容控制器和 MXI-3 总线桥。嵌入式控制器是专为 PXI 机箱空间设计的专用计算机模块。MXI-3 则是一种接口控制器。它是一种使用台式 PC 机来控制 PXI 系统的外部控制器。机箱中右边第 2 至第 8 槽位称为外部设备槽用于插入仪器扩展槽。系统控制器槽的左边提供了 3 个控制器扩展槽，这些扩展槽能防止系统控制器占用宝贵的外部设备槽。星形触发控制器在系统中是可选用的，在使用时装置在与系统控制器相邻的位置。该模块可从星形触发槽传送各种触发信号至全部 PXI 背板上每个外设插槽上的仪器模块。如果系统中未使用星形触发控制器，系统控制器模块相邻的插槽可安装仪器外设模块。在机箱背板上的接口连接器（P1，P2，…），供控制器与仪器外设模块之间互连使用。在单个 PXI 总线段中，最多能使用 7 个仪器外设模块，使用 PCI-PCI 桥连接器可增加总线段用来附加扩展槽。

PXI 规定系统槽的位置在总线段的左端，PXI 为系统插槽规定了唯一位置，以简化集成的配置，同时也增加了 PXI 控制器与机箱间的兼容性。

PXI 有两个主要的机械特性：

A　坚固的欧洲插卡封装系统

PXI 使用欧式插卡相同的引脚-接插座系统。这种形式的模块支架和通用微机的 PCI 插槽有所不同，模块能被上下两侧的导轨和"针-孔"式的接插连接端牢牢地固定住。这些由国际电工委员会（IEC-1076）规定的 2mm 高密度间距且阻抗匹配的接插件，能够在所有条件下提供最佳的电气性能。PXI 采纳了"针-孔"式接插端结构。这些接插件可被广泛地应用于高性能领域，尤其是电信领域。

PXI 支持 3U 和 6U 两种形式的模块。这两种 3U 和 6U 模块的机械尺寸由欧式插卡规范（ANSI 310-C，IEC 297 和 IEEE1101.1）所规定。3U 形式的模块尺寸系数是 100mm×160mm，它具有两个接口连接器 J1 和 J2。J1 连接器用于传输 32 位局部总线所需的信号。J2 连接器用于传输 64 位 PCI 传输信号，以及实现 PXI 电气特性的信号。所有具备 PXI 的特性功能的信号已被包括在 3U 卡的 J2 连接器中。6U 形式模块的尺寸系数是 233.335mm×160mm，它将 PXI 的基本信号传输功能定义在 J1、J2 连接器中，另外可以携带三个附加连接器 J3、J4 和 J5。PXI 规范未来新增加的内容可以被规定在 6U 模块这三个扩展连接器的引出脚上。通过使用这些简单、牢固的连接器模块，任何 3U 的卡都能够工作在 6U 的机箱中。

B  冷却环境额定值的附加机械特性

PXI 系统中直接应用了 CompactPCI 规范中规定的所有机械规范，并含有一些简化系统集成的附加规定。PXI 机箱要求强迫冷却气冷的空气流动方面，即从板的下方向上方流动。PXI 规范要求对所有 PXI 产品进行包括温度、湿度、振动和冲击等完整的环境测试，并要求提供测试结果文件。另外也需要提供所有 PXI 产品工作和储存温度额定值。

3.3.1.2  PXI 总线结构

PXI 采用标准 PCI 总线并增加了仪器专用信号，还在机箱的背板提供了一些专为测试和测量工程而设计的独到特性，包括专用的系统时钟用于模块间的同步操作，8 根独立的触发线可以精确同步两个或多个模块，插槽与插槽之间的局部总线可以节省 PCI 总线的带宽，还有可选的星形触发特性用于极高精度的触发。这些特性都是其他的 PC、工业计算机等所不能提供的。图 3-8 是一个完整 PXI 系统的示意图。

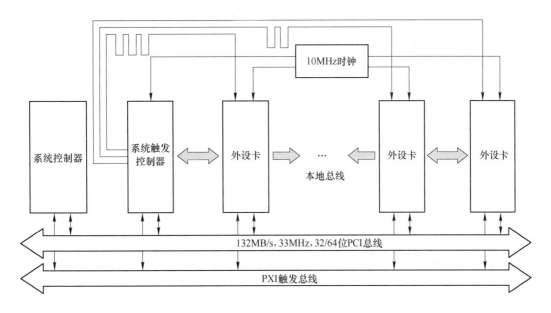

图 3-8  PXI 总线系统结构图

A  系统参考时钟

PXI 规定把 10MHz 的系统时钟分配给系统中的所有外设模块。这个公用的参考时钟被用于测量的控制系统中多个模块的同步操作。PXI在背板中定义了这个参考时钟，用低时延（<1ns）独立地分配到每一个外设槽中，并采用触发总线协议来规范各个时钟边沿，做到高精度的多模块同步定时运作。然而，如果工业计算机或其他任何系统上的板卡要实现类似的同步，就必须将板卡上各自用于定时和触发的时钟信号源和触发总线以电缆连接起来。

B　触发总线

PXI规范定义了一个高度灵活的触发和同步方式。用户可使用8条按不同方法使用的PXI TTL的触发线去传送触发、握手和时钟信号或逻辑状态的切换给每一个外设槽位。利用这个特性，触发器能够使多个不同PXI外设卡同步运行。用一个模块触发另一个模块，触发信号能从一块卡传输到另一块卡，以便对所监控的异步外部事件做出确定性响应。同时一个模块还能精确地控制系统中其他模块操作的定时序列。

C　本地总线

PXI总线允许相邻槽位上的模块通过专用的连线相互通信，而不占用真正的总线。这些连线构成的PXI本地总线是菊链式的互连总线，每个外设槽与它左右两边相邻的外设插槽相连。因此，给定外设槽的右面本地总线连接相邻槽左面的本地总线，并以此规律延伸。每条本地总线是13条线宽，可用于在插卡之间传输模拟信号或提供不影响PXI带宽的高速数字通信通路，而不影响PCI的带宽，这一特性对于涉及模拟信号的数据采集卡和仪器模块是相当有用的。

本地总线信号的范围可以从高速的TTL信号到高达42V的模拟信号。相邻模块间的匹配是由初始化软件来实现的，并禁止使用不兼容的模块。各模块的本地总线引脚要在高阻抗状态中实施初始化，并且只有在配置软件确定邻近卡兼容的情况后，才能启动本地总线功能。这种方法提供了一种在不受硬件限制的前提下定义本地总线功能的灵活手段。PXI背板最左边外设插槽的本地总线信号可用于星形触发。

D　星形触发器

作为PXI TTL触发器的一个扩充功能，PXI定义了一个独立的星形结构的触发器在每个槽口上。规范定义了PXI机箱中第2槽是一个星形触发器控制槽，但没有规定星形触发控制器的功能。

PXI星形触发总线可以为机箱内所有模块提供高性能的同步操作。因此它的星形总线在第一个外设槽（与系统槽相邻）与其他外设槽之间架设了一条专用触发线。当选用星形触发控制器时，可安装在第2槽中，以便向其他外设模块提供非常精准的触发信号。如不需要这种先进的触发系统，可以在此槽中安装任何其他的标准外设仪器模块。

## 3.3.2 PXI产品简介

任何平台的成功都与可选择的产品数量有直接关系。如果没有满足用户需求的各种产品的支持，即使是再好的平台也难以避免被市场淘汰的命运。PXI系统联盟现在已经拥有超过70名成员，有1500多种产品，几乎可以满足任何一种测试系统应用的要求。需要指出的是，PXI在实现高端RF测试和需要大电流功率源的系统中，需要结合其他类型的外围硬件（主要是GPIB仪器等），组成混合系统来满足系统的要求。

### 3.3.2.1　PXI 机箱

机箱是 PXI 系统的基本组成部分。目前市场上有 3U 和 6U 尺寸的机箱，插槽数目从 3 槽到 21 槽不等，从外形的配置方式上分类，有便携式、台式和机架式等，如图 3-9 所示。

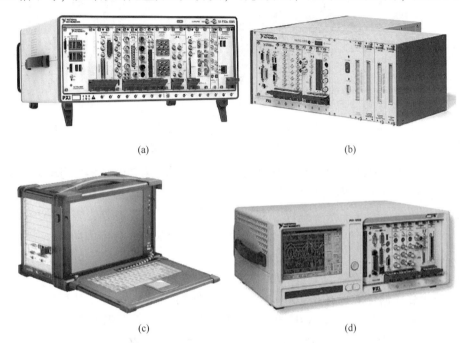

（a）　　　　　　　　　　　　　　　　　　（b）

（c）　　　　　　　　　　　　　　（d）

图 3-9　PXI 机箱

（a）NI PXI-1045 18 槽台式机箱；（b）NI PXI-1010 集成有 4 槽 SCXI 的机箱；

（c）便携式一体化 PXI 机箱；（d）NI PXI-1020 8 槽机箱

NI PXI-1045 是设计用于各种测试和测量应用的高性能 18 插槽机箱。通过编程方式对机箱背板上的触发路由模块进行配置，可以轻松地实现触发器在设备之间的路由。适应温度广，可在 0 ~ 55℃ 下进行操作，对于温度条件要求较高的环境是理想选择。与 CompactPCI 兼容的机箱具有一个用于设备同步的低抖动 10MHz 参考时钟。为了导入和导出系统参考时钟，NI PXI-1045 在机箱背部配备了两个 BNC I/O 连接器。

主要技术指标：

（1）具有通用交流输入的可拆卸、高性能 600W 电源；

（2）各段总线之间的软件可编程触发路由；

（3）内部 10MHz 参考时钟的抖动小于 5ps；

（4）接受 3U PXI 和 3U CompactPCI 模块；

（5）0~55℃ 扩展工作温度。

### 3.3.2.2　PXI 系统控制器

PXI 系统控制器有嵌入式和外置式两种形式，图 3-10 为 PXI 总线硬件系统和控制器。下面以 NI PXI-8106 系列嵌入式控制器为例介绍 PXI 系统控制器的特点。

NI 8106 系列的 PXI、PXI Express 和 PXI 实时（real-time）嵌入式控制器，均基于 2.16GHz Intel Core 2 Duo T7400 双核处理器。双核处理器有两个核心或称计算引擎，配置

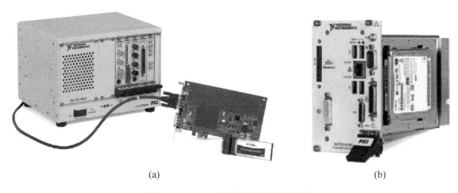

(a) (b)

图 3-10　PXI 硬件系统和控制器

（a）PXI 总线硬件；（b）PXI 嵌入式控制器

于同一个处理器中，实现了两项计算任务的同步执行。该优势可在多任务环境下得到体现，例如：允许多个应用程序同时运行的 Windows XP。两个应用程序可以同时分别进入处理器的两个核心，提高了整体性能。双核处理器适用于任务被分为多个单独线程的应用，如：NI LabVIEW 软件。一个双核处理器可同时执行众多线程中的两条，提供真正的并行执行。

与运行传统单核处理器的平台和仪器相比，NI PXI-8106 和 NI PXIe-8106 控制器将 LabVIEW 应用程序的性能提高了 100%。此外，与使用 Intel Core Duo 处理器、Intel 前一代双核架构的系统（如 NI PXI-8105 和 NI PXIe-8105 嵌入式控制器）相比，NI PXI-8106 和 NI PXIe-8106 控制器将 LabVIEW 应用程序的性能提高了 46%。与 NI PXI-8105 和 NI PXIe-8105 控制器相比，借助 SYSmark 校准软件的 NI PXI-8106 和 NI PXIe-8106 控制器将整体性能提高了 29%。

实时嵌入式控制器令 PXI 平台能够与 NI LabVIEW Real-Time 配合使用，以实现确定而可靠的测量和控制应用。NI PXI-8106 RT 是性能最高的 PXI 实时控制器并通过单核模式使用处理器；与 NI PXI-8196 RT 相比，它将 LabVIEW 实时应用程序的性能提高了 20%。

外置式控制器采用外置台式 PC 机结合总线扩展器的方式实现系统控制。通常需要在 PC 机扩展槽中插入一块 MXI-3 接口卡，然后通过电缆或光缆与 PXI 机箱 1 号槽中的 MXI-3 模块相连。MXI-3 是 NI 公司提出的一种基于 PCI-PCI 桥接器规范的多机箱扩展协议，它将 PCI 总线以全速形式进行扩展，外置 PC 机中的 CPU 可以透明地配置和控制 PXI 模块。MXI-3 模块通常是 3U 尺寸的。

### 3.3.2.3　PXI 接口模块

PXI 接口模块的种类很多，包括与其他仪器系统的总线接口模块（如 IEEE-488、MXI-2 for VXI、VME、RS-232 和 RS-485 等）、军用接口模块（如 ARINC-429 和 MIL-STD-1553 等）、通信接口模块（如 Ethernet、SCSI、CAN、DeviceNet、光纤、PCMCIA 等）及符合 IP 和 PMC 标准的 M 模块等。图 3-11 是 NI 公司的两款 PXI 总线串行接口卡和 CAN 接口卡。

#### A　NI PXI-8433/4 工业 RS485/RS422 串行接口

NI PXI-8433/4 工业 RS485/RS422 串行接口，除了提供所有高性能 NI PXI-843x 模块的功能外，还具有 2000V 端口间数字隔离。NI PXI-8433/4 能实现与 RS485 和 RS422 设备

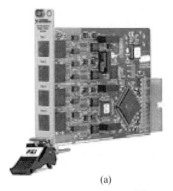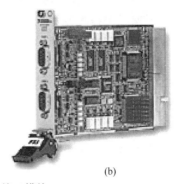

(a)　　　　　　　　　　　　　　　　　(b)

图 3-11　PXI 接口模块

(a) PXI 串行接口卡；(b) PXI CAN 接口卡

达 3Mb/s 的高速通信，能以 57b/s 到 3Mb/s 的可配置波特率进行数据传输，对于非标准波特率可达 1%精度，标准波特率可达 0.01%精度。

借助高性能 DMA 引擎，不仅能实现高数据处理能力，而且对 CPU 占用最小。使用超线程与多处理器的强大能力，能利用最先进的 PC 技术，实现更快速更高效的性能。NI 还提供了强大且易于使用的软件，从而极大地缩短了通过 PXI-8433/4 来进行串口通信的系统开发时间。

PXI-8433/4 的 4 个 RJ50 到 DB9 公头电缆，可实现外部连接。

主要技术指标：

(1) 2000V（rms）端口至端口以及端口至 PC 隔离（60s）；

(2) 15000V 的 ESD 保护（人体模型）；

(3) 兼容 Windows/LabVIEW 实时（Real-Time）；

(4) 高速 DMA 接口最大限度地降低了 CPU 开销（overhead）；

(5) 57b/s 至 3000Kb/s 可变的标准和非标准波特率；

(6) 128B 传输和接收 FIFO；

(7) 包含 4 条转换器电缆（RJ50 到 DB9 公口）；

(8) 兼容 Modbus RS485 串口 PLC；

(9) 可选的 4 线与 2 线收发器模式，适用于全双工和半双工通信。

B　NI PXI-8464/2 CAN 控制器

NI PXI-8464/2 是一款 2 端口收发器可选的 CAN 界面，专为高速、低速或单线 CAN 设备通信而设计。在配置工具或应用程序中选择各个端口适合的收发器。用于 PXI 的 NI CAN 模块使用 Philips SJA1000 CAN 控制器，实现了单独侦听、自收（回声）和高级滤波模式等高级功能，该模块中还使用了睡眠/唤醒模式的新型收发器。每个 CAN 接口都配有 NI-CAN 设备驱动软件。使用 PXI 触发总线，可同步 CAN、DAQ、视觉模块和运动模块。所有 NI CAN 接口的设计均符合基于 CAN 的车载（机动车）网络的物理和电气要求。

主要技术指标：

(1) Philips SJA1000 CAN 控制器和 ISO 11898 物理层；

(2) 100%总线载荷，速率达 1 Mb/s；

(3) 用于 Windows 2000/NT/XP/Me/9x 的 NI-CAN 软件；

（4）标准（11 位）和扩展（29 位）CAN 仲裁识别号码；

（5）高速、低速或单线收发器，在软件中选择；

（6）硬件定时，精确的时间标识和同步。

3.3.2.4　PXI 模拟仪器模块

模拟激励源和测量仪器是测试系统的基本组成模块。目前的产品有：模数转换器、数模转换器、数字万用表（$5\frac{1}{2}$ 位至 $7\frac{1}{2}$ 位）、计数器（100MHz 和 1.2GHz）、信号发生器、数字化仪（最高达 2GS/s）、程控功率源、程控电阻、程控离散输出和温度表等。下面以几个典型模块为例进行简要介绍。

A　NI PXI-6233M 系列多功能数据采集卡

NI PXI-6233 是一款带隔离的 M 系列多功能数据采集（DAQ）板卡。它结合了安全高效的隔离和性能优越的定时、放大和校准技术，提供精确测量和精准控制，其外形如图 3-12 所示。

（1）隔离性能包括：

1）瞬态安全；

2）去噪；

3）降低接地循环；

4）抑制共模电压。

PXI-6233 是在高压和电子噪声环境下测试、测量、控制和设计应用程序的理想选择。PXI-6233 可从编码器、流量计和近接传感器中读取信息，并对阀门、泵和继电器进行控制。

带隔离的 M 系列设备包括了 M 系列的高级技术，如 NI-STC 2 系统控制器、NI-PGIA 2 可编程仪器放大器和 NI-MCal 校准技术，从而提高了性能和精度。

（2）驱动软件：M 系列设备可在多种操作系统上使用，有三个驱动软件可供选择，包括 NI-DAQmx、NI-DAQmx Base 和测量硬件 DDK。NI M 系列设备与传统的 NI-DAQ（Legacy）驱动程序不兼容。

（3）应用软件：与 LabVIEW、LabWindow/CVI 和 Measurement Studio 等最新开发软件均保持兼容。

（4）主要技术指标：

1）60V DC 无间断的组隔离，可承受 5s 的 1400V（rms）/1950V DC 通道至总线间隔离；

2）2 路模拟输出，16 位分辨率，采样率达 500 kS/s；

3）2 个计数器/定时器，32 位分辨率，80MHz；

4）NI-MCal 校准技术提高了测量精度；

5）6 路数字输入和 4 路漏极数字输出，24V 电压；

6）NI-DAQmx 驱动软件和 NI LabVIEW SignalExpress 交互式数据记录软件。

B　NI PXI-7851R 多功能 R 系列智能数据采集（DAQ）模块

NI PXI-7851R 多功能 R 系列智能数据采集（DAQ）模块，具有可编程的 FPGA 芯片，适合板载处理和灵活的 I/O 操作，其外形如图 3-13 所示。用户可借助 NI LabVIEW 图形化程序框图和 NI LabVIEW FPGA 模块，配置各项模拟和数字功能。该程序框图在硬件中运行，有助于直接而及时地控制全部 I/O 信号，实现各项优越性能，例如：

（1）完全控制所有信号和操作的同步和定时；

（2）具有硬件定时的速度和可靠性的自定义板载决策；

（3）可个别配置的数字线，如：输入、输出、计数器/定时器、脉冲宽度调制（PWM）、灵活的编码器输入或专门的通信协议。

图 3-12　NI PXI-6233 多功能 DAQ 卡图　　　　图 3-13　NI PXI-7851R 多功能 DAQ 卡

多功能 NI R 系列智能 DAQ 设备具有每通道专用的模数转换器（ADC），可实现独立的定时和触发。它提供超越典型数据采集硬件功能的多种专项功能，如：多速率采样和单通道触发。常用实例包括自定义离散和模拟控制、传感器仿真、快速原型、硬件在环（HIL）测试、数字协议仿真，以及其他要求精确定时和控制的应用程序。

主要技术指标：

（1）8 路模拟输入，750kHz 独立采样率，16 位分辨率，±10V；

（2）8 路模拟输出，1MHz 独立更新率，16 位分辨率，±10V；

（3）96 条可配置的数字线，具有 40MHz 输入、输出、计时器或自定义逻辑；

（4）25ns 分辨率的用户自定义触发、定时、板载决策；

（5）Virtex-5 LX30 可重新配置 FPGA 可实现并行处理能力；

（6）与 NI cRIO-9151 相连，用于 I/O 扩展和低价位信号调理。

C　NI PXI-4071 高性能、多功能 7 位半数字万用表

NI PXI-4071 是一款 7 位半 FlexDMM 高性能、多功能的 3U PXI 模块，可提供两种常用测试仪器的测量功能，即高分辨率的数字万用表以及数字化仪。作为一款数字万用表，NI PXI-4071 可快速准确地进行±10nV 到 1000V 范围内的电压测量、±1pA 到 3A 范围内的电流测量、10μΩ 到 5GΩ 的电阻测量，以及频率/周期和二极管测量。在高电压隔离数字化仪模式下，PXI-4071 能以 1.8MS/s 的采集速率，采集到所有电压和电流模式下的 DC 波形。通过 NI LabVIEW 软件中的分析函数，您能在时域和频域中对采集到的波形进行分析。PXI-4071 具有卓越的速率、精度和功能，是生产和研发环境中自动化测试的理想选择。

与 PXI 开关的集成：PXI-4071 还可与 PXI 开关配合使用，形成一个多通道的高压数据采集系统。PXI-2584 的 12 通道，600V 多路复用器可与 PXI-4071 配合，在 500V（rms，DC）共模隔离时，测试燃料电池或电池组。PXI-2527 64 通道，300V 多路复用器具有更高通

道数，用以实现低压，高精度测量。

利用放大器附件，提高电阻和电流的测量效果：NI PXI-4022 是一款 PXI 附件模块，包括用于信号调理和信号采集的高速高精度放大器。用 6 线测量方法，可测量并行连入复杂印刷电路板（PCB）的电阻或电容，或做电缆测试应用。对于低电流测量，可使用 NI PXI-4022 放大器和高精度电阻创建一个回馈电流放大器。该附件可使负载电压降至最低，并将电流转化为电压，使得在测量 pA 级信号时的噪声为 fA 级。

主要技术指标：

（1）1.8MS/s 波形采集，1000V 隔离；

（2）$10^8$ 倍 DC 电流范围，电流敏感度达 1pA；

（3）业内最精确的 7 位半数字万用表；

（4）±10nV 到 1000V DC 范围内的电压测量（700V AC）；

（5）10μΩ 到 5GΩ 的电阻测量；

（6）±500V（rms，DC）常见模式隔离。

### 3.3.2.5　PXI 数字仪器模块

数字仪器模块常用于半导体测试、LCD 显示控制、磁盘驱动控制、总线仿真、帧捕捉和通信等领域。目前的 PXI 数字仪器模块有静态数字 I/O、光电隔离静态 I/O 和动态数字 I/O 三种类型，支持最高测试速率达 100MHz、矢量深度达 513Mb、总线宽度达 512 通道。

### 3.3.2.6　PXI 开关模块

开关模块是实现测试自动化的核心部件。目前各种类型、拓扑和尺寸的 PXI 开关模块都已面世。适用信号频率范围从 DC 到 20GHz，电流范围从 mA 级到 10A，拓扑形式有扫描器、复用器、开关矩阵和独立继电器等。

## 3.3.3　PXI 仪器系统的组建

组建一个 PXI 仪器系统可以按照以下 7 个步骤进行。

A　需求分析和技术方案的制定

在组建一个 PXI 仪器系统时，首先应针对测试任务做详细的需求分析，明确测试项目、测试指标、应用环境、经费预算、系统未来扩展等多方面的问题，并在需求分析的基础上提出技术方案，给出详细系统结构框图。

B　选择操作系统和应用软件开发平台

软件是组建 PXI 系统时需要着重考虑的问题。PXI 兼容产品均提供微软 Windows 操作系统下的驱动器软件，因此选择 Windows 操作系统可以大大加速系统集成的进程。

在确定了使用 Windows 操作系统类型（Windows 8.1 32-bit、Windows 8.1 64-bit、Windows 8 32-bit、Windows 8 64-bit、Windows 7 32-bit、Windows 7 64-bit、Windows XP（SP3）32-bit 等）后，就可以进行应用软件开发平台的选择。对于多数测试和数据采集系统，选用图形化编程语言 LabVIEW 或者基于 C 和 C++的文本编程软件 Measurement Studio、LabWindows/CVI 都是很好的选择；对于实时性要求较高的场合，可以选择 LabVIEW RT 及与之配套的 RT 系列硬件模块。

C　选择 PXI 机箱

PXI 机箱的选择与系统的应用密切相关，在选择时应考虑以下问题。

（1）确定机箱的尺寸和插槽数，例如是选择 4 槽、8 槽，还是 18 槽机箱，如果需要槽数较多，则需要使用 MXI-3 桥接器进行多机箱扩展；

（2）根据应用环境要求，选择便携式（集成了显示器的机箱）、嵌入式、台式或机架式的机箱；

（3）根据测试方案，决定是否需要将信号调理 SCXI 部分集成在 PXI 机箱中，如果需要，可以选择 NI 公司专门配有 SCXI 插槽的几款机箱。

D　选择系统控制器

在系统控制器选型时，应首先确定是采用带有 MXI-3 接口的外置式 PC 还是采用嵌入式计算机来实现系统控制。

嵌入式控制器具有结构紧凑、易于维护等特点。以 NI 公司的产品为例，目前有多种嵌入式控制器可供选择，满足用户对于 CPU 速度、I/O 配置、操作系统和应用软件开发环境的要求。对于实时应用的场合，嵌入式控制器还可以作为 LabVIEW RT 的目标机，实现对系统中各种数据采集模块的实时控制。

选用外置式 PC 作为 PXI 系统控制器时，通常需要用 MXI-3 来实现 PC 机与 PXI 机箱的透明连接。这种配置方式的特点是可以充分利用先进的 PC 技术，并降低系统成本。

E　选择 PXI 模块

目前已经有多家公司为 PXI 和 CompactPCI 系统提供了适用于仪器、数据采集、运动控制、图像采集、工业通信等众多领域应用的各种模块。需要与其他类型总线连接的系统，还可以选用多种可用的接口模块，包括 PCMCIA、SCSI、Ethernet、RS-232、RS-485、CAN、VXI、VME 和 GPIB 等，组成如图 3-14 所示的混合系统。

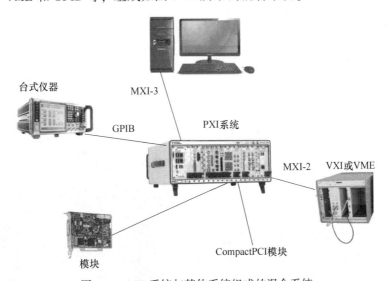

图 3-14　PXI 系统与其他系统组成的混合系统

F　选择 PXI 附件

连接器是系统应用的重要组成部分。高性能的系统需要有性能优越、宜于使用的连接器，以实现与测试夹具、现场传感器或过程节点的连接。目前可选用的连接器及附件包括：电缆、终端模块、前面板连接器及安装工具套件等。

在很多工业应用中，信号调理部分也十分重要。用户可根据需要选择低成本的单通道信号调理器或高性能的信号调理组件 SCXI（Signal Conditioning eXtention Instrumentation，信号调理对仪器应用的扩展）。

G　选择 NI 安装服务

为了方便用户安装 PXI 系统，NI 公司提供了 PXI 系统安装服务。如果用户在嵌入式控制器或 PXI 机箱的订单中加入购买安装服务一项，NI 公司负责将 PXI 模块安装在机箱中、完成存储器升级、安装用户选择的应用软件和驱动器软件，并负责测试和验证系统配置是否满足用户要求。

### 3.3.4　PXI 系统应用中需要注意的问题

PXI 的一个重要特点是保持了与 CompactPCI 产品的互操作性。很多 PXI 兼容系统常常并不要求外围模块必须实现 PXI 特有的一些功能。例如，PXI 规范允许用户在 PXI 机箱中使用 CompactPCI 网卡，或者在一个标准 CompactPCI 机箱中使用一块 PXI 兼容模块。此时，PXI 规范为 J2 连接器专门定义的一些功能不能被使用，但这并不会影响用户对于模块基本功能的使用。此外，在后一种应用中，用户应用首先注意所使用的 CompactPCI 机箱是否对 P2 连接器的某些引脚做了重新定义，是否与 PXI 规范中的定义冲突。只有确保不会引起兼容性问题时才能使用。

### 3.3.5　PXI 系统的应用

目前 PXI 系统已被应用于信号采集、工业自动化与控制、军用测试、科学实验等领域。特别是在工业自动化与控制领域，PXI 系统以其坚固的机械结构、良好的兼容性和较高的可靠性、可用性得到了业界的青睐，其应用范围包括：机器工况监测与控制、机器视觉与产品检测、过程监测与控制、运动控制、离散控制、产品批量检验和测试等。

PXI 的典型应用实例如下：

（1）美国 B&B Technologies 公司研制的 M1A1 坦克发射过程自动测试系统；

（2）美国洛斯·阿拉莫斯国家实验室研制的 Ntvision 数字相机系统；

（3）我军某研究所研制的工程装备检测诊断平台，其外形如图 3-15 所示。

上述平台采用了基于"控制器+模块化仪器+连接器+适配器"开放式的硬件体系结构和以测试流程引擎为中心的软件体系，实现了硬件互换和软件可移植。该平台的研制完成了包括需求分析、硬件接口、连接适配器设计等相关

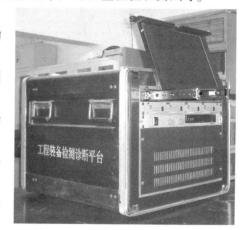

图 3-15　工程装备检测诊断平台

的软件、硬件技术规范。该平台的成功研制进一步拓展了 PXI 仪器的军事装备上的应用领域和开发水平。

## 3.4 可重新配置的控制和采集系统 CompactRIO

NI CompactRIO 是一种小巧而坚固的工业化控制与采集系统，利用可重新配置 I/O（RIO）FPGA 技术实现超高性能和可自定义功能。NI CompactRIO 包含一个实时处理器与可重新配置的 FPGA 芯片，适用于可靠的独立嵌入式或分布式应用系统；还包含热插拔工业 I/O 模块，内置可与传感器/调节器直接连接的信号调理。CompactRIO 展示了一种支持开放访问低层硬件资源的低成本架构。CompactRIO 嵌入式系统可以使用高效的 LabVIEW 图形化编程工具进行快速开发。利用 NI CompactRIO，可以快速建立嵌入式控制与采集系统，而且该系统的工作性能和优化特性可与专门定制设计的硬件电路相媲美。

### 3.4.1 CompactRIO 的组成简介

Compact RIO 是一款坚固耐用、可重配置的嵌入式系统，主要由三个部分组成——实时控制器，可重配置的 FPGA（现场可编程门阵列）和工业级 I/O 模块。CompactRIO 平台包括带有工业浮点处理器的 cRIO-900x 和 cRIO-901x 实时控制器，其中 cRIO-901x 系列的 4 槽和 8 槽可重配置机箱具有 1 百万或 3 百万门 FPGA。该平台还包括新型 cRIO-907x 系列——一种集成的控制器与机箱。CompactRIO C 系列模块提供了各种类型的 I/O，从 ±80mV 热电偶输入到 250V（AC 或 DC）通用数字输入。用户可以使用 LabVIEW、LabVIEW 实时模块和 LabVIEW FPGA 模块开发 CompactRIO 嵌入式系统。

#### 3.4.1.1 实时处理器

CompactRIO 嵌入式系统具有工业化的 200 MHz 奔腾级处理器，在保证可靠性和确定性的前提下顺利执行 LabVIEW 实时程序。通过选用内置的上千种 LabVIEW 函数，用户可以建立多线程嵌入式系统来进行实时控制、分析、数据记录与通信。控制器具有 10/100 Mb/s 以太网口，可在网络上进行通信编程（包括 E-mail），安装 Web（HTTP）和文件（FTP）服务器。利用远程网络服务器面板，用户可以自动地发布嵌入式程序的图形化用户界面，从而使多个用户可进行远程监测和控制。这种实时处理器还包含 11~30V DC 电源输入、用户 DIP 开关、LED 状态指示灯、一个实时时钟、看门狗定时器和其他具有高可靠性的特性。图 3-16 为 NI CompactRIO-9014 实时处理器外形图。

#### 3.4.1.2 可重构的 FPGA 机箱

内嵌 FPGA 的可重配置机箱是嵌入式系统体系结构的核心，如图 3-17 所示。机箱中

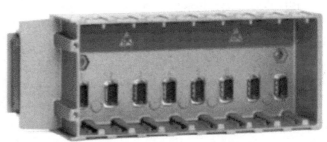

图 3-16　NI CompactRIO-9014 实时控制器　　　　图 3-17　可重构的 FPGA 机箱

的 FPGA 直接和每个 I/O 模块相连，可高速访问 I/O 电路并灵活实现定时、触发和同步等功能。因为每个 I/O 模块直连 FPGA，而非通过总线，所以与其他工业控制器相比，CompactRIO 几乎没有控制系统的响应延迟。默认情况下，该 FPGA 自动与 I/O 模块通信，并提供确定性 I/O 给实时处理器。开发人员可以直接对 FPGA 进行编辑来运行自定义的程序代码。由于 FPGA 的运算速度很快，内嵌 FPGA 的机箱经常用于构建具备高速缓冲的 I/O、高速控制循环，或自定义信号滤波的控制器系统。例如，利用 FPGA，单个机箱可以在 100kHz 的速率下同时执行超过 20 个的 PID 控制闭环。此外，因为 FPGA 代码最终映射为硬件逻辑，它的高可靠性和确定性非常适合实现硬件互锁，自定义硬件定时和触发这些功能，往往可以免去连接专用传感器所需的定制电路板制作。

### 3.4.1.3 工业级 I/O 模块

I/O 模块包含隔离、转换电路，信号调理功能，并可直接与工业传感器或执行机构相连。通过提供多种连线选择并将连接器的接线盒集成到模块上，CompactRIO 系统大幅降低了对空间的需求和现场布线的成本。用户可以从 50 多种 NI 的 C 系列 I/O 模块中进行选择，它们使 CompactRIO 几乎能够连接所有的传感器或执行单元。此外，该平台是开放的，因此可以自己开发应用模块或从其他厂商购买所需的模块。通过 NI 的 cRIO-9951 CompactRIO 模块开发工具包，用户可以开发自定义的模块以满足特定的应用需求。该工具包可使用户直接访问到 CompactRIO 嵌入式系统构架的底层资源以设计专用 I/O、通信和控制等模块并包含 LabVIEW FPGA 库以驱动自定义模块的接口电路。

## 3.4.2 CompactRIO 的系统配置

CompactRIO 可以组成三种配置——嵌入式系统（包括 CompactRIO 集成控制器与机箱）、R 系列扩展系统和远程高速接口系统。

### 3.4.2.1 CompactRIO 嵌入式系统

CompactRIO 嵌入式系统包含一个实时嵌入式处理器、带有可编程 FPGA 的 4 槽或 8 槽可重新配置的机箱和热插拔工业 I/O 模块。这种低成本的嵌入式架构支持开放访问低层的硬件资源，以快速开发定制的独立或分布式控制与采集系统，典型嵌入式模块如图 3-18 所示。

### 3.4.2.2 CompactRIO R 系列扩展系统

CompactRIO R 系列扩展系统使用同样的热插拔工业 I/O 模块，为 PCI 或 PXI/CompactPCI R 系列 FPGA 设备提供高性能的信号调理和工业扩展 I/O。该扩展系统为各种应用增加了自定义的测量功能，如传统的插入式数据采集、视觉、运动和模块化仪器等应用。R 系列设备可以插入任何运行 Windows 或 LabVIEW RT 操作系统的桌面计算机或 PXI 系统中。RIO FPGA 位于 R 系列设备上，而 CompactRIO 把 R 系列设备上的单个数字端口转变为高性能扩展 I/O 和信号调理系统。Windows 主机 CPU 或 PXI RT 控制器提供高性能的处理。这些处理可用于模拟控制、分析或硬件在环（HIL）仿真。R 系列 RIO 设备和 CompactRIO 机箱还提供高速信号调理输入、输出、通信和控制功能，以及无比的灵活性和优化性能。R 系列扩展机箱 cRIO-9151 四槽系列扩展机箱可直接和 PXI 或 PCI R 系列设备相连，如 PXI-7831R、PXI-7811R 或 PCI-7831R。在这种配置下，FPGA 位于 R 系列设备上，CompactRIO I/O 模块提供工业化 I/O、隔离和信号调理。典型 CompactRIO R 系列扩展系统如图 3-19 所示。

图 3-18 典型 CompactRIO 模块结构　　　图 3-19 CompactRIO R 系列扩展系统

### 3.4.2.3 CompactRIO 远程高速接口系统

在这种配置下，NI cRIO-9052 型高速远程控制器代替了 cRIO-900x 型实时控制器，提供了从任意的 NI cRIO-910x 可重新配置机箱到便携式电脑、PXI 系统或者 PC 机的高速接口。利用 NI cRIO-9052，用户可以从 CompactRIO 机箱内的 FPGA 获得高达 50MB/s 的接口速度。对于需要利用 CompactRIO 中 FPGA 的灵活性并且要求与便携式电脑或 PC 机高速接口的应用而言，cRIO-9052 是一个远程的、可重新配置的理想解决方案。用户可以选择使用 CompactRIO 高速远程系统连接到运行 LabVIEW Windows 应用程序的便携式电脑、PC 机或者 PXI 系统上，也可以连接到运行 LabVIEW RT 应用程序的 PC 机或者 PXI 系统上。

### 3.4.3 CompactRIO 的特点

CompactRIO 的特点包括：

（1）低成本的开放式架构。CompactRIO 采用低功耗实时嵌入式处理器，以及一组高性能的 RIO FPGA 芯片。RIO 核心内置数据传输机制，负责把数据传到嵌入式处理器以进行实时分析、离线处理、数据记录或与联网主机通信。利用 LabVIEW FPGA 基本的 I/O 功能，用户可以直接访问 CompactRIO 硬件的每个 I/O 模块的输入/输出电路。所有 I/O 模块都包含内置的接口、信号调理、转换电路（如 ADC 或 DAC）以及可选配的隔离屏蔽。这种设计使得低成本的架构具有开放性，用户可以访问到底层的硬件资源。

（2）I/O 模块。每个 CompactRIO I/O 模块都包含内置的信号调理和螺旋接头、BNC 或 D-Sub 连接器。通过在模块中集成接线盒，大幅度缩小了 CompactRIO 的尺寸，降低了现场连线成本。现在可以使用的 I/O 类型包括：模块的类型包括热电偶输入，±10V 同步采样的 24 位模拟 I/O，24V 工业数字 I/O（带有高达 1A 的电流驱动），差分/ TTL 数字输入，24 位的 IEPE 加速度计输入，应变测量，RTD 测量，模拟输出，功率测量，CAN 连接和用以数据记录的 SD 卡等。由于模块内置有对高电压范围或工业信号类型提供支持的信号调理电路，通常情况下，可以把 CompactRIO 模块和传感器/调节器直接相连。

（3）可重新配置的 I/O（RIO）技术。使用 RIO 技术，可以利用 FPGA 芯片和 LabVIEW 图形化开发工具来定制测量硬件电路。可以利用可重新配置的 FPGA 技术来自动合成高度优化的电路，从而实现输入/输出、通信和控制等应用。

（4）现场可编程门阵列（FPGA）。由于 FPGA 具有高性能、可重新配置、小尺寸和较低的工程开发成本等诸多优异特性，它已被控制和采集系统厂商所广泛应用。因为电子设计工具的使用非常复杂，所以传统上基于 FPGA 设备的功能是由厂商而不是用户定义的。现在，可以利用用户可编程的 FPGA 来建立调度优化的可重新配置的控制和采集系统，而且无需掌握专门的硬件设计语言，如 VHDL。利用 CompactRIO，定制的控制或采集电路的定时/触发分辨率可达 25ns。FPGA 设备的可重新配置的数字结构带有可设定逻辑块阵列，阵列被外围 I/O 块所围绕。利用可编程的内部连接开关和路由器，可以把信号以任意方式路由到 FPGA 阵列中。CompactRIO 有 4 槽和 8 槽机箱，可选用 100 万或 300 万门 FPGA 芯片。

（5）性能。利用 LabVIEW FPGA 开发软件与可重新配置的硬件技术，可以用 CompactRIO 建立具有超高性能的控制和采集系统。FPGA 电路是并行处理的可重新配置计算引擎，能在芯片电路上运行 LabVIEW 程序。可以设计出具有 25ns 定时/触发精度的专用控制和采集电路。LabVIEW FPGA 还内置了多种函数，可用于闭环 PID 控制、5 阶 FIR 滤波、一维查找表、线性插值、零交叉检测和正弦波的直接数字合成。采用嵌入式 RIO FPGA 硬件，能以超过 100kS/s 的循环速率来实现多循环模拟 PID 控制系统。数字控制系统的循环速率 1MS/s，这样就可以在循环速率为 40MS/s（25ns）时使用单循环来计算布尔逻辑。由于 RIO 先天就具有并行特性，所以增加新的计算并不会降低 FPGA 程序的执行速度。

（6）尺寸和质量。CompactRIO 专为条件恶劣的应用环境和较小的空间而设计。在许多嵌入式应用中，尺寸、质量和 I/O 通道数是关键性设计要求。由于具有极高的性能和使用小巧的 FPGA 设备，CompactRIO 能在紧凑而紧固的结构中提供无比的控制和采集功能。4 槽可重新配置嵌入式系统的尺寸为 179.6mm×88.1mm×88.1mm，质量仅为 1.58kg。对于带有 32 个通道的 I/O 模块的 8 槽系统，其通道质量密度为 9.7g/通道，体积密度为 8.2cm/通道。

（7）超高标准的工业认证和等级。CompactRIO 是一种重要配置的嵌入式系统，它有可靠的独立嵌入式功能，以及具备满足恶劣工业环境的工业认证和等级。CompactRIO 适用的温度范围为-40~70℃，抗 50g 的冲击以及适应危险或可能爆炸的环境（1 类，2 部）。大部分 I/O 模块可以承受 2300V(rms) 的瞬间电压，可以持续接收 250V 的电压。每个部件都有各种国际安全、电磁兼容（EMC）和环境认证和等级。11V 和 30V DC 双路电源输入，低功耗（典型情况 7~10W）。

### 3.4.4　CompactRIO 系统的构建

一般情况下，可重新配置的控制和数据采集系统包含四个主要组成部分：
（1）用于输入、输出、通信和控制的 RIO FPGA 核心程序。
（2）用于浮点控制、信号处理、分析和逐点决策制定的实时循环。
（3）用于内嵌数据记录、网络远程面板和以太网/串口通信的普通优先级的循环。
（4）用于远程图形化用户界面、历史数据记录和事后处理的联网的主 PC。
根据特定的需要，可能需要实现这些组成部分的部分环节或全部内容。

LabVIEW 模块和 LabVIEW FPGA 模块为 NI RIO 硬件上的 FPGA 芯片提供了图形化的开发环境。使用 LabVIEW FPGA 模块，可以在运行 Windows 的主机上开发 FPGA 程序，然后用 LabVIEW 进行编译并在硬件上运行这些代码程序。利用 LabVIEW FPGA 模块，无需先掌握硬件的设计知识或 VHDL，就可以自己定制 I/O 或控制硬件电路。对 FPGA 的图形化编程方式可以让 LabVIEW 用户能定制自己的测量电路。

由于 CompactRIO 的低成本和高可靠性，特别适合于大规模的嵌入式测量和控制应用，用户可以使用 CompactRIO 来满足各种工业应用的要求。CompactRIO 的应用实例，如批量控制、离散控制、运动控制、车载数据采集、机器状态监控、快速控制原型设计、工业控制和采集、分布式数据采集和控制、移动/便携式噪声以及振动和粗糙度分析等。

对于使用 LabVIEW 图形化开发工具的高级开发人员，可以使用 CompactRIO 来为多种工业应用提供可重新配置的硬件。目前已经开发出许多 CompactRIO 嵌入式系统，用于重型机械控制、车载数据采集、声音和振动分析以及电机驱动的定型等。

CompactRIO 系统的构建步骤如下：

步骤 1：选择 CompactRIO 实时嵌入式控制器、PXI 控制器或台式机。典型硬件选择见表 3-1。确定好控制器类型后，进入下一步骤。

表 3-1  CompactRIO 典型硬件

| 控制器类型 | 可重新配置嵌入式系统 | R 系列扩展系统 |
| --- | --- | --- |
| Standard real-time | cRIO-9002 嵌入式控制器，64MB 内存 | PXI-8145RT，PXI-1031（实时 PXI） |
| Premium real-time | cRIO-9004 嵌入式控制器，512MB 内存 | PXI-8186 RT，PXI-1031（实时 PXI） |
| Windows PXI | | NI PXI-8186，PXI-1031 |
| Windows desktop | | 所有台式 PC |
| Desktop real-time（ETS） | | 认证的台式 PC（Dell Optiplex，型号 GX270） |

步骤 2：选择可重新配置的机箱或 R 系列设备和扩展机箱，典型机箱类型和参数如表 3-2 所示。

表 3-2  机箱类型及参数

| 机箱类型 | 可重新配置嵌入式系统 | R 系列扩展系统 |
| --- | --- | --- |
| Standard real-time | cRIO-9101 4 槽 1 M 门 RIO 机箱<br>cRIO-9102 8 槽 1 M 门 RIO 机箱 | PCI-7831R 或 PXI-78x1R，和 cRIO-9151 扩展机箱 |
| Premium real-time | cRIO-9004 嵌入式控制器，512MB 内存 | PCI-7831R 或 PXI-78x1R，和 cRIO-9151 扩展机箱 |
| Windows PXI | | PXI-7831R 或 PXI-7811R，和 cRIO-9151 扩展机箱 |
| Windows 台式 PC | | PCI-7831R 和 cRIO-9151 扩展机箱 |
| Desktop real-time（RTX） | | PCI-7831R 和 cRIO-9151 扩展机箱 |

步骤 3：选择 I/O 模块，常用的 CompactRIO 模块见表 3-3。根据设计的 CompactRIO 系统功能要求，按照各个 I/O 模块特点进行选择配置，完成 CompactRIO 系统设计。

表 3-3  CompactRIO I/O 模块硬件

| 信号类型 | 信  号 | 模  块 | 通道 | 特  性 |
| --- | --- | --- | --- | --- |
| 模拟输入 | 热电偶 | NI9211 | 4 | 24 位 t delta-sigma，14S/s，差分（J，K，R，S，T，N，E and B 分度号） |
| | 小电压（±80mV） | NI9211 | 4 | 24 位，14S/s，差分 |
| | 中电压（±10V） | NI9215 | 4 | 16 位，每通道 100kS/s，同步，差分 |
| 模拟输出 | 中电压（±10V） | NIcRIO-9263 | 4 | 16-bit，每通道 100kS/s，同步 |

续表 3-3

| 信号类型 | 信号 | 模块 | 通道 | 特性 |
|---|---|---|---|---|
| 数字输入 | 24V 无源 | NI9421 | 8 | 100μs, 24V 逻辑, 40V 保护 |
| | | NI9423 | 8 | 1μs, 高速, 24V 逻辑, 35V 保护 |
| | 250V（AC/DC, 通用） | NI9435 | 4 | 3ms, ±5～250V DC, 10～250V AC, 通用, 无源/有线 |
| | 差分或 TTL | NI9411 | 6 | 1μs, ±5～24V, 单端 TTL 或差分, 常规 5V 电源输出 |
| 数字输出 | 24V 有源 | NI9472 | 8 | 100μs, 24V 逻辑, 每通道最大 750mA, 30V 保护, 短路保护 |
| | | NI9474 | 8 | 1μs, 高速, 24V 逻辑, 每通道最大 1A, 30V 保护, 短路保护 |
| 继电器输出 | A 型（SPST） | NI9481 | 4 | 1s, 30V（DC, 2A）, 60V（DC, 1A）, 250V（AC, 2A）机电式 A 型（SPST） |
| 计数器/脉冲发生器 | 计数器/定时器（24V） | NI9423 | 8 | 1μs, 高速, 24V 逻辑, 35V 保护 |
| | 计数器/定时器（TTL） | NI9411 | 6 | 1μs, ±5～24V, 单端 TTL 或差分, 常规 5V 电源输出 |
| | 正交编码器（差分） | NI9411 | 6 | 1μs, ±5～24V, 单端 TTL 或差分, 常规 5V 电源输出 |
| | PWM（5～30V） | NI9474 | 8 | 1μs, 高速, 24V 逻辑, 每通道最大 1A, 30V 保护, 短路保护 |

# 3.5 便携式数据采集平台 CompactDAQ

NI CompactDAQ 是一个坚固耐用的便携式数据采集平台, 它将连接和信号调理功能与模块化 I/O 相集成, 可直接连接任何传感器或信号。CompactDAQ 与 LabVIEW 软件相结合, 可用于自定义采集、分析、显示和管理测量数据的方法。NI 提供了可编程软件、高精度测量以及当地技术支持, 以确保能够满足从研究、开发到验证等不同阶段的测量应用需求。

## 3.5.1 NI CompactDAQ 技术

### 3.5.1.1 机械设计

仪器的布置和安装是测试设置过程中一个重要的环节。将测试仪器布置紧靠在测试对象附近, 可以最大限度减小环境中的电气噪声。这是因为存在这样一个事实: 以太网、USB 和其他一些通信协议所采用的数字信号不易受到电磁干扰的影响。在多通道测量时, NI CompactDAQ 被设计在小而坚固机箱中, 这样就可以安装在待测设备附近。CompactDAQ 系统包括以下机械设计特性:

（1）坚固的机械特性和灵活的特性选择。

1）机箱采用 A380 铝合金结构保证耐久性。

2）机箱达到 IEC-60068-2-27/64 标准, 可抵御 30g 冲击和 0.3g（rms）的工作振动。

3）机箱工作温度范围从-20～55℃。

4）机箱提供面板安装、机架安装、DIN 导轨安装和桌面安装套件（如图 3-20 所示）。

5）机箱二维和三维尺寸图可以从网站模块页面的资源标签处获得。

（2）宽电压范围的电源输入提供了灵活的电压选择。

1）支持标准电源供应器、电池或自动化电力系统 9～30V 直流输入供电。

图 3-20　4 插槽和 8 插槽 USB 机箱
桌面安装套件

2）电源需求最大为 15W（假定安装 8 个模块）。

3）所有机箱套件均包含交流/直流转换器（连接外接电源插座的电源线单独出售）。

4）支持电源直接连接或者使用可选的螺钉接头。

（3）对电缆线和信号线进行应变消除处理以保证连接牢固。

1）电源接头通过螺钉紧固在机箱上，且含有保护性背板以确保使用安全。

2）USB 电缆通过翼形螺钉固定在 USB 机箱上。

3）采用闩锁机制固定以太网电缆。

4）所有模块配有防应变包装出售，或有防应变配件，以防止线缆移动。

5）冲击和振动试验是在电源、通信、模块信号线连接好的状态下完成的。

（4）内置数字时钟输入输出触发线。

1）8 插槽机箱拥有 2 个 BNC 触发线接线头（如图 3-21 所示）。

2）支持高达 1MHz 时钟的带宽

3）可以同步多系统（系统同步不兼容所有模块）。

3.5.1.2　利用多定时引擎实现多采样率

数据采集系统一个重要的环节是模数转换器（ADC）。ADC 需要时钟信号以确定何时采集信号。

图 3-21　cDAQ-9178 机箱电源输入、
BNC 触发和 USB 端口固定特写

很多系统的多个 ADC 通过共用同一个时钟以同步所有通道的测量。NI CompactDAQ 系统采用定时引擎则拥有更好的灵活性和同步率。

多定时引擎实现。NI CompactDAQ 机箱拥有三个模拟输入定时引擎。这使得开发人员可以将所有的模拟输入分成最多三组不同的"任务"。

（1）如图 3-22 所示，每一个任务都可以在一个独立的采样率下运行。这十分适合于同时进行低速的温度测量和较高速的声音和振动测量等。

（2）三个独立运行的任务可以在程序中独立的循环或线程中声明，并且同步开始。

（3）每个任务的所有通道自动同步。如果将一个多路复用模块与一个同步采样模块接入到一个任务，多路复用模块的第一通道与时钟同步，多路复用模块余下通道依次连续扫描。

（4）每个任务的所有通道，同步模块和多路复用模块，以指定的采样率输出结果。

（5）所有的模块可以根据需要配置在一个任务中。这样所有通道与同一时钟保持同步。

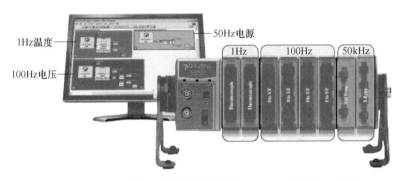

图 3-22　同一机箱内不同模拟输入任务运行于不同的速率描述

### 3.5.1.3　NI-STC3 技术的高级计数器功能

NI CompactDAQ 机箱采用了与其他 NI 数据采集产品相同的一些核心技术。该技术就是第三代系统定时控制器（NI-STC3）。很多设备使用市场上现成的时钟和振荡器为系统定时。借助于定时引擎使该技术设计成为自底向上的优异性能。NI-STC3 技术将专有源代码植入专用集成电路，使得如 NI CompactDAQ 这类系统具有优异的性能与独特的优势。

（1）4 个高级 32 位计数器/定时器。

1）计数器可用于事件计数、正交编码器测量、PWM、生成脉冲系列、周期或频率测量。

2）NI-STC3 计数器的优势在于它拥有一个内嵌或板载的辅助计数器。用户虽然不能直接访问，但是一些频率测量的驱动程序可以访问这个计数器。这类过程一般需要两个级联计数器，但是采用 NI-STC3 技术，这些高级计数器可以在较少的时钟源的情况下更好的工作。

3）通过共用时钟源保证计数任务与其他计数器、数字或模拟任务同步。

（2）内置频率生成器。

1）10MHz、20MHz、100kHz 基准时钟。

2）16 个分频因子（$n=1$，2，3，…，16）。

3）通过安装的硬件定时数字模块或内置 BNC 触发线（内置触发线带宽限为 1MHz）输出信号。

（3）高级计数器和数字特征。

1）变更检测事件。

2）硬件触发（起始触发、参考触发和暂停触发）。

3）可编程函数接口（PFI）端子为模拟、数字或计数函数提供输入/输出的定时信号。

4）八个计数器输入函数。

5）五个计数器输出函数。

### 3.5.1.4　NI 信号流技术

像 USB 和以太网这样的总线通讯方式包含了标准数据结构和定义的设备以及主机通信的方法。但不是所有的设备拥有完全一样的通信方式。NI 专利的信号流技术努力于使 NI 数据采集设备在更多总线标准间最高效率地工作。比如音乐播放器和存储设备从 PC 主机上传或下载，常常只在一个方向上大量传输数据。测试系统常常涉及同步进行的多路输入输出。NI 信号流技术使得 NI CompactDAQ 系统拥有高速、双向流动的数据传输能力。

### 3.5.2 NI CompactDAQ 系统构建

NI CompactDAQ 构成的数据采集系统主要包括机箱、控制器和模拟输入/输出模块，以及相应的开发与应用软件等。在构建数据采集系统时，还应该考虑传感器的连接、通信方式与总线、信号的同步、系统供电方式、接地和隔离、HMI 和用户界面、外壳和安装等。具体的构建步骤如下所述。

步骤 1：机箱和控制器的选择

NI CompactDAQ 机箱或控制器负责控制嵌入式或主控计算机与多达 8 个 C 系列 I/O 模块之间的定时、同步和数据传输。单个机箱可以管理多个定时引擎，在同一系统中以不同的采样率运行多达七个独立的硬件定时 I/O 任务。NI CompactDAQ 平台包括可单独运行的控制器以及由外部 PC 控制的高性价比机箱。在选择机箱或控制器时，应该考虑尺寸、坚固性、数据传输带宽、插槽数、与控制电脑的距离以及嵌入的能力。

搭载嵌入式控制器的 NI CompactDAQ 系统可使用户在先前大部分外部 PC 无法靠近的地方使用该测量系统。该系统结合了坚固耐用的紧凑型无风扇设计和高功率处理器，是远程或嵌入式测量应用的理想选择。这种 4 槽或 8 槽系统可以选择双核 Intel Atom 处理器、i7 或 Celeron 处理器来执行复杂的在线和离线分析。

如果使用现有的 PC，用户可以从 USB、以太网和无线 NI CompactDAQ 机箱中进行选择，NI CompactDAQ 机箱提供单槽、4 槽或 8 槽选项。机箱和控制器的选型可依据表 3-4 和表 3-5 中的特性进行选择。

表 3-4 机箱

| 连接方式 | 模块数量 |
| --- | --- |
| USB | 1，4 和 8 |
| Ethernet | 1，4 和 8 |
| 802.11（无线） | 1 |

表 3-5 控制器

| 处　理　器 | 模块数量 |
| --- | --- |
| 1.33GHz dual-core Intel Atom | 4 或 8 |
| 1.06GHz dual-core Intel Celeron | 8 |
| 1.33GHz dual-core Intel i7 | 8 |

步骤 2：模块的选择

C 系列模块集模数转换器、信号调理和信号连接于一体，用于测量或生成一种或多种信号类型。C 系列 I/O 模块可热插拔，并可自动被 CompactDAQ 机箱识别。I/O 通道通过 NI-DAQmx 驱动程序访问。模块内置信号调理功能，可对较宽范围的电压和工业级信号进行调理。一般情况下，用户可直接将 C 系列 I/O 模块连接至传感器或激励器。大部分 C 系列 I/O 模块提供通道—地的隔离。

NI 公司提供了 60 多款具有集成信号调理功能的可热插拔 I/O 模块供用户选择。由于 CompactDAQ 系统将连接和信号调理功能与模块化 I/O 相集成，因此它可以直接连接任何传感器或信号，与 LabVIEW 软件相结合，可用于定义采集、分析、显示和管理测量数据的方法。常用的模块见表 3-6，其中部分模块与表 3-3 是相同的。

表 3-6 CompactDAQ 模块

| 信号类型 | 信 号 | 模块 | 通道 | 特 性 | 连接方式 |
|---|---|---|---|---|---|
| 模拟输入 | 热电偶 | NI 9211 | 4 差分输入 | 24-bit delta-sigma，15S/s，差分（J，K，R，S，T，N，E，B 分度号） | 螺栓端子 |
| | IEPE 传感器（加速度计、麦克风） | NI 9323 | 4 单端输入 | 24-bit，50kS/s，同步，IEPE 调理 | BNC 接头 |
| | 通用设备（±80mV） | NI 9211 | 4 差分输入 | 24-bit，15S/s，差分 | 螺栓端子 |
| | | NI 9205 | 32 单端输入/16 差分输入 | 16-bit，50kS/s | 螺栓端子或 D-Sub 接头 |
| | 通用设备（±200mV～±10V） | NI 9206 | 32 单端输入/16 差分输入 | 16-bit，250kS/s，600V（DC）Cat、I 隔离 | 螺栓端子 |
| | | NI 9215 | 4 差分输入 | 16-bit，每通道 100kS/s，同步，差分 | 螺栓端子或 BNC 接头 |
| | 桥接信号 | NI 9237 | 4 | 24-bit，每通道 50kS/s， | RJ50 接头 |
| 模拟输出 | 通用设备（±10V） | NI 9263 | 4 单端输入 | 16-bit，每通道 100kS/s，同步 | 螺栓端子 |
| 数字输入 | 双向 5V TTL | NI 9401 | 8 | 10MS/s，5V TTL，超高速、双向、30V 保护 | 25 针 D-sub 接头 |
| | 24V Sinking | NI 9421 | 8 | 10kS/s，24V 逻辑电平，40V 保护 | 螺栓端子或 25 针 D-sub 接头 |
| 数字输出 | 双向 5V TTL | NI 9401 | 8 | 10MS/s，5V TTL，超高速、双向、30V 保护 | 25 针 D-sub 接头 |
| | 24V 有源 | NI 9472 | 8 | 100μs，24V 逻辑，每通道最大 750mA，30V 保护，短路保护 | 螺栓端子或 25 针 D-sub 接头 |
| 继电器输出 | A 型（SPST） | NI 9481 | 4 | 1s，30V（DC，2A），60V（DC，1A），250V（AC，2A）机电式 A 型（SPST） | 螺栓端子 |
| 计数器，脉冲发生器 | 计数器/定时器（TTL） | NI 9401 | 8 | 10MS/s，5V TTL，超高速、双向、30V 保护 | 25 针 D-sub 接头 |
| | PWM/脉冲生成（24V） | NI 9472 | 8 | 10kS/s，24V 逻辑电平，每通道最大 750mA，30V 保护，短路保护 | 螺栓端子或 25 针 D-sub 接头 |

步骤 3：附件的选择

根据测试任务需求，再继续选择合适的附件，如集成接线盒、安装套件（DIN 导轨、面板安装、机架固定和桌面）、工业外盒、自定义连接器套件、应力消除选项等。

步骤 4：硬件初始设置

NI CompactDAQ 系统的硬件在进行应用前，必须进行硬件开箱后安装配置，主要包括 NI-DAQmx 驱动软件的安装、各种接口的物理连接、配置、测试和测量等。

## 3.6　GPIB、串口、VXI、以太网和 LXI 总线仪器

测试总线是应用于测试与测量（Test&Measurement）领域内的一种总线技术，它是构成一个自动测试和虚拟仪器系统的核心。虚拟仪器作为一种以微型计算机硬件平台为核心的综合性数据采集与处理系统，所应用的总线技术基本上与通用测试总线技术相同，不同之处是根据虚拟仪器系统的设计特点，在测试总线的基础上有改进和提高。

由于总线形式繁多，本节主要对虚拟仪器领域使用比较广泛的几种总线和接口，即 GPIB 总线、VXI 总线、LXI 总线的概念和特性进行介绍。其中虚拟仪器领域中广泛应用的 PXI 总线已在前面进行了介绍，本节不再重复。

在开发虚拟仪器或进行虚拟仪器系统集成时，对所使用的仪器模块的具体特性和参数应准确把握，才能提出最合理的实现方案，这些特性参数包括但不限于：

（1）连接端子与线缆情况，如端子数量、接口形式、线缆长度限制等。

（2）电气特性，如信号电压范围、接地形式等。

（3）通信协议，如协议类型、数据形式、命令类型等。

（4）驱动程序，是否容易使用，与现有的开发平台是否兼容等。

由于各大厂商生产的仪器种类繁多，为了实现仪器控制与集成的规范化和标准化，在仪器控制软件发展过程中诞生了一系列软件规范，如可编程仪器标准指令 SCPI、虚拟仪器软件架构 VISA 等，这些已成为通用标准，本节也对这些标准以及虚拟仪器软件体系结构进行分析探讨。

### 3.6.1　GPIB 总线

#### 3.6.1.1　GPIB 总线简介

GPIB 是 General Perephral Interface Bus 的缩写，即通用接口总线。GPIB 的硬件规范和软件协议先后被纳入两个国际工业标准：ANSI/IEEE488.1 和 ANSI/IEEE488.2。目前，几百家厂商的数以万计的仪器配置了遵循 IEEE488 规范的 GPIB 总线接口，应用遍及科学研究、工程开发、医药卫生、自动测试设备、射频、微波等各个领域。通过 GPIB 接口，可以将若干台基本仪器搭成积木式的测试系统，在计算机控制下完成复杂的测量。

在使用 GPIB 接口总线的自动测试系统中，每个仪器及器件的背板上都装有 GPIB 接口卡。使用两端都装有总线连接器的 GPIB 电缆线，将每个仪器在接口连接器的插头和插座背靠背相叠连接，这个器件就被接入了系统。这种用相互并接的总线可以把仪器器件拼成链形，也可以把器件接成星形或混合连接成系统，如图 3-23 所示。

GPIB 接口是一个数字化 24 脚（扁形接口插座）并行总线，其中 16 根为 TTL 电平信号线，包括 8 根双向数据线、5 根控制线、3 根握手线，另 8 根为地址线和屏蔽线。

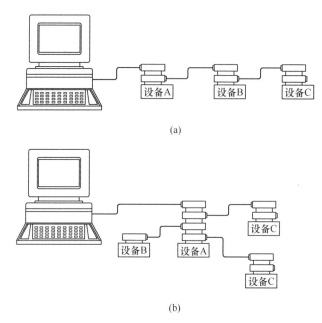

图 3-23 GPIB 两种系统的连接构造

（a）链形构造；（b）星形构造

（1）数据线：共 8 根，从 DI01 到 DI08，既送数据又送指令，用 ATTENTION（ATN）线的状态来确定是数据信息还是指令信息，所有指令和绝大多数数据都使用 7 位 ASCII 或 ISO 码集，在这种情况下，第 8 位的 DI08，要么不使用，要么做奇偶校验用。

（2）握手线：共 3 根，异步控制着设备之间的信息字节的传输，该过程可称作 3 线内锁握手，可以保证数据线发送和接受的信息字节不会出现传输错误。

（3）接口管理线：共有 5 根，管理着接口的信息流。

1）ATN（注意）。当控制器要用数据线发送指令时，它驱动 ATN 为真，当一个讲话者可以发送数据信息时，控制器驱动 ATN 为伪。

2）IFC（清除接口）。系统控制器驱动 IFC 线对总线进行初始化并成为责任控制器。

3）REN（远控使能）。系统控制器驱动 REN 线可以使设备成为远程模式或本地模式。

4）SRQ（服务请求）。任何设备都可以驱动 SQR 线，异步向控制器请求服务。

5）EOI（结束或确认）。EOI 线有两个作用，讲话者用 EOI 线来标注一个信息串的结束，控制器使用 EOI 线来告诉设备在一个并行协商区内确认它们的响应。

### 3.6.1.2 GPIB 总线虚拟仪器测试系统组建方法

GPIB 总线虚拟仪器测试系统 I/O 接口设备由 GPIB 接口卡和具有 GPIB 接口的仪器组成。其中 GPIB 接口卡完成 GPIB 总线和 PCI 总线的连接。GPIB 接口仪器是一个独立的仪器，它既可以构成一个 GPIB 总线虚拟仪器测试系统，也可以作为独立的单台仪器使用。GPIB 系统的测试任务则由 GPIB 控者通过执行测试程序来完成。测试程序是由 GPIB 系统的各种单线、多线消息，根据测试任务的具体要求编排而成。

组建一个 GPIB 测试系统的基本步骤是：

（1）分析测试对象；

（2）明确测试任务；

（3）制定系统方案；

（4）选择 GPIB 仪器和控制器；

（5）系统连接、组装；

（6）测试软件的编制和调试；

（7）文件编写等。

GPIB 总线虚拟仪器测试系统的组建方案如图 3-24 所示。

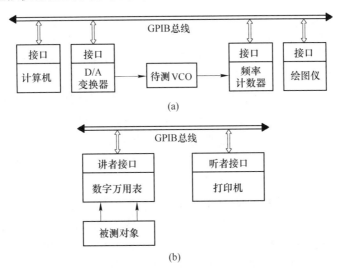

(a)

(b)

图 3-24　GPIB 虚拟仪器测试系统组建方案

（a）有控者系统；（b）无控者系统

### 3.6.2　串行接口

串行接口（Serial Port）简称串口，是计算机与外置设备或其他计算机连接进行数据传送时的一种常用接口方式。串口通信的特点在于数据和控制信息是一位接一位地传送出去的，若出错则重新发送该位数据，由于每次只发送一位数据，与 GPIB 相比传输速度较慢，但因为干扰少，所以更适用于长距离传送。

串口有多种通信标准和接口形式，如 RS-232、RS-422、RS-485 等。各种形式接口的引脚数量和定义也不尽相同。其中最常用的是 RS-232 标准。RS-232 串行数据接口标准是美国电子工业协会 EIA（Electronic Industry Association）制定的一种串行物理接口标准。RS（Recommended Standard）是英文"推荐标准"的缩写，232 为标识号，它规定连接电缆、机械、电气特性、信号功能及传送过程。

RS-232 是 PC 机及工业通信中应用最广泛的一种串行接口形式。RS-232 被定义为一种在低速率串行通信距离的单端标准。

RS-232C 接口标准及电气特性。RS-232 标准最初是根据远程数据终端 DTE（Data Terminal Equipment）与数据通信设备 DCE（Data Communication Equipment）而制定的。RS-232 标准中所提到的"发送"和"接收"都是站在 DTE 立场上的，而不是站在 DCE 立场上来定义的。RS-232C 常用的接口信号定义如下所示。

DSR：数据准备好（Data Set Ready）。有效时，表明设备处于可使用状态。

DTR：数据终端准备好（Data Terminal Ready）。有效时，表明数据终端可以使用。

RTS：请求发送（Request To Send）。用来表示 DTE 请求 DCE 发送数据。

CTS：允许发送（Clear To Send）。用来表示 DCE 准备好接收 DTE 发来数据。

RLSD：接收信号线检测（Received Line Detection）。用来表示 DCE 已接通通信链路，告知 DTE 准备接收数据。

RI：振铃信号（Ring）。当收到其他设备发来的振铃信号时，使该信号有效，通知终端，已被呼叫。

TxD：发送数据（Transmissted Data）。通过 TxD 终端将串行数据发送到 DCE。

RxD：接收数据（Received Data）。通过 RxD 线终端接收从 DTE 发来的串行数据。

SG、PG：信号地和保护地信号线。

RS-232 采用负逻辑，逻辑 1 电平表示电压在 −15～−5V 范围内，逻辑 0 表示电压在 +5～+15V 范围内。其数据最高传输速率为 20KB/s，通信距离最长为 15m。

RS-232 是以串行方式按位传输数据的。进行通信时，每个字符帧代表一个要传送的字符，为了保证数据传送的完整性，一个字符帧一般由以下几部分按顺序组成。

（1）起始位：表示字符帧的起始位置，占 1 位。

（2）数据位：表示字符数据的内容，大小由数据位数指定。

（3）奇偶校验位：表示是否使用奇偶校验方法保证传送的可靠性，占 1 位。

（4）终止位：表示字符帧的终止，附加于末尾，大小由终止位数决定。

ASCII 数据的传输一般是由起始位开始，以停止位结束。RS-232C 标准接口也可以为 5 到 8 位数据位，附加 1 位校验位和 1 到 2 位停止位。RS-232 数据传输格式如图 3-25 所示。

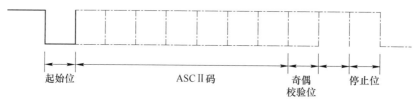

起始位　　　ASCII 码　　　奇偶校验位　　停止位

图 3-25　串行数据传输格式

在进行通信前，需要了解以下几个参数的意义和设置方法。

（1）波特率（Baud Rate）：通过串口每秒传送的数据位数。

（2）数据位数（Data Bits）：用来指定数据位的比特位数。

（3）奇偶校验（Parity）：表示是否使用奇偶校验方法保证传送的可靠性。

（4）终止位数（Stop Bits）：用来附加在字符帧末尾的终止信号位数。

### 3.6.3　VXI 总线

#### 3.6.3.1　VXI 总线简介

VXI 总线（VMEbus eXtenstion for Instrumentation）是一种在 VME 计算机总线基础上

扩展而成的模块化仪器的公用系统总线结构。凡符合 VXI 总线规范标准的仪器及系统，被称为 VXI 仪器及 VXI 仪器系统。VME 总线起初是为小型机设计的模块化系统总线，在 20 世纪 80 年代后期，仪器制造商为了满足军用测控系统的需求，在 VME 总线基础上专门设计并发布了 VXI 规范。VXI 总线在对仪器扩展的同时，保留了 VME 模块化系统的方法。与基于 GPIB 陈旧的堆叠式系统相比，VXI 成功地减小了仪器系统的尺寸并提高了系统集成化水平。VXI 总线系统一般由一个 VXI 主机箱、若干 VXIbus 器件、一个 VXIbus 资源管理器和主控制器组成，最多可包含 256 个器件。

VXIbus 不是设计来替代现存标准的，其目的只是提高测试和数据采集系统的总体性能提供一个更先进的平台。因此，VXIbus 规范定义了几种通信方法，以方便 VXIbus 系统与现存的 VMEbus 产品、GPIB 仪器以及串口仪器的混合集成。

VXIbus 规范定义了四种尺寸的 VXI 模块。较小的尺寸 A 和 B 是 VMEbus 模块定义的尺寸，并且从任何意义上来说，它们都是标准的 VEMbus 模块。较大的 C 和 D 尺寸模块是为高性能仪器所定义的，它们增大了模块间距，以便对包含用于高性能测量场合的敏感电路的模块进行完全屏蔽。A 尺寸模块只有 P1、P2 和 P3 连接器。

目前市场上最常见的是 C 尺寸的 VXIbus 系统，这主要是因为 C 尺寸的 VXIbus 系统体积较小，成本相对较低，又能够发挥 VXIbus 作为高性能测试平台的优势。

VXIbus 完全支持 32 位 VME 计算机总线。除此之外，VXIbus 还增加了用于模拟供电和 ECL 供电的额外电源线、用于测量同步和触发的仪器总线、模拟相加总线以及用于模块之间通信的本地总线。VXIbus 规范定义了 3 个 96 针的 DIN 连接器 P1、P2 和 P3。P1 连接器是必备的，P2 和 P3 两个连接器可选。

VXIbus 系统的配置方案是影响系统整体性能的最大因素之一。常见的系统配置方式有 GPIB、嵌入式和 MXI 三种控制方案。

GPIB 控制方案通过 GPIB 接口把 VXI 主机箱与外部的计算机平台相连。计算机通过 GPIB 和 GPIB-VXI 翻译器向 VXI 仪器发送命令串，而 GPIB-VXI 接口模块以透明的方式在 VXI 字符串协议和 GPIB 协议之间进行翻译。由于要对字符串本身进行这种额外的翻译，使系统的随机读写速度严重下降。

嵌入式控制方案包括一个插入 VXI 0 槽并直接与背板总线相连的嵌入式计算机，这种系统配置方案的物理尺寸最小，并因控制计算机直接与背板总线相连而获得最高的系统性能。直接对 VXI 总线的访问意味着计算机可直接读写消息基和寄存器基仪器，消除了 GPIB-VXI 接口翻译对速度的影响。

第三种系统配置方案使用高速的 MXIbus 连接器将外部计算机接入 VXI 背板总线，使外部的计算机可以像嵌入式计算机一样直接控制 VXI 背板总线上的仪器模块。

### 3.6.3.2　VXI 总线测试系统集成

VXI 总线测试系统集成一般按照以下步骤进行。

#### A　确定测试要求

对被测试单元的测试需求进行详细分析，确定测试系统功能，包括自动测试功能和用户要求完成的自检、手动测试、安全保护等功能，确定被测参数类型与精度要求，如包括多少路模拟量、多少路开关量，各自的精度要求是什么等。在此基础上，进行整理分类，制成表格等形式的书面文件，为后续工作做准备。

B　确定系统体系结构

VXI 系统的主计算机是用来控制整个系统的，也可以称为主控计算机。

VXI 没有传统仪器的控制面板，各个仪器模块也不能独立工作，所以主计算机不仅用来控制、协调各仪器的工作，而且还参与各仪器的工作，提供仪器软面板，用户可以利用计算机的强大的图形能力和其他丰富的软件来进行操作和控制。VXI 系统的控制方式有两种，分别是外主计算机控制方式和嵌入式计算机控制方式。

外主计算机控制方式：计算机接口首先把程序中的控制命令转变为接口链路的信号，接着通过接口的链路进行传输，最后 VXIbus 接口再把接收到的信号转变成 VXI 命令。系统集成时考虑这些因素，如数据传输速率、距离、能否对多个 VXI 子系统控制。主控计算机与 VXI 系统之间的接口可以采用 GPIB 接口、RS-232 接口、MXIbus 接口、1394 接口、USB2.0 接口和 LXI 接口等多种方式，需根据测试需求等进行选择。

嵌入式计算机控制方式：VXI 机箱的零槽上安装了嵌入式主控计算机，实现对 VXI 系统的控制。这种方式是通过直接寻址访问系统。因而，紧密耦合的结构可得到非常高的性能，充分发挥 VXIbus 数传速度高的优点。而且可以减小系统体积和增加工作速度，但需要配置键盘和显示、输出设备，人机交互不够方便。

C　测试设备选择

第一步是主机箱的选择，包括主机箱尺寸的选择及主机箱与模块配合情况的校核。

第二步是 VXI 总线系统仪器模块的选择，包括主控计算机、控制接口和零槽控制器的选择等。需要选择的仪器模块包括数字多用表模块、信号源模块、数字存储示波器模块、模拟多路开关/多路复用器模块、数字 I/O 模块和数据采集模块等。

D　软件设计与开发

VPP 推荐的应用程序开发环境（ADE）包括 NI 公司的 LabVIEW、LabWindows/CVI；Micorosoft 公司的 Viusal Basic（VB），Visual C++（VC++）；HP 公司的 HP VEE for Windows；Borland 公司的 TurboC/C++等。这些 ADE 大致可分为面向对象的编程语言和图形化编程语言两大类。

### 3.6.4　以太网

以太网（Ethernet）是一种用于连接仪器和 PC 的总线之一，如图 3-26 所示。尽管人们常说以太网（或其他总线）适用于所有的应用，但实际上每种总线都有不同的优势，真正的系统是在一个统一的软件架构中充分利用多种总线的优势。以太网总线特别适用于分布式应用，但对于桌面测量或自动化测试就不是最合适的。此处将详细分析以太网在适合的仪器控制方面的应用，并对其特性做一些讨论。

图 3-26　以太网测量系统

以太网总线（也称为 LAN 总线）是一种为计算机网络连接所设计的标准。它是非常普遍的连接方式，用它连接到其他计算机和 Internet。以太网总线最明显的优势是允许存在连接距离。当系统需要长距离的分布式测量，或需要将测量仪器靠近测量源而远离控制 PC 时，这种距离上的优势就显得至关重要。通过适当的网络安全配置，以太网还能够用于远程诊断，如查看过程测试地点的仪器配置情况。以太网在分布式处理系统中也有用武之地。多个处理单元可以通过以太网完美地相连，并对等地进行通信。比如，一个高性能的分析程序能够通过以太网，将不同的处理任务分配到多个相连的 PC 上，从而扩展系统的处理性能。另外，在一个分布式的数据记录程序中，每一个本地节点都能够完成数据记录和控制，而仅仅将需要的数据通过网络传送到监督控制系统中。最后，以太网总线对于仪器控制来说也具有相当的吸引力，因为就像 USB、RS-232 和并行端口一样，以太网也已成为台式 PC 的标准。另外，在非分布式系统中，如台式机或机架环境下时，以太网也存在一些缺陷，包括较长的延时、较长的处理时间和复杂的配置以及可供选择的以太网仪器相对较少等。

　　总线的吞吐量一般由总线的延时和带宽共同决定。延时度量数据传送的迟滞，而带宽度量数据通过总线的传输速率，通常以 MB/s 为单位。低延时能够提高需要传输大量短小指令或小型数据包的应用。高带宽对于诸如波形生成和采集的应用程序非常重要。尽管更高速度的选择，如千兆位以太网，能够为许多应用提供足够的带宽，但是以太网的延时在各种总线中却是最长的，这直接限制了以太网总线在许多仪器中的应用性能。

　　在数据密集的应用中，由于协议栈是在软件中实现，因此以太网通信需要强大的处理能力。一般的判断原则是"每赫兹一位"的规律，这是一种对给定以太网连接速度所需 CPU 处理性能的粗略估计，一般每秒需要处理一位网络数据，就需要 1Hz 的 CPU 处理能力。使用这个原则，大约可以判定一个千兆位以太网连接在全速进行数据流传输时，大约需要 1GHz 的现代台式处理器的处理能力。因而在高速系统中，CPU 可能在通信链路上的处理会超过实际应用。这可通过成为系统获取更高数据吞吐量的瓶颈，例如，依赖数据总线将数据流传回主机处理器的模块化系统。以太网的处理性能可能在两个方面增加一个以太网仪器的成本。首先，在高速系统中，可能需要台式机或服务器级别的处理器来处理 TCP/IP 协议栈。其次，当通过以太网无法达到实时数据传输速率要求时，仪器设计者必须在仪器内嵌数据消减处理单元。而这样既增加了成本，也降低了用户灵活性。以太网的另一个缺陷是需要现有的以太网支持才能够进行安装。对于一个复杂的应用而言，这可能不是个问题，但是和桌面应用中的 USB 相比，这却是额外负担。以太网需要 IP 地址和其他网络设置，而这些都可能受其安装所在网络 IT 政策的影响。实际上，许多针对以太网仪器的远程诊断的优势都会被公司的有关防火墙或其他网络安全的 IT 政策所否定。尽管以太网比 GPIB 的历史更长，但它在仪器控制总线中的应用所占份额仍不大，相对于超过 10000 种的 GPIB 控制仪器，以太网仪器仅有区区几百种。现有，以太网主要用于仪器间距离较长的系统。对于台式应用，更常使用 GPIB 和 USB，而在验证和生产中，GPIB 和模块化系统，如 PXI 总线是最常用的选择。当然，实际应用中经常是将多种不同的总线集成到一个混合系统中，其中实际仪器的接口在软件中被抽象了。

### 3.6.5　LXI 总线

　　Agilent 公司和 VXI 科技公司在 2004 年 9 月联合推出了新一代基于局域网（LAN）的

模块化平台标准–LXI（LAN-based eXtensions for Instrumentation）。它集台式仪器的内置测量原理及 PC 标准 I/O 连通能力和基于插卡框架系统的模块化和小尺寸于一身，满足了研发和制造工程师为航天/国防，汽车、工业、医疗和消费品市场开发电子产品的需要。

LXI 是一种基于以太网等技术、由中小型总线模块组成的新型仪器平台。LXI 仪器是严格基于 IEEE802.3、TCP/IP、网络总线、网络浏览器、IVI-COM 驱动程序、时钟同步协议（IEEE1588）和标准模块尺寸的新型仪器。与带有昂贵电源、背板、控制器、MXI 卡和电缆的模块化插卡框架不同，LXI 模块本身已带有自己的处理器、LAN 连接、电源和触发输入。

为了满足和 PC 标准 I/O 兼容的需求，将 LXI 标准 LAN 和 USB 接口应用到电子仪器上，并通过去除前面板、显示器和扩展卡部分为配置系统缩小物理尺寸，为用户提供高可靠性、低成本、灵活紧凑、性能优异的自动测试系统。相对于其他的仪器测试总线，LXI 有以下特点：

（1）开放式工业标准。LAN 和 AC 电源是业界最稳定和生命周期最长的开放式工业标准，也由于其开发成本低廉，使得各厂商很容易将现有的仪器产品移植到该 LAN-Based 仪器平台上来。

（2）向后兼容性。因为 LAN-Based 模块只占 1/2 的标准机柜宽度，体积上比可扩展式（VXI，PXI）仪器更小。同时，升级现有的 ATS（Automatic Test Systems）不需重新配置，并允许扩展为大型卡式仪器（VXI，PXI）系统。

（3）低成本。在满足军用和民用客户要求的同时，保有现存台式仪器的核心技术，结合最新科技，保证新的 LAN-Based 模块的成本低于相应的台式仪器和 VXI/PXI 仪器。

（4）互操作性。作为混合仪器（Synthetic Instruments）模块，只需 30~40 种的通用模块即可解决军用及民用客户的主要测试需求。如此相对较少的模块种类，可以高效且灵活地组合成面向目标服务的各种测试单元，从而彻底降低自动测试系统（ATS）和虚拟仪器系统的体积，提高系统的机动性和灵活性。

（5）新技术及时方便的引入。由于这些模块具备完备的 I/O 定义文档，所以，模块和系统的升级仅需核实新技术是否涵盖其替代产品的全部功能。

相对于已有的 GPIB、VXI 和 PXI 等测试总线，LXI 总线具有一定的优越性（见表3-7）。

表 3-7　LXI 总线与其他常用仪器总线的技术性能指标比较

| 技术指标 | PC-DAQ | GPIB | VXI | PXI | LXI |
|---|---|---|---|---|---|
| 吞吐率/MB·s⁻¹ | 132 | 8 | 40 | 132 | 5（Fast）<br>125（Gigabit） |
| 物理结构 | 板卡式 | 分立式 | 插卡式 | 插卡式 | 标准化分布式 |
| 几何形式 | 小、中 | 大 | 中 | 小、中 | 小、中 |
| 软件规格 | 无 | IEEE488.2 | VPP | IVI-C | IVI-COM |
| 互换性 | 差 | 差 | 一般 | 较强 | 很强 |
| 系统成本 | 低 | 高 | 中、高 | 低、高 | 低、中 |

实际上，现有的 LXI 总线设备大部分都是在之前产品的基础上升级所得到的，一般具

有可选的同步功能，非常适合于长距离的分布式仪器的应用。实际的系统会在一个模块化系统架构下使用多种总线技术，以最大限度地利用每个系统的特性。例如，可以使用基于 PXI 的具有高采集和生成速度的系统连接现有的 GPIB 仪器和 USB 仪器，并且通过以太网将数据传递到其他应用程序。购买仪器时，最好确定仪器带有驱动程序，可以在所选的软件中方便地构成混合系统。

## 3.7　仪器控制的软件规范

　　虚拟仪器系统所包含的各模块化仪器需要在控制软件的作用下协调运行以完成测控任务，其中的核心技术是对系统中各个仪器的控制。这些控制主要通过各种计算机硬件接口设备，并编制相应的控制软件来实现。为了实现仪器控制的规范化和标准化，在仪器控制软件的发展过程中诞生了一系列软件规范，包括可编程仪器标准命令 SCPI 和虚拟仪器软件架构 VISA 等，在虚拟仪器和自动测试系统中得到了广泛应用。

### 3.7.1　虚拟仪器软件体系结构组成

　　根据 VPP（VXI Plug & Play）系统规范的定义，虚拟仪器系统的软件体系结构应包含三部分，如图 3-27 所示。采用 VPP 标准的 I/O 接口软件就是 VISA。

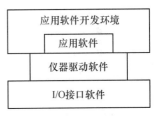

图 3-27　虚拟仪器的软件
体系结构

#### 3.7.1.1　输入/输出（I/O）接口软件

　　I/O 接口软件存在于仪器（即 I/O 接口设备）与仪器驱动程序之间，是一个完成对仪器内部寄存器单元进行直接存取数据操作，对 VXI 背板总线与器件做测试与控制，并为仪器与仪器驱动程序提供信息传递的底层软件层，是实现开放的、统一的虚拟仪器系统的基础与核心。在 VPP 系统规范中，详细规定了虚拟仪器系统输入/输出接口软件的特点、组成、内部结构与实现规范，并将符合 VPP 规范的虚拟仪器系统输入/输出接口软件定义为 VISA 软件。

#### 3.7.1.2　仪器驱动程序

　　每个仪器模块均有自己的仪器驱动程序。仪器驱动程序的实质是为用户提供了用于仪器操作的较抽象的操作函数集。对于应用程序来说，它对仪器的操作是通过仪器驱动程序来实现的；仪器驱动程序对于仪器的操作与管理又是通过输入/输出软件所提供的统一基础与格式的函数库（VISA 库）调用来实现的。对于应用程序设计人员来说，一旦有了仪器驱动程序，即使不是十分了解仪器内部操作过程的情况下，也可以进行虚拟仪器系统的设计工作。仪器驱动程序是连接上层应用软件与底层输入/输出软件的纽带和桥梁。

　　传统仪器生产厂商仅向用户提供仪器驱动程序的引出函数原型，驱动程序的源程序是不向用户开放的。用户一旦发现供应厂家提供的仪器驱动程序不能完全符合使用要求时，也无法对其做出修改，仪器的功能由生产厂商而不是由用户来规定。而 VPP 规范明确地定义了仪器驱动程序的组成结构与实现，规定仪器生产厂商在提供仪器模块的同时，必须提供仪器驱动程序的源程序文件与动态链接库（DLL）文件，并且，由于仪器驱动程序的编写是在 VISA 基础上，因而仪器驱动程序之间有很大的互参考性，仪器驱动程序的源程序也容易理解。这样用户就具有修改仪器驱动程序的权力，可以对仪器功能进行扩展，将仪器使用的主动权真正交给了用户。

### 3.7.2　可编程仪器标准命令 SCPI

可程控仪器标准指令集是架构在 IEEE488.2 上的新一代仪器控制语法，其着眼点在于能用相同的标准仪器控制语言就可以控制任一厂家的仪器，这样使用者就不必学习每一部仪器的命令语法，方便系统的组建。

SCPI 作为仪器程控命令，实现对仪器的控制，使得不同测试仪器的相同功能具有相同的命令形式，在横向上使测试仪器兼容。同时，SCPI 使用相同的命令来控制同一类仪器中的相同功能，从而使得仪器在纵向上兼容。

SCPI 的总目标是节省自动测试设备程序开发的时间，保护设备制造者和使用者双方的硬、软件投资。该规范定义的标准化的 SCPI 仪器的程控消息、响应消息、状态报告结构和数据格式的使用只与仪器测试功能及其性能、精度有关，而与仪器硬件组成、制造厂家、通信物理连接硬件环境和测试程序编制环境等无关。

为使 SCPI 命令具有更大限度的兼容性，SCPI 标准运用了一个程控命令仅面向测试功能而与仪器硬件和面板操作无关的准则。根据这一准则，SCPI 提出三种形式相容性："纵向相容性""横向相容性""功能相容性"。

（1）纵向相容性。同一家族的两代仪器应该有相同的控制，如两个示波器在时基、触发、电压设置上应该有相同的控制。

（2）横向相容性。要求不同家族的两个仪器应该使用同一命令进行相同的测量，如示波器和电子计数器都能使用<：MEA：RTIM？>命令完成脉冲上升时间测量。

（3）功能相容性。要求两个仪器用相同的命令能够实现相同的功能，如频谱分析仪和射频源两者都能扫频，如果两个仪器使用相同的频率和扫描测试功能，而不是仪器硬件组成、技术手段和前面板控制，SCPI 提出了一个描述仪器测试功能的仪器模型。程控仪器模型表示了 SCPI 仪器功能逻辑和分类。这种分类提供各种不同类型仪器可利用的各式各样的 SCPI 命令的构成机制和相容性。

SCPI 命令格式为一树状阶层结构，可分为好几个次系统，每一个次系统均为阶层结构关系，分别由一个顶层命令（可称为根命令）配合一个或数个阶层命令构成。以通用计数器 SCPI 命令子集为例，其阶层结构如图 3-28 所示。

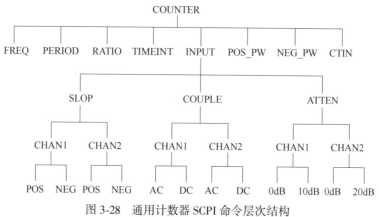

图 3-28　通用计数器 SCPI 命令层次结构

下面的指令给出一个数字万用表 SCPI 命令编程的示例，该指令在 0.05V 的测量精度下测量 5V 的直流电压信号。MEASure：VOLTage：DC？5，.05。该指令中，最前面的冒号表示这是一个新的指令关键字；MEASure：VOLTage：DC 表示测量直流电压；问号？命令数字万用表返回测量结果给计算机或控制器；5 和 0.05 指定了测量范围和测量精度。如果电压表有 1V，10V 和 100V 的量程，它将选择 10V 挡进行测量。而对于 3V，30V 和 300V 量程的电压表，它将选择 30V 挡进行测量。对通常的 3 位半表而言，分辨率通常可能是选择在 10mV。

SCPI 语句可以应用于文本式编程语言的混合开发中，例如 C、C#、C++、Visual Studio .NET 等，也可以与专用测试开发工具良好地融合，如 LabVIEW、LabWindows/CVI、HP VEE 等。

### 3.7.3　虚拟仪器软件架构 VISA

随着虚拟仪器系统的出现与发展，I/O 接口软件作为虚拟仪器系统软件结构中承上启下的一层，其模型化与标准化越来越重要。I/O 接口软件驻留于虚拟仪器系统的系统管理器——计算机系统中，是实现计算机系统与仪器之间命令与数据传输的桥梁和纽带。许多仪器生产厂家在推出硬件接口电路的同时，也纷纷推出了不同结构的 I/O 接口软件，有的只针对某类仪器（如 NI 公司用于控制 GPIB 仪器的 NI-488 及用于控制 VXI 仪器的 NI-VXI），有的在向统一化的方向靠拢（如 HP 公司的 SICL—标准仪器控制语言），这些都是在仪器生产厂家内部通用的、优秀的 I/O 接口软件。

一般的 I/O 接口软件的结构都采用了自顶向下的设计模型：首先列出该 I/O 接口软件需要控制的所有仪器类型，然后列出了各类仪器的所有控制功能，最后将各类仪器控制功能中相同的操作功能尽可能地以统一的形式进行合并，并将统一的功能函数称为核心功能函数（如将 GPIB 仪器的读/写与 RS232 串行仪器的读/写统一为一个核心功能函数）。所有统一形式的核心函数与其他无法合并的、与仪器类型相关的操作功能函数一起构成了自顶向下的 I/O 接口软件，实现不同类型的仪器的互操作性与兼容性。然而，这种构成方法只适用于消息基器件的互操作性（如消息读、消息写、软件触发、状态获取、异步事件处理等功能），对于如中断处理、内存映射、接口配置、硬件触发等属于器件特有的操作，根本无法得到统一的核心函数，消息基器件与寄存器基器件无法在自顶向下的 I/O 接口软件中得到统一。核心函数集在整个 I/O 接口软件中只有一个小子集，特定操作函数集是一个大子集。自顶向下结构的 I/O 接口软件实质上是建立在仪器类型层的叠加，并没有真正实现接口软件的统一性。同时应该说，自顶向下的设计方法为真正统一的 I/O 接口软件的设计与实现提供了经验借鉴与尝试。VPP 联盟在考察了多个 I/O 接口软件之后，提出了一种自底向上的 I/O 接口软件模型，也就是 VISA。

VISA 是虚拟仪器软件结构——Virtual Instrument Software Architecture 的缩写，实质是一个 I/O 接口软件及其规范的总称。一般情况下，将这个 I/O 接口软件称为 VISA。

开发者在实际应用时，不必关心实际的传输介质是 GPIB、VXI、RS-232 或其他种类，只要采用了 VISA 标准，就可以不考虑时间及仪器 I/O 选择项，测试程序可以不加修改地应用到不同种类的接口上，驱动软件可以相互兼容使用，这就是 VISA 在接口级别上的可互换性表现。这为开发者提供了很大的便利。

# 第 4 章　虚拟仪器设计与开发

随着现代测试技术向集成化、自动化、数字化和智能化的方向发展，计算机技术以其高效、快速的数据处理能力发挥着越来越重要的作用。基于微型计算机的虚拟仪器技术，以其传统仪器所无法比拟的强大的数据采集、分析、处理、显示、传输与存储功能，在测试领域得到了广泛的应用，显示出强劲的生命力。虚拟仪器的最大特点在于其开放式的体系架构和系统重构特性，主要由基于各类总线的数据采集系统和通用的软件开发平台等构成。

## 4.1　虚拟仪器设计原则

对于不同的应用对象，系统设计的具体要求是不同的。但是，由于虚拟仪器系统是由硬件和软件两部分组成的，因此系统设计的一些基本原则是大体相同的。因此，从虚拟仪器的总体方案设计、硬件设计和软件设计等方面介绍虚拟仪器系统设计应遵循的基本原则与方法。

### 4.1.1　总体设计原则

面对任意一个仪器设计任务，首先应该考虑的是仪器设计的总体原则，而不是其中一个环节的具体实现。在进行系统设计之前，必须对要解决的问题进行调查研究、分析论证，在此基础上，根据实际应用中的问题提出具体的要求，确定系统所要完成的任务和技术指标，确定调试系统和开发软件的手段等。另外，还要对系统设计过程中可能遇到的技术难点做到心中有数，初步定出系统设计的技术路线。这一步对于能否既快又好地设计出一个虚拟仪器系统非常关键。设计者应花较多的时间进行充分地调研，查阅技术资料和参考文献，使设计工作少走弯路。具体的原则可概括为以下三点：

（1）制定设计任务书。确定系统所要完成的任务和应具备的功能，提出相应的技术指标和功能要求，并在任务书里详细说明。一份好的设计任务书通常要对系统功能进行任务分析，把较复杂的任务分解为一些较简单的任务模块，并画出各个模块之间的逻辑关系图。

（2）系统结构的合理选择。系统结构合理与否，对系统的可靠性、性价比、开发周期等有直接的影响。首先是硬件、软件功能的合理分配。原则上要尽可能"以软代硬"，只要软件能做到的就不要使用硬件。但也要考虑开发周期，如果市场上已经有了专用的硬件，此时为了节省人力、缩短开发周期就没必要自己开发软件，可以使用已有的硬件。

（3）模块化设计。不管是硬件设计还是软件设计，都提倡模块化设计，这样可以使系统分成较小的模块，便于团队合作，缩短系统的开发时间，提高团队的竞争力。在模块化设计时尽量把每个模块的功能、接口详细定义好。

### 4.1.2 硬件设计的基本原则

#### 4.1.2.1 经济合理

在系统硬件设计中，一定要注意在满足性能指标的前提下，尽可能地降低价格，以便得到高性价比，这是硬件设计中优先考虑的一个主要因素，也是一个产品争取市场的主要因素之一。微机和外设是硬件投资中的一个主要部分，应在满足速度、存储容量、兼容性、可靠性基础之上，合理地选用微机和外设，而不是片面地追求高档微机和外设。

当用低分辨率、低转换速度的数据采集系统可以满足工作上的要求时，就不必选择高分辨率、高转换速度的芯片。当对试验曲线没有特殊精度要求时，可以充分利用打印机输出图形的功能，而不必购置价格昂贵的绘图仪。

总之，充分发挥硬件系统的技术性能是硬件设计中的重要原则。

#### 4.1.2.2 安全可靠

选购设备要考虑环境的温度、湿度、压力、振动、粉尘等客观因素，以保证在规定的工作环境下，系统性能稳定、可靠工作；要用超量程和过载保护，以保证输入与输出通道正常工作；要注意对交流市电及电火药的隔离；要保证连接件的接触可靠。

确保系统安全可靠的工作是硬件设计中应遵循的一个根本原则。

#### 4.1.2.3 有足够的抗干扰能力

有完善的抗干扰措施，是保证系统精度、工作正常和不产生错误的必要条件。例如，强电与弱电之间的隔离措施、对电磁干扰的屏蔽、正确接地和高输入阻抗下的防止漏电等。

#### 4.1.2.4 便于维护和维修

良好的系统设计师在系统设计之初就会考虑系统将来的维护问题。为了使将来的维护方便，尽量采用标准模块，如采用标准总线和标准接口等。在不能使用标准模块的地方，尽量使用可行的简单方法解决问题，不提倡使用复杂的或特别巧妙的方法解决问题，因为这会给系统维护带来困难。如果确实需要用复杂的或巧妙的方法解决问题，一定要做好详细的文档记录以便于将来维护。

### 4.1.3 软件设计的基本原则

软件设计总的原则就是高可靠性、可用性及良好的可移植性和兼容性。

（1）采用自顶而下的软件设计方法，即从整体到局部，最后到细节。首先完成软件的需求分析、系统功能分析和结构分析，通过逐层分解和逐级抽象，建立软件的层次化结构框图，确定各部分的功能及相互关系，然后根据软件的结构框图，划分程序模块，最后再开始具体的编程工作。

同时程序设计时应采用模块化设计，这不仅有利于程序的进一步扩充，而且也有利于程序的修改和维护。在编写程序时，尽量利用子程序，使程序的层次分明，易于阅读和理解，同时还可以简化程序，减少程序对于内存的占用量。当程序中有经常需要修改或变化的参数时，应该设计成独立的参数传递程序，避免程序的频繁修改。

（2）在软件系统分析和具体编程过程中，应注意采用模块化和面向对象的软件设计方法，特别要重视一些可重用的基本软件模块，以提高系统软件的灵活性、移植性和可维护性，降低系统的复杂程度。

（3）虚拟仪器软件应具有较高的可靠性。系统设计时，应考虑一定的检测程序。例如，状态检测和诊断程序便于系统发生故障时查找故障部位。对于重要的参数，要定时存储，以防止因掉电而丢失数据。系统不能因测试人员的操作失误而导致崩溃，也不能因环境干扰或其他问题导致故障蔓延和丢失信息。

（4）虚拟仪器软件设计要符合一些相关规范的要求，如 VPP 规范或 IVI 规范等。

（5）采用图形化用户界面设计技术和可视化编程技术，提供切合实际需要和友好的人机交互界面，提供完善的帮助信息和快捷简便的帮助信息访问手段，提高软件的可用性。另外，也要考虑程序的可操作性，在开发程序时，应该考虑如何降低对操作人员专业知识的要求。因此，在程序设计中，应该采用各种图标或菜单实现人机对话，以提高工程效率和程序的易操作性。

（6）给出必要的程序说明。从软件工程的角度来看，一个好的程序不但要实现预定的功能，能够正常运行，而且应该满足简单、易读、易调试要求，故在编写程序时，给出必要的程序说明很重要。

# 4.2  虚拟仪器设计要素

虚拟仪器的设计，虽然随对象、设备种类等不同而有所差异，但系统设计的基本内容和主要步骤大体是相同的。

## 4.2.1  系统定义

测控系统定义阶段由系统开发方与需求方共同讨论，确定系统开发必须完成的总目标，分析项目的可行性，估算项目所需的资源和成本。这个时期的工作通常又被称为系统分析。对于较复杂的项目，可以将该阶段进一步划分为问题定义、可行性研究和需求分析等三个阶段。

### 4.2.1.1  问题定义

系统定义阶段的输入文档应该是项目需求方提出的技术要求（或设计任务书），技术要求的基本内容包括测控系统应用的技术领域、要实现的目的、适用的标准、应具备的功能、应达到的技术参数、文档的要求、外观的要求和环境适应性要求等。项目开发方需要认真解读技术要求，必要时向需求方进行咨询，达到正确理解技术要求的各个条款，有时候甚至还要协助需求方对技术要求进行细化，从而明确项目要达到的标准和项目验收的依据。为了圆满实现项目的目标，这一阶段开发人员最好能够访问系统的最终用户，实地了解系统使用现场情况，与用户在系统功能和性能的要求上达成一致的理解。软件工程师一般都喜欢很快着手进行具体设计，但是一旦谈论程序设计的细节，就会脱离用户，使他们不能继续提出要求和建议，因此不能太急于着手进行具体设计。有些用户虽然了解他们需要解决的问题，但是不能完整、准确地表达出他们的要求，更不知道怎么利用计算机解决他们的问题；系统开发人员知道怎样使用软件实现人们的要求，但是对特定用户的具体要求并不完全清楚。因此，开发人员必须通过与用户充分的交流，对项目的工程背景和用户要求进行深入地了解，以得出经过用户确认的系统逻辑模型。这样可以在很大程度上减少以后各个阶段对系统进行反复修改。

### 4.2.1.2　可行性研究

在明确了用户对于测控系统的要求和项目的资源限制的基础上，重点考虑以下几个方面的问题：

（1）需要测量哪些物理量，这些物理的变化范围，它们各自的测试精度要求、速度要求等，这个工程同时为下一步结构设计阶段的硬件选型打下基础。

（2）实现系统目标的难易程度，例如设备故障诊断要远比设备状态监测困难，产品型式试验的程序要比产品出厂试验的程序复杂得多。

（3）数据如何保存，是文件的形式还是数据库形式，这涉及外加系统工具的问题。

（4）如果需要外部数据通信，采用外接形式，例如局域网、电话线、无线公用网络、数字电台等。

（5）如果是带有控制功能的系统，还包括控制目标、控制策略、控制精度等要求，以及执行器的类型等。

（6）其他要求，包括用户界面、报表生成和打印等，这部分属于一般功能，不应该对系统规模造成大的影响。

这个过程实际上是在比较抽象的高层次上进行分析和设计的过程，根据以上的分析提出一个可行性研究报告，从现有技术以及项目组掌握的技术、人力资源、开发经费与成本、社会条件等方面分析项目可行性，讨论项目的方案。

可行性研究报告内容一般包括：引言（编写目的、背景、定义、参考资料等）、前提（要求、目的、条件、假定、限制、进行可行性研究的方法、评价尺度）、现有系统分析（数据流程和处理流程、工作负荷、费用开支、人员、设备、局限性）、建议的系统（对该系统的说明、数据流程和处理流程、改进之处、影响、局限性、技术方面的可行性）、可选择的其他系统方案、投资以及收益分析（支出、收益、收益/投资比、投资回收周期、敏感性分析）、社会条件方面的可行性（法律方面的可行性、使用方面的可行性）以及结论。

可行性研究比较简短，不需要深入研究技术细节，而是研究问题的范围、解决问题的价值和可行的解决方法。完成这个阶段的工作主要依靠开发人员的经验和参考资料。在确定系统开发可行的情况下，要制定一个具体的项目开发计划，包括时间安排、人员安排、资金安排、设备安排等。可能参考以下内容编制项目开发计划：引言（编写目的、背景、定义、参考资料等）、项目概述（工作内容、主要参加人员、产品成果、验收标准、完成项目的最迟日期）、实施总计划（工作任务的分解、接口、人员、进度、预算、关键问题）、支持条件（计算机系统的支持、用户承担的工作、外单位提供的条件）、专题计划要点。

项目的人员安排是保证质量的前提，在项目计划中必须认真考虑这点。一般在开发过程中，需要有一位项目负责人，负责分析、设计和协调工作。项目负责人必须随时监控各开发人员的工作，包括内容是否与要求发生偏差、进度是否滞后等，同时必须给每个开发人员明确的任务书。

几个程序员完成不同层的代码（例如用户服务层、业务逻辑层、数据库服务层等），每个开发人员必须明确自己的任务，这些任务应当采用明确的文档来表示。同时，需要有一个文档整理人员随时整理系统开发过程中相差的文档。要配置一个测试工程师，专门进行软件测试工作，小的项目也可以由开发人员交叉测试。

#### 4.2.1.3 需求分析

需求分析阶段要对测控系统需要实现的各个功能进行详细分析，这个阶段的任务仍然不是具体地解决问题，而是准确地确定目标系统必须具备哪些功能。系统需求说明书是这个阶段输出的最重要的文档。系统需求说明书的目的是使用户和系统开发者双方对系统的初始规定有一个共同的认识和理解，使之成为整个开发工作的基础。

另外，应确保对项目远景有充分的认识，并花时间来记录和确定项目目标。在项目计划文档中描述测试系统的可交付项目。为了确保准确无误的理解，建议在文档中写明测试范围内容和非测试范围内容。与关键相关者一起确认该文档的内容，花时间逐一解释，并让他们在文档上签字。对于大多数项目，还是需要对范围变化进行一定程度的规划，因此，设计一个流程来管理这些变化是非常重要的。然后，制定一个简单的流程来管理资源的文档记录、考量、批准和分配。从项目一开始就要使用变更控制表格和更改日志，并与客户和项目团队讲解这些表格的使用方法。每个变更都要标明相应的成本和时间，使客户明确地了解其影响。遵循一个规范的流程有助于确保相关人员了解所要求的变更的商业价值。

可以参考如下内容编制系统需求说明书：引言（编写目的、背景、定义、参考资料等）、任务概述（目标、用户特点、假定与约束等）、需求规定（对功能的规定、对性能的规定、输入/输出要求、数据管理能力要求、故障处理要求、其他专门要求）、运行环境规定（设备、支撑系统、接口、控制、保密、安全）、验收规定（前提、依据、组织、环境）。这一阶段可以暂时不要考虑如何实现的细节问题，而从项目的总体上去考虑一个产品。

### 4.2.2 软件原型

软件项目可以大致分为专用软件和通用软件两大类。测控软件一般是专用软件，用户对于软件要完成哪些功能已经有了一个比较清楚的轮廓，而且往往在开发合同中已经大致地规定了。但是，开发合同上规定的只是一个大概的框架，在进入开发之前必须与用户进行比较具体的交流和讨论，了解清楚用户心目中的产品究竟是什么样子，这里最好就是根据客户的需要在很短的时间内采用原型化的方法做出一个可以演示的例子（Demo）给用户看，这个例子就是软件原型。软件原型只实现一部分最重要的功能，它的主要目的是为了确定用户的真正需求，再根据用户的意见修改这个软件原型，直到清楚地勾勒出软件的轮廓，并依此划分软件的逻辑结构。因此，软件原型是程序设计者与用户交流的一个有效工具。图形编程语言为编制软件原型提供了极大的便利。

### 4.2.3 文档管理

测控系统质量评审的一个主要标准就是每个阶段都应该交出和所开发的系统完全一致的高质量的文档资料，从而保证在工程结束时有一套完整准确的文档交付使用。精心编制的项目文档对于提高程序开发效率，便于系统维护和方便用户操作都有重要意义。在系统开发阶段，以文档作为通信的工具和备忘录，利用它们可以清楚、准确地说明一项工程各个阶段工作的要求和完成情况，同时确立下一步工作的基础。在系统运行阶段，文档是系统操作的指南和系统维护的向导。很多软件开发人员不愿意按照规定的格式认真、仔细地撰写文档，但是承担系统开发的管理者应该负起监督检查的责任，否则会给软件的维护带来极大的困难，而且一次人员流动可能会造成一个系统的死亡。所以在系统定义阶段就要高度重视文档的管理。需要建立若干文档编写模板，以便开发人员按照国家标准详尽地撰写技术文件作为产品支持，如果软件需要满足类似于 ISO9000 这样的质量标准，文件的格式和内容的详细程度也应该达到标准的要求。

## 4.3 虚拟仪器总体设计过程

虚拟仪器系统的设计和步骤与传统的仪器设计有较大的差异，这主要是由于数字化技术在虚拟仪器系统中的大量采用。同样，它与一般的软件开发也有较大不同，以为虚拟仪器系统的软件和系统硬件有紧密的关系。虚拟仪器系统的设计更像一般的测控系统设计。与通用测控系统设计相同，系统的维护与测试也应在总体设计阶段予以考虑。虚拟仪器的基本设计过程可表示为图 4-1 所示内容。

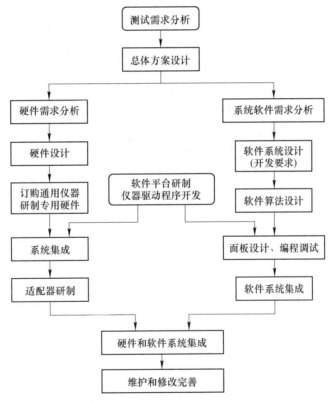

图 4-1　虚拟仪器的总体设计过程

本节分别对虚拟仪器的总体设计（硬件结构与软件体系设计）、程序编码、系统测试与维护进行研究探讨。

### 4.3.1　测试需求分析及虚拟仪器类型确定

由于虚拟仪器的种类较多，不同类型的虚拟仪器系统其硬件结构相差较大，因此在设计时必须首先确定类型。仪器类型的确定主要考虑以下几个方面：

（1）首先应当了解用户的测试需求，包括分析被测参数的形式（电量还是非电量、数字量还是模拟量）、范围和数量，性能指标（测量精度、速度）要求。

（2）激励信号的形式和范围要求。

（3）虚拟仪器系统所要完成的功能，显示、打印和操作要求。

（4）对系统的体积大小及应用环境的要求等。

（5）对象的要求及使用领域设计的虚拟系统首先要能满足应用要求，要能较好地完成测试任务，因此首先要根据测试要求选择满足要求的虚拟仪器类型。如在航天航空领域，对仪器的可靠性、快速性、稳定性等要求较高，一般选用 VXI 总线类型的虚拟仪器而对普通实验室用的测试系统，采用 PC 总线的测试仪器即可满足要求。

（6）系统成本，不同类型的虚拟仪器其构建成本不同，因此在满足应用要求的情况下，应结合系统成本考虑仪器的类型。

（7）开发资源的丰富性，为了加快虚拟仪器系统的开发，在满足测试应用要求和系统成本控制的情况下，应选择有较多硬件资源支持的仪器类型，如，随着 USB 总线和 IEEE1394 的发展和应用越来越广泛，传统的 RS-232 总线仪器和 GPIB 仪器在将来得到的支持将越来越少，因此应尽量少用这样接口类型的仪器，所选用的接口硬件是否有各种形式的驱动程序支持，也是在硬件设备选型时必须考虑的。

（8）系统的扩展和升级。由于测试任务的变换或要求的提高，需要对虚拟仪器系统进行扩展和升级，因此，在进行仪器类型的确定时，必须考虑这方面的问题。如在进行 VXI 总线仪器的设计时，在选择机箱的时候，要考虑插槽数。目前主板上有 ISA 总线插槽的台式计算机越来越少，因此在设计 PC-based 仪器时，应选择 PCI 总线、PCI Express 等总线的板卡。考虑到 USB 总线、LAN 总线及 LXI 总线等的广泛应用，也可选择此类的数据采集硬件设备。此外，由于虚拟仪器系统可根据用户要求进行定制，因此同样的硬件经不同的组合，再配合相应的虚拟仪器应用软件，可实现不同的功能，因此要考虑系统资源的再用性。

## 4.3.2 虚拟仪器硬件结构设计

采用虚拟仪器技术的测控系统在硬件方面不需要底层的开发，在需求分析已经非常明确的基础上，主要包括以下内容。

### 4.3.2.1 传感器和执行器的选型

传感器，也被称为转换器，能够将一种物理现象转换为可测量的电子信号。根据传感器类型的不同，其输出的可以是电压、电流、电阻，或是随着时间变化的其他电子属性。一些传感器可能需要额外的组件和电路来正确生成可以由 DAQ 设备准确和安全读取的信号。传感器是虚拟仪器的测试前端，是整个测控系统的基础。

虚拟仪器硬件设计的第一步工作，就是考虑采用何种原理的传感器，这需要根据项目总体方案设计和需求分析等多方面的因素来确定。因为，即使是测量同一物理量，也有多种原理的传感器可供选用，哪一种原理的传感器更为合适，则需要根据被测量的特点和传感器的使用条件考虑以下一些具体问题，如量程的大小、被测位置对传感器体积的要求、测量方式为接触式还是非接触式、信号的引出方法、有线或是非接触测量、传感器的来源、国产还是进口、价格能否承受，以及是否自行研制等。根据这些原则确定传感器的类型，然后根据传感器的灵敏度、频率响应特性、线性范围、稳定性、精度等具体的参数进行选择与定型。对于具有控制功能的系统，还需考虑执行器的设计与选型问题，例如速度调节装置、压力调节装置、流量调节装置等。

#### 4.3.2.2　信号调理设备的开发与选型

虚拟仪器测试系统输入的被测物理量经传感器转换后，可能是电阻、电容、电感等电参量或电荷、电压、电流等电信号，一般不能直接输入到数据采集卡中进行 A/D 转换，必须经过信号的调理变换。因此，信号调理设备应根据传感器来选择。例如，热电偶信号通常比较微弱，需要进行放大以及冷端补偿等处理才能输入到 A/D 电路中进行转换。还有一些传感器，如电阻温度传感器（RTD）、热敏电阻、应变计、石英晶体加速传感器（IEPE）等需外加激励才能工作。美国 NI 公司提供了多种传感器的信号调理设备，如 SCC 系列、SCXI 系列信号调理装置等，使用方便，与其生产的数据采集硬件及虚拟仪器开发软件实现了无缝链接，提高了系统的测量精度。当然，其他也有比较好的信号调理设备，一般都提供了虚拟仪器环境下的底层驱动程序及示例代码，也可以选用。另外，用户提出的一些特别情形下使用的简单的信号调理设备，可以进行自主研制和开发。在选用信号调理设备时，主要考虑信号的转换精度、工作可靠性和环境适应性等因素。

#### 4.3.2.3　选择数据采集设备

完成前述工作，就可以开始设计硬件架构了。大多数的开发人员直接将目光转移到市面上可提供其测量需求的仪器。但一个更好的方法是先找出一个合适的测试平台作为测试系统的核心。用户可从多个平台中进行选择，其中大部分平台都是基于四种最常用的仪器背板/总线——PXI、GPIB、USB 和 LAN。由于每种总线都有其优势和局限性，因此通常需要构建的是基于多个平台的混合测试系统。即便如此，一个最佳的做法是为测试架构挑选一个主要或核心平台。

如果项目开发要求较高，尤其是军用设备状态监控或故障诊断系统，推荐使用 NI 公司或国际、国内注流仪器生产厂商的设备作为核心平台，以保证系统精度与可靠性。NI 公司提供了大量的数据采集硬件，包括了各种价位、各种结构和总线的硬件设备，并提供了非常好的系统集成指南和技术工程师现场指导服务。如选用其他公司的产品，开发人员必须了解该产品与虚拟仪器开发平台（LabVIEW、LabWindows/CVI、Measurement Stutio）等的兼容性，以及其他一些与系统软硬件集成有关的特性，否则会给整个系统的后续开发增加困难。

### 4.3.3　虚拟仪器软件结构设计

软件结构设计阶段的主要任务设计虚拟仪器软件系统的整体架构。由于虚拟仪器系统是计算机系统与仪器系统的有机集成，因此其软件是一个典型的计算机软件。软件的结构设计与分析应该符合软件结构学的要求。为了有效地实现虚拟仪器软件设计，必须分析系统中所包含的元件结构与接口形式，提出符合一般虚拟仪器系统软件设计的基本范式，再将范式中的各个元件进行具体细化分析，为虚拟仪器的软件设计奠定基础。

#### 4.3.3.1　软件结构设计

虚拟仪器的灵活性主要体现在软件方面。虚拟仪器的硬件设备，可供开发者自定义的部分并不多。而虚拟仪器系统种类繁多的测试功能，都是通过软件来实现的。虚拟仪器系统的软件一般通过编程实现，因此非常灵活。开发者可以根据自己的需求，编写特定的测试任务，从而使得虚拟仪器系统可以完成任何类型的测试任务。

尽管各种虚拟仪器系统的功能大相径庭，界面也各具特色，但它们软件程序的结构都是类似的。因为任何一个虚拟仪器系统，只要它的功能适用于测试测量，就必然离不开数据采集、分析、显示这样几个基本步骤。

按照虚拟仪器系统软件中各个部分调用与被调用的关系，可以把它在纵向上划分为不同的层次。上层的程序调用下层的程序模块。一个比较常见的层次划分方法是把虚拟仪器的软件划分为高、中、低三个层次。

最上层是界面层，也可以称为交互层。它负责实现程序的界面以及与用户进行交互，并调用下层程序模块。

下面一层是功能层。一个虚拟仪器系统的软件按功能划分，一般有三个最主要的功能模块：数据采集、数据分析处理、数据显示（存储）。

最底层称为驱动层。程序各功能通过调用不同的驱动或者基础运算等来完成更为细致的功能。比如，数据采集模块需要调用数据采集设备的驱动程序；数据分析模块需要调用各种数学运算函数；数据显示和存储模块需要调用文件读写驱动、图形显示驱动等。

在设计虚拟仪器的软件时，通常是从总体到细节，也就是按照其层次结构由高到低地进行设计。

虚拟仪器软件设计，一般是从界面设计开始的。对虚拟仪器的配置，以及测试结果的显示都要通过界面完成，界面的好坏直接决定了用户对该软件的第一印象。因此界面是虚拟仪器至关重要的一部分。程序界面在收集软件需求时就会被确定下来，是整个程序中最先被确定下来的部分。因此，在编写程序时，也就自然而然的从界面部分开始。

在编写界面部分的程序时，程序中层的功能还没有实现，需要使用到哪些功能，就先放一个空的函数在那里，过后再实现它。上层程序编写完成，也就意味着中间层次所包含的功能模块被划分出来了。接下来，逐一实现中间一层的程序模块即可。

底层的程序模块并不总是需要虚拟仪器的开发者来实现。如果已有可以使用的功能模块，应当尽量借用已有程序以节省开发时间和成本。因此，在选择虚拟仪器系统的硬件设备和开发工具时，应当考虑选择那些有良好驱动程序的硬件，有丰富工具包的开发软件。

### 4.3.3.2 设计说明书拟定

结构设计阶段的输出文档是总体设计说明书。总体设计说明书要对系统总体结构做出说明。为系统的详细设计提供基础。可以参考以下内容编制总体设计说明书：引言（编写目的、背景、定义、参考资料等）、总体设计（需求规定、运行环境、基本设计概念和处理流程、结构、功能需求和程序的关系、人工处理阶段、尚未解决的问题）、接口设计（用户接口、外部接口、内部接口）、运行设计（运行模块组合、运行控制、运行时间）、系统数据结构设计（逻辑、物理、数据结构设计）、系统出错处理设计（出错信息、补救措施、系统维护）。

## 4.3.4 详细设计

总体设计阶段以比较抽象概括的方式提出了解决问题的方法。详细设计阶段的任务就是把方案具体化。这个阶段的任务还不是编写程序，而是设计出程序的详细规格说明，为程序编写打好基础。这种规格说明应该包含必要的细节，程序员可以根据它们写出实际的程序代码。

细节设计阶段的输出文档是详细设计说明书。详细设计说明书用来说明一个系统的各个层次中每个模块的设计方法。可以参考以下内容编制详细设计说明书：引言（编写目的、背景、定义、参考文献等）、系统的组织结构、各个模块设计说明。如果系统数据管理工作量比较大，应专门编写数据库设计说明书，对于设计中的数据库的所有标识符、逻辑结构和物理结构做出具体的设计规定。可以参考以下内容编制数据库设计说明书：引言（编写目的、背景、定义、参考资料等）、外部设计（标识符和状态、使用它的程序、约定、专门指导、支撑软件）、结构设计（概念、逻辑和物理结构设计）、运用设计（数据字典设计、安全保密设计）。如果系统比较简单、层次很少，也可不必单独编写详细设计说明书，相关内容可以并入总体设计说明书。

### 4.3.5　程序编码

程序编码阶段的任务是把详细设计的结果编写成图形或文本语言书写的程序，并且仔细测试编写出的每个软件模块。按照计划和分工由底层模块开始编写，再逐步向上集成，直到顶层程序。在进入编码工作之后，依然可能会发现前面分析或设计阶段的某些错误，这时应返回到前面的阶段进行必要的修改。

在程序编码中必须要制定统一的、符合标准的编写规范，并在编码过程中保持一致的风格，以保证程序的可读性、易维护性，提高工作效率。在程序中加入必要的注释说明，合理设计者修改与维护程序以及与其他设计者交流。虚拟仪器开发平台 LabVIEW、LabWindows/CVI 和 Measurement Studio 依托的语言平台均包含了有丰富的说明信息功能，便于开发人员在程序中嵌入足够的注释信息。编码阶段的输出文档包括用户手册和操作手册（使用说明）。

（1）用户手册。用户手册使用非专门术语充分地描述该系统所具有的功能以及基本的使用方法，使用户了解该系统的用途，以利于更充分地发挥系统功能。可以参考以下内容编写用户手册：引言（编写目的、背景、定义、参考资料）、用途（功能、性能、技术指标、安全保密）、运行环境（包括计算机软/硬件配置、数据采集和信号调理等设备、支持软件、数据结构）、使用过程（安装与初始化、输入、输出、文档查询、终端操作、帮助系统等）、非常规过程（例如出错处理与恢复等）、常用操作命令一览表。

（2）操作手册。操作手册是向操作人员提供该系统每一个运行的具体过程的相关知识，包括操作方法的细节，让用户正确使用与维护系统。可以参考以下内容编写操作手册：引言（编写目的、背景、定义、参考资料等）、系统概述（系统的结构、功能）、安装与初始化、运行说明（包括软件安装和硬件的连接与设置、运行步骤、关闭操作）、使用方法（包括前面板各个控件的作用，实现系统各种功能的操作方法等）、系统维护（使用环境发生变化时用户可以进行的设置修改，易损件的更换等由用户进行的维护方法）、非常规过程和远程操作。

### 4.3.6　系统测试

完成软件编写和硬件安装以后要经过严格的测试，以发现系统在整个设计过程中存在的问题并加以纠正。系统测试过程中需要建立详细的测试计划，并严格按照测试计划进行测试，以减少测试的随意性。测试计划应包括所测试系统的功能、输入和输出、测试内容、各项测试的进度安排、资源要求、测试资料、测试工具、测试用例的选择、测试的控制方法和过程、系统的配置方式、跟踪规则、测试规则、回归测试的规定以及评价标准。系统测试的对象不仅仅是软/硬件，还应该包括整个测控系统开发期间各个阶段所产生的文档，如需求规格说明、概要设计文件、详细设计文档等。

### 4.3.6.1 硬件测试

硬件是虚拟仪器系统的基础，正确的信号采集是系统能够实现其功能的必要前提。按测试环境可以把硬件测试分为实验室测试和现场测试两类。

进行实验室测试时，在开发环境中安装数据采集和信号调理设备，并且将外部模块的一个信号作为系统输入。模拟信号可以用多功能数据采集卡产生，也可能用电压源、电流源和外部特定激励源等产生。但是有时候开发者还无法获取与目标设备一致的硬件，NI公司为用户提供了进行此类测试的辅助工具，即MAX驱动系统中的"仿真设备"硬件，为用户的硬件测试提供了方便。

现场测试时直接用传感器信号作为系统输入，测试环境与将来系统的运行环境一致。按测试层次可以把硬件测试分为配置测试和模块测试。对于NI公司的硬件系统而言，可在MAX中进行系统的配置测试。这种测试与编程无关，主要是用来检验硬件的配置与功能。模块测试则是把与硬件相关的模块，如数据采集模块、信号调理模块等，置于相应原硬件工作环境中测试，如果模块测试显示的结果与MAX中的测试不一致，则说明编码有问题，应返回上一层进行修改。

### 4.3.6.2 软件测试

软件测试对于保证软件产品质量起着非常重要的作用。软件作为虚拟仪器系统的核心，在研制完成后的测试与更新修改是必不可少的。

软件测试最好由专门的软件测试工程师负责，没有条件配备测试工程师时也必须由同一项目组的其他人交叉测试。从是否关心软件内部结构和实现方法的角度，软件测试可分为白盒测试、黑盒测试和灰盒测试；从是否执行程序的角度，软件测试可分为静态测试和动态测试；按软件开发过程可以把软件测试划分为单元测试、集成测试、确认测试、系统测试和验收测试。

单元测试实际上是在代码编写阶段完成的。单元测试又称模块测试，是针对软件设计的最小单位——程序模块进行正确性检验的测试工作，主要任务是检查各个程序模块是否正确地实现了规定的功能。单元测试一般由代码编写者自行测试。单元测试主要采用白盒测试，从程序的内部结构出发，依据详细的设计说明书了解该模块的I/O条件和模块的逻辑结构，使之对任何合理的输入和不合理的输入都能鉴别和响应。在单元测试的开始，应对通过被测模块的数据流进行测试。图形化语言LabVIEW环境中的子VI具有单独执行的能力，非常便于程序模块的单元测试。开发人员每完成一个模块的编程可及时进行单元测试，给模块输入预期参数，根据模块的输出结果测试程序功能，发现问题及时修改。对于LabWindows/CVI等文本开发语言开发平台，则依据其强大的编译、调试功能，结合模块化、结构化的程序设计方法，对程序模块进行单元测试。

集成测试把已测试过的模块组装起来，发现并排除在模块连接中可能出现的问题。检查各个模块协同工作时在数据、功能等方面的兼容性。确认测试时要检查软件是否满足了需求规格说明书中确定的各种需求，以及软件配置是否完全、正确。确认测试一般采用黑盒测试。如果对模块运行时间有要求，还要专门进行性能测试，以确定影响模块运行时间的因素。同时，对其他软件需求，例如可移植性、兼容性、出错自动恢复、可维护性等，也都要进行测试。

### 4.3.6.3 验收测试

系统测试把已经经过确认的虚拟仪器系统纳入实际运行环境中，与计算机硬件、外设、某些支持软件等其他系统成分组合在一起，在实际运行环境下进行测试。对于虚拟仪器来说，特别强调与数据采集、通信设备等硬件组合。

验收测试是以用户为主的系统测试。软件开发人员和质量保证人员也应参加。由用户参加设计测试用例，使用应用中的实际数据进行测试。测试时严格遵守用户手册和操作手册中规定的使用步骤，以便检查这些文档资料的完整性和正确性。测试用例应由测试输入数据、测试执行步骤和与之对应的预期输出结果三部分组成。

### 4.3.6.4 测试报告

测试完成后应提交测试分析报告，把集成测试和确认测试的结果、发现以及分析写成文件加以记录。可以参考以下内容编制测试报告：引言、测试概要、测试条件、相关测试数据、测试结果以及对软件功能的分析、遗留问题等。

项目完成后还应该提交一份开发总结报告，总结本项目开发工作的经验，说明实际取得的开发结果以及对整个开发工作的各个方面的评价。可以参考以下内容编写开发总结报告：引言（编写目的、背景、定义、参考资料等）、实际开发结果（主要技术参数、功能和性能、基本流程、进度、费用）、开发工作的评价（对生产效率、产品质量和技术方法的评价，对出错原因的分析）、经验和教训。

## 4.3.7 系统维护

系统维护是系统生存周期中持续时间最长的阶段。在系统开发完成并投入使用后，要使系统能持久地满足用户的需求，延续系统的使用寿命，就必须对系统进行维护。系统的维护包括改正性维护、适应性维护、完善性维护和预防性维护。

具体来说，当系统在使用过程中发现错误时应该加以改正；当环境改变时应该修改系统以适应新的环境；当用户有新要求时应该及时改进系统以满足用户的新需要。每一项维护活动都应该经过提出维护要求、分析维护要求、提出维护方案、审批维护方案、确定维护计划、系统修改、系统测试、复查验收等一系列步骤。

虚拟仪器的用户使用计算机和理解软件的水平有非常大的差别，为了保证自己的产品使用时有良好的效果，必须非常注意用户的培训工作，许多大的公司设有专门的培训部门和培训师。如果在系统开发各个阶段都能够吸引用户积极参与，系统投入生产性运行以后用户就能够正确、有效地使用这个系统。

总之，虚拟仪器系统的设计过程是一个不断完善的过程，设计一个实际系统往往很难一次就设计完善，常常需要经过多次修改补充才能得到一个性能良好的虚拟仪器系统。

## 4.4　虚拟仪器硬件选型

虽然每个虚拟仪器中的数据采集系统都是根据其应用需求进行定义的，但是每个系统都具有共同的数据采集、分析与显示的步骤，都包括有原始信号、传感器或执行机构、信号调理、数据采集硬件设备和软件等部分。

对于虚拟仪器系统开发人员，应该首先选择一套能节省时间和资金的工作平台，该平台既能完全符合当前的开发要求，又能够随着将来的需求变化而灵活应变。在选定了系统平台和传输总线的基础上，面对种类繁多的数据采集设备，在硬件选型时需要重点考虑如下几个问题。

（1）应该确定需要测量或生成的信号的类型。对于不同类型的信号需要使用不同的测量或造成方式。传感器能将物理参数转化为可测量的电信号，如电压或电流等。同样，虚拟仪器系统也能生成一个可测量的电信号给执行器，产生一个物理现象。因此，设计虚拟仪器硬件系统时，确定了解所测试信号的类型与相应的属性是非常重要的，只有了解了测控系统中信号的类型，才能着手选择虚拟仪器硬件设备。

（2）正确选择数据采集装置的通道数目，确保通道数能满足采集数据的应用需要。

（3）判定待测信号的幅度是否在数据采集板卡的信号幅度范围以内。

采样率决定了数据采集设备的 ADC 每秒进行模数转换的次数。采样率越高，给定时间内采集到的数据越多，就能越好地反应原始信号。根据奈奎斯特采样定理，要在频域还原信号，采样率至少是信号最高频率的 2 倍；而要在时域还原信号，则采样率至少应该是信号最高频率的 5~10 倍。我们可以根据这样的采样率标准，来选择数据采集设备。

分辨率对应的是 ADC 用来表示模拟信号的位数。分辨率越高，整个信号范围被分割成的区间数目越多，能检测到的信号变化就越小。因此，当检测声音或振动等微小变化的信号时通常会选用分辨率高达 24bit 的数据采集产品。

除此以外，动态范围、稳定时间、噪声、通道间转换速率等，也可能是实际应用中需要考虑的硬件参数。这些参数都可以在产品的规格说明书中查找到。

最后一个需要考虑的问题是测量精度与最大误差的确定。精度是衡量一个仪器能否真实表示待测信号的性能指标。精度指标与分辨率无关，但是精度大小绝对不会超过仪表自身的分辨率大小。确定测量精度的方式往往取决于测量装置的类型。通常情况下，测量仪器所给出的输出值是带有一定的不确定度的，不确定度的大小由仪器的制造商给出，它取决于多种因素，如系统噪声、增益误差、偏移误差、非线性等。一般使用绝对精度来表征数据采集设备在一个特写的范围内所能给出的最大误差，以 NI 公司的某一数据采集设备为例，其绝对精度的计算方法如下：

绝对精度 = 读出值 × 增益误差 + （电压范围 × 偏移误差 + 噪声不确定度）= 2.2mV

需要说明的是，一个仪器的精度不仅取决于仪器本身，还取决于被测信号的类型。如果被测信号的噪声很大，则会对测量的精度产生不利的影响。高档次的数据采集设备可提供自校准、隔离等电路来提高其精度。常用虚拟仪器采集设备的精度范围很广，低的可能超过 100mV，精度高的则可能达到约 1mV，在虚拟仪器硬件选型过程中，应根据精度需求合理选择。

NI 公司提供了种类丰富的硬件设备以满足不同的测量与控制需求，其中包括数据采集（DAQ）硬件、实时测量与控制、PXI 与 CompactPCI、信号调理、开关、分布式 I/O、机器视觉、运动控制、GPIB、串口和仪器控制、声音与振动测量分析、PAC（可编程自动化控制器）、VXI 和 VME 等各种设备。另外，其他公司也提供了数量庞大，且与 LabVIEW 和 LabWindows/CVI 等软件兼容的虚拟仪器硬件平台，开发人员在使用中可根据具体情况进行选择。

### 4.4.1 信号调理模块的选择

一个典型的虚拟仪器中的通用 DAQ 设备可以测量或生成+/-5V 或+/-10V 的信号。而对于某些传感器所产生的信号，若直接使用 DAQ 设备进行测量或生成，则可能比较困难或会有危险。因此，大多数传感器需要对信号进行诸如放大或滤波之类的调理措施，才能使得 DAQ 设备有效、准确地测量信号。

例如，热电偶的输出信号通常需要放大，才能够使得模数转换器（ADC）的量程得到充分利用。此外，热电偶所测得的信号还可以通过低通滤波消除高频噪声，从而改善信号质量。信号调理所带来的好处是单纯的 DAQ 系统无法比拟的，它提高了 DAQ 系统本身的性能和测量精度。

通常情况下，可以根据项目需求，结合表 4-1 选用传感器，然后选择使用相应的信号调理措施。在选型时既可以添加外部信号调理措施，也选择使用具有内置信号调理功能的 DAQ 设备。许多 DAQ 设备还包括针对某些特定的传感器的内置接口，以方便传感器的集成。调理模块的选型可参照表 4-2~表 4-4，如果这三个表中没有相应的传感器和调理模块可供选择，开发人员应考虑市场上其他种类的传感器或专门定制及自己研制相应的传感器与调理电路。

表 4-1 传感器及信号调理措施

| 调理措施 | 放大 | 衰减 | 隔离 | 滤波 | 激励 | 线性化 | 冷端补偿 | 桥路补偿 |
|---|---|---|---|---|---|---|---|---|
| 热电偶 | √ | | | √ | | √ | √ | |
| 热敏电阻 | √ | | | √ | √ | √ | | |
| RTD | √ | | | √ | √ | √ | | |
| 应变片 | √ | | | √ | √ | √ | | √ |
| 力、压力、扭矩（mV/V，4~20mA） | √ | | | √ | √ | √ | | |
| 加速度计 | √ | | | √ | √ | √ | | |
| 麦克风 | √ | | | √ | | √ | | |
| 涡流传感器 | √ | | | √ | | √ | | |
| LVDT/RVDT | √ | | | √ | √ | √ | | |
| 高电压 | | √ | √ | | | | | |

表 4-2 虚拟仪器硬件——普通传感器调理模块选型

| 普通传感器 | 1~32 通道 | 33~256 通道 | 257~3072 通道 |
|---|---|---|---|
| 热电偶 | NI CompactDAQ SCC 系列 | NI CompactDAQ SCXI | SCXI |

续表 4-2

| 普通传感器 | 1~32 通道 | 33~256 通道 | 257~3072 通道 |
|---|---|---|---|
| RTD、热电阻 | NI CompactDAQ<br>SCC 系列 | NI CompactDAQ<br>SCXI | SCXI |
| 应变片 | NI CompactDAQ<br>SCC 系列 | NI CompactDAQ<br>SCXI | SCXI |
| 动态信号传感器<br>——声音与振动 | NI CompactDAQ<br>动态信号采集 | NI CompactDAQ<br>SCXI | SCXI |
| DC LVDT | 多功能 DAQ | SCXI | SCXI |
| AC LVDT | SCXI | | |

**表 4-3 虚拟仪器硬件——模拟输入信号调理模块选型**

| 模拟信号 | 1~32 通道 | 33~256 通道 | 257~3072 通道 |
|---|---|---|---|
| ±10 V DC | 多功能 DAQ | PXI 多功能 DAQ | PXI 多功能 DAQ |
| 0~20mA 输入 | NI CompactDAQ<br>SCC 系列<br>多功能 DAQ | NI CompactDAQ<br>SCC 系列<br>SCXI | SCXI |
| 0~20mA 输出 | NI CompactDAQ<br>模拟输入 | NI CompactDAQ<br>PXI 模拟输出<br>SCXI | PXI 模拟输出<br>SCXI |
| 毫伏，低于 10Hz | 多功能 DAQ<br>NI CompactDAQ | NI CompactDAQ<br>SCXI | SCXI |
| 毫伏，高于 10Hz | 多功能 DAQ<br>NI CompactDAQ | PXI 多功能 DAQ<br>NI CompactDAQ | PXI 多功能 DAQ |
| 电压输出 DC | NI CompactDAQ<br>模拟输出 | NI CompactDAQ<br>PXI 模拟输出<br>SCXI | SCXI |
| 电压输出 波形 | NI CompactDAQ<br>模拟输出 | NI CompactDAQ<br>PXI 模拟输出 | PXI 模拟输出 |
| 频率输入 | SCC 系列 | SCC 系列<br>SCXI | SCXI |
| 高带宽<br>（1MHz~2.7GHz） | 多功能 DAQ、高速数字化仪或 RF 信号分析仪 | | |
| 高电压输入<br>（10~1000V，DC） | NI CompactDAQ<br>SCC 系列<br>SCXI | SCXI | SCXI |
| 高电压输入<br>（10~300V，DC） | SC 系列<br>SCXI | SCXI | SCXI |
| 隔离电压输入 | 多功能 DAQ<br>NI CompactDAQ | NI CompactDAQ<br>SCXI | SCXI |
| 隔离电流输入 | 多功能 DAQ<br>NI CompactDAQ | NI CompactDAQ<br>SCXI | SCXI |

表 4-4　虚拟仪器硬件——定时器/计数器模块选型

| 数字与定时信号 | 1~96 通道 | 16~3072 通道 |
|---|---|---|
| 静态信号、继电器、<br>开关和 LED 等 | 数字 I/O<br>NI CompactDAQ | PXI 数字 I/O<br>SCXI 数字 I/O |
| 隔离输入/输出 | 工业数字 I/O<br>NI CompactDAQ | PXI 工业数字 I/O<br>SCXI 数字 I/O |
| 模式或握手 I/O<br>（高达 200MHz） | 高速数字 I/O | |
| 定时 I/O，脉冲 I/O<br>和频率 I/O 等 | 计数器/定时器 I/O<br>多功能 DAQ | R 系列 |

### 4.4.2　计算机总线的选择

用于虚拟仪器系统的数据采集（DAQ）设备最少有上百种，伴随各种各样的总线，依据应用需求选择合适的总线是比较困难的。每种总线都有不同的优点，例如在吞吐量、延迟、便携性或与主机的距离等方面具有不同的优势。本节探讨最常见的 PC 总线选型，并概述为测量应用选择合适的总线时，技术方面的考虑因素。图 4-2 是常见计算机总线的分层结构图。

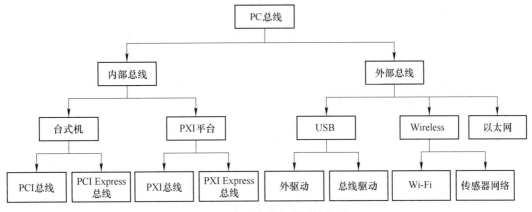

图 4-2　常见总线的分层结构图

#### 4.4.2.1　总线数据吞吐量

计算机总线的带宽是一定的，因而在一定的时间内总线能够传输的数据量是有限的。如果虚拟仪器应用中动态波形的测量比较重要，在系统构建时应注意选择足够带宽的总线。当总线选定后，总带宽可以在多个设备之间共享，也可以将带宽专用于某些设备。例如 PCI 总线 132MB/s 的理论带宽由机箱中的所有 PCI 板卡共享。千兆以太网的 125MB/s 的带宽在子网或网络设备间共享。如选择 PCI Express 和 PXI Express 这类提供专用带宽的总线，可以保证在每台设备上可提供最大的数据吞吐量。

当进行小型测量时，采样率和分辨率需要基于信号变化的速度来设置。计算时可以记录每个采样的字节数（向下一个字节取整），乘以采样速度，再乘以通道的数量，即可计算出所需的最小带宽。如一个 16 位设备（2 字节）以 4MS/s 的速度采样，四个通道上的总带宽为 32MB/s。

系统的总线带宽要能够支持数据采集的速度，需要注意的是，实际的系统带宽是低于理论总线带宽的限制。实际观察到的带宽取决于系统中设备的数量以及额外的总线载荷。设计系统时如果需要在多通道上传输大量数据，带宽将是选择数据采集设备总线时最重要的考虑因素。

#### 4.4.2.2    对单点 I/O 的要求

需要单点读写的应用程序往往取决于需要立即以及持续更新的 I/O 值。由于总线架构在软硬件中实现的不同方式，单点 I/O 的要求可能是成为选择总线的决定性因素。

总线延迟是 I/O 的响应时间。它是调用驱动软件函数和更新 I/O 实际硬件值之间的时间延迟。根据用户选择总线的不同，延迟可以从不足一微秒到几十毫秒。例如，在一个比例积分微分（PID）控制系统中，总线延迟可以直接影响控制回路的最快速度。

单点 I/O 应用的另一个重要因素是确定性，也就是衡量 I/O 能够按时完成测量的持续性。与 I/O 通信时，延迟相同的总线比有不同响应的总线确定性要强。确定性对于控制应用十分重要，因为它直接影响控制回路的稳定性。许多控制算法的设计期望就是控制回路总是以恒定速率执行。预期速率产生任何的偏差，都会降低整个控制系统的有效性和稳定性。因此，实现闭环控制应用时，应该避免高延迟、确定性差的总线，如无线、以太网或 USB。

软件在总线的延迟和确定性方面起着重要的作用。支持实时操作系统的总线和软件驱动提供了最佳的确定性，因此也为用户提供了最高的性能。一般情况下，对于低延迟的单点 I/O 应用来说，PCI Express 和 PXI Express 等内部总线比 USB 或无线等外部总线更好。

#### 4.4.2.3    多设备同步需求

许多测量系统都有复杂的同步需求，包括同步数百个输入通道和多种类型的仪器。例如，一个激励—响应系统可能需要输出通道与输入通道共享相同的采样时钟和触发信号，从而使 I/O 信号具有相关性以更好地分析结果。不同总线上的数据采集设备提供不同的方式来实现同步。多个设备同步测量的最简单的方法就是共享时钟和触发。许多数据采集设备提供可编程数字通道用于导入和导出时钟和触发。有些设备甚至还提供专用的 BNC 接头的触发线。这些外部触发线在 USB 和以太网设备上十分常见，因为这些 DAQ 硬件处于 PC 机箱外部。然而，某些总线内置有额外的时钟和触发线，使得多设备的同步变得非常容易。PCI 和 PCI Express 板卡提供实时系统集成（Real Time System Integration，RTSI）总线，由此桌面系统上的多块电路板可以在机箱内直接连接在一起。这就免除了额外通过前连接器连线的需要，简化了 I/O 连接。

用于同步多个设备的最佳总线选件是 PXI 平台，包括 PXI 和 PXI Express。这种开放式标准是专门为高性能同步和触发设计的，为同一机箱内同步 I/O 模块以及多机箱同步提供了多种选件。

#### 4.4.2.4    系统对便携性的要求

便携式计算的极速增长是毋庸置疑的，为基于 PC 的数据采集提供了许多新的创新方式。便携性是许多应用的一个重要部分，也可能成为总线选择的首要考虑因素。例如，车载数据采集应用得益于结构紧凑，易于运输的硬件。如 USB 和以太网等外部总线，因为其快速的硬件安装以及与笔记本电脑的兼容性，特别适用于便携式数据采集系统。总线供电的 USB 设备提供了更多的便利，因为它们并不需要一个单独的电源供电。使用无线数据传输总线也可提高便携性，因为当计算机保持不动时，测量硬件本身可以移动。

#### 4.4.2.5 计算机与被测对象间的距离

各个数据采集应用不同，需要测量的物体和计算机之间的距离也各有不同。为了达到最佳的信号完整性和测量精度，应该尽可能地将 DAQ 硬件靠近信号源。但这对于大型的分布式测量，如结构健康监测或环境监测来说就十分困难。将长电缆跨过桥梁或工厂车间成本昂贵，还可能会导致信号嘈杂。这个问题的一个解决方案就是使用便携式计算平台，将整个系统移近信号源。借助于无线通讯技术，计算机和测量硬件之间的物理连接已完全移除，且可以采取分布式测量，将数据发回到一个集中地点。

在上述分析的基础上，可以总结出大部分常用数据采集总线的选择依据，如表 4-5 所示（该表列出了基于应用需求的总线选择指南及 NI 产品范例）。

表 4-5 常用数据采集总线选择指南

| 总 线 | 带 宽 | 单点 I/O | 多设备 | 便携性 | 分布式测量 | 范 例 |
|---|---|---|---|---|---|---|
| PCI | 132MB/s（共享） | 最好 | 更好 | 好 | 好 | M 系列 |
| PCI Express | 250MB/s（每通道） | 最好 | 更好 | 好 | 好 | X 系列 |
| >PXI | 132MB/s（共享） | 最好 | 最好 | 更好 | 更好 | M 系列 |
| PXI Express | 250MB/s（每通道） | 最好 | 最好 | 更好 | 更好 | X 系列 |
| USB | 60MB/s | 更好 | 好 | 最好 | 更好 | NI CompactDAQ |
| 以太网 | 125MB/s（共享） | 好 | 好 | 最好 | 最好 | NI CompactDAQ |
| 无线 | 6.75MB/s（每个 802.11g 通道） | 好 | 好 | 最好 | 最好 | 无线 NI CompactDAQ |

### 4.4.3 主控计算机的选型

一般情况下，可用于虚拟仪器系统中进行数据采集的电脑共有五种，即 PXI 总线电脑、台式机、工控机、笔记本电脑和平板电脑。计算机主要用来与数据采集硬件进行通信和控制，因而其选型必须依据数据分析需求，如系统工作环境、系统需根据通道数量等。表 4-6 列出了最常用的数据采集电脑的选型参数，用户可参考该指南选择计算机。

表 4-6 常用数据采集计算机选型指南

| 计算机类型 | PXI 系统 | 台式机 | 工控机 | 笔记本电脑 | 平板电脑 |
|---|---|---|---|---|---|
| 处理能力 | 最好 | 最好 | 更好 | 更好 | 好 |
| OS 兼容性 | 最好 | 最好 | 好 | 更好 | 好 |
| 模块化 | 最好 | 更好 | 更好 | 好 | 好 |
| 坚固性 | 更好 | 更好 | 最好 | 好 | 好 |
| 便携性 | 更好 | 好 | 好 | 最好 | 最好 |
| 成本 | 好 | 更好 | 好 | 更好 | 最好 |

### 4.4.4 虚拟仪器设备驱动

LabVIEW 与 LabWindows/CVI 等虚拟仪器开发平台能够进行数据采集与测试控制的前提是数据采集硬件的正确识别与配置。NI 公司提供了 Measurement & Automation Explorer（MAX）软件，可用于访问该公司所有的硬件设备和系统，其功能包括配置 NI 硬件和软件，创建和编辑通道、任务、接口、换算和虚拟仪器，进行系统诊断，查看与系统连接的设备和仪器，以及更新 NI 软件等。但对于其他公司所提供的硬件设备，必须由生产商或开发人员编写相应的硬件驱动程序，以实现与虚拟仪器开发平台的无缝链接与控制。

#### 4.4.4.1 配置与管理软件 MAX

MAX 软件是 NI 提供的方便与 NI 硬件产品交互的免费配置管理软件。MAX 可以识别和检测 NI 的硬件；可以通过简单的设置，无需编程就能实现数据采集功能；在 MAX 中还可以创建数据采集任务，直接导入 LabVIEW，并自动生成 LabVIEW 代码。所以，熟练掌握 MAX 的使用方法，对提高虚拟仪器系统和数据采集项目的开发是十分重要的。MAX 软件既可在硬件产品的配套驱动盘中提供，也可以在 NI 网站上下载最新版本的程序。NI 的数据采集硬件产品对应的驱动是 DAQmx，在安装 DAQmx 驱动时，默认会附带安装上 MAX，所以，DAQmx 驱动安装成功后，在计算机桌面上会出现 MAX 的快速方式图标。下面举例演示其用法。

在桌面上单击 MAX 图标启动该软件，在 MAX 窗口位于左边的配置树形目录中，展开"我的系统→设备和接口"，在该选项下可浏览所有连接在本台电脑上的 NI 数据采集硬件设备。现在用于演示的计算机上连接了 NI SCXI1000 模块化信号调理机箱，所以在设备和接口下层选项中出现了 NI SCXI-1600 数字化仪、NI SCXI-1530 振动传感器信号调理卡和 NI SCXI-1125 通用 8 通道信号调理卡等设备，如图 4-3 所示。

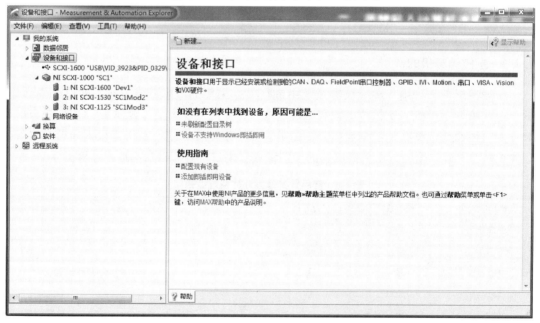

图 4-3　MAX 下的虚拟仪器硬件设备

用鼠标右键点击选中的硬件设备，可以进行一系列操作，如图 4-4 中弹出的菜单所示。首先可以对产品进行重置，完成产品的复位和重启动操作。其次可以对产品进行自检，通过自检说明板卡工作在正常状态，如果板卡发生了硬件损坏，MAX 将报出自检失败的信息。同时，可以更改设备名，当系统中使用多个数据采集模块时，给每个模块一个有意义的命名，可以帮助我们区分模块，并且在编程选择设备的时候提高程序的可读性。另外，选择"设备引脚"，将显示硬件引脚定义图，便于连线。

鼠标左键点击设备名，在中间的窗口中会显示硬件相关信息如设置、外部校准和自校准等信息。如果没有现成的数据采集硬件设备，但希望运行 LabVIEW 程序验证一下硬件功能，还可以在 MAX 下仿真一块硬件。方法是鼠标右键点击"设备和接口"，选择"创建..."，然后弹出新建设备窗口，可选择设备和接口树形控件中的"仿真 NI-DAQmx 设备或模块化仪器"

图 4-4　右键快捷菜单功能

选项，双击后弹出创建 NI-DAQmx 仿真设备窗口如图 4-5 所示，在其中选择仿真板卡的型号，最后生成仿真设备，如图 4-6 所示。

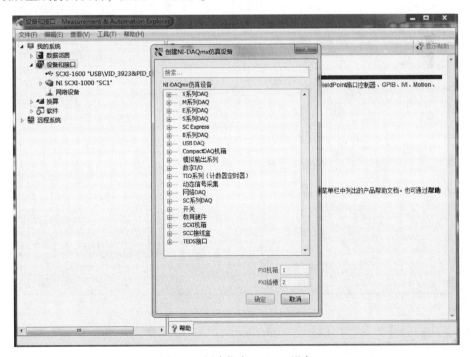

图 4-5　创建仿真 DAQmx 设备

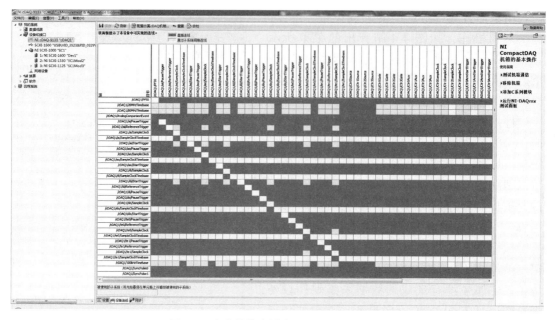

图 4-6 生成的仿真设备（NI cDAQ-9133）

可以在 MAX 下无须编程实现数据采集功能，方法是利用测试面板实现。NI SCXI-1125 信号调理卡通过信号连接端子板 SCXI-1338 从第 0 通道连续输入一个正弦波，如图 4-7 所示。由于待采集的信号和数据采集板卡不共地，所以使用差分输入的模式，以去除共模电压。

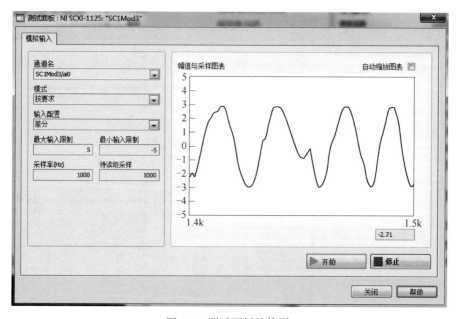

图 4-7 测试面板的使用

### 4.4.4.2 使用硬件设备的 C 语言程序

对于其他第三方硬件设备，如果没有提供 LabVIEW 驱动程序，则可能会提供 C 语言驱动程序。C 语言驱动程序一般以动态链接库（DLL）的形式提供，一种比较好的办法是先把 C 语言驱动程序包装成 LabVIEW 驱动程序的形式，然后在 LabVIEW 中使用。简单的包装方式可以使用 LabVIEW 中的"导入共享库"工具，把 DLL 中的函数全部导入 LabVIEW，包装成 VI。在测试程序中使用 VI 形式提供的驱动程序功能要比直接使用 CIN 方便得多，因为 VI 中可以包含更多的信息，比如关于函数功能的说明、参数的取值范围和功能等。

如果某个驱动程序使用的频率较高，就值得花时间将其设计得更专业和易用。如果重新设计驱动程序结构，就可以不局限于把每个 DLL 函数包装成一个 VI，而是可以按照在 LabVIEW 下使用该仪器最自然的方式设计驱动程序中每个 VI 的功能。一个 VI 中也许会调用多个 DLL 函数，这样的 VI 的功能可能更强大。编写这类驱动程序时，可以参考在 LabVIEW 中使用 IVI 仪器驱动程序，IVI 也是通过包装 DLL 的方式实现的。

### 4.4.4.3　可互换虚拟仪器驱动程序 IVI

IVI 技术规范是 IVI 基金会在 VPP 规范的基础上定义仪器的标准接口、通用结构和实现方法，用于开发一种可互换、高性能、更易于开发维护的仪器的编程模型。IVI 引入了属性管理机制，其模型中的 IVI 引擎可实现状态存储功能。VPP 驱动程序总是假设仪器状态是未知的，因此，每个测量函数在进行测量操作之前都要对仪器进行设置，而不管仪器在此之前是否被配置过。而 IVI 驱动器通过状态缓存能自动存储仪器的当前状态。一个 IVI 仪器驱动程序函数只有在仪器当前设置和函数所要求的值不一致时，才执行 I/O 操作，而不是每次都对仪器的所有参数进行重新配置，这样 IVI 引擎可以避免发送冗余的仪器配置命令，从而优化程序运行时的性能，极大地缩短测试时间。

为了实现互换性，IVI 基金会将同类别仪器的共性提取出来，并制定了每个类别的规范。每一类仪器都有各自的"类驱动程序"（IVI Class Driver）。类驱动程序包含了该类仪器通用的各种属性和操作函数。运行时，类驱动程序通过调用每台仪器的专用驱动程序（IVI Specific Driver）中相应的函数来控制仪器。例如，IviDmm 是数字万用表类的类驱动程序。

计算机上可能安装有同一个类型的多种型号仪器的专用驱动程序。类驱动程序应当调用哪一个专用驱动程序可能在 IVI 配置文件中指定。通过 MAX 软件可以比较直观地修改 IVI 配置文件中的设置。

为了实现仪器互换，在编写测控程序时，程序中调用的是类驱动程序。类驱动程序检查 IVI 配置文件，以确定应该使用的专用驱动程序。若系统中的仪器更换，则只需适当修改 IVI 配置文件，而应用程序无须作任何改动，因而实现了测试系统的通用性。VI 驱动程序相对于传统仪器而言，更适用于应用和大型测控系统的搭建。

## 4.5　虚拟仪器软件开发环境的选择

### 4.5.1　虚拟仪器的软件开发环境

虚拟仪器系统的核心技术是软件技术，一个现代化测控系统性能的优劣很大程度上取决于软件平台的选择与应用软件的设计。

目前，能够用于虚拟仪器系统开发、比较成熟的软件开发平台主要有两大类：一类是通用的可视化软件编程环境，主要有 Microsoft 公司的 Visual C++、Visual Basic 和 Inprise 公司的 Delphi 和 C++ Builder 等；另一类是一些公司推出的专用于虚拟仪器开发软件编程环境，主要有 Agilent 公司的图形化编程环境 Agilent VEE、NI 公司的图形化编程环境 LabVIEW、文本编程环境 LabWindows/CVI 和 Measurement Studio 软件包。

在这些软件开发环境中，面向仪器的交互式 C 语言开发平台 LabWindows/CVI 具有编程方法简单直观、提供程序代码自动生成功能及有大量符合 VPP 规范的仪器驱动程序源代码可供参考和使用等优点，是国内虚拟仪器系统集成商使用较多的软件编程环境。Agilent VEE 和 LabVIEW 则是一种图形化编程环境或称为 G 语言编程环境，采用了不同于文本编程语言的流程图式编程方式，十分适合对软件编程了解较少的工程技术人员使用。

此外，作为虚拟仪器软件主要供应商的 NI 公司还推出了用于数据采集、自动测试、工业控制与自动化等领域的多种设备驱动软件和应用软件，包括 LabVIEW 的实时应用版本 LabVIEW RT、工业自动化软件 BridgeVIEW、工业组态软件 Lookout、基于 Excel 的测量与自动化软件 Measure、即时可用的虚拟仪器平台 VirtualBench、生理数据采集与分析软件 BioBench、测试执行与管理软件 TestStand，还包括 NI-488.2、NI-VISA、NI-VXI、NI-DAQ、NI-IMAQ、NI-CAN、NI-FBUS 等设备驱动软件，以及各种 LabVIEW 和 LabWindows/CVI 的扩展软件工具包。虚拟仪器开发人员可以根据实际情况做出选择。如选择 NI 公司的软件开发环境，可按表 4-7 所给出的选择指南进行。

**表 4-7　虚拟仪器应用软件开发环境选择指南**

| 编程环境 | LabVIEW | LabWindows/CVI | Microsoft Visual Studio |
|---|---|---|---|
| 易用性 | 最好 | 更好 | 更好 |
| 测量与分析能力 | 最好 | 最好 | 好 |
| 驱动软件集成特性 | 最好 | 最好 | 好 |
| 培训和支持 | 最好 | 最好 | 更好 |
| 平台无关性 | 最好 | 更好 | 更好 |
| 数据和报告显示特性 | 最好 | 更好 | 好 |
| 防过时特性 | 最好 | 最好 | 更好 |

## 4.5.2　虚拟仪器的软件设计

为了保证虚拟仪器软件具有较高的可行性和可用性及良好的可移植性和兼容性，在进行软件设计时，应按照软件工程提出的软件设计过程和方法进行，具体应注意以下几点：

（1）采用自顶向下的软件设计方法，首先完成软件的需求分析、系统功能分析和结构分析，通过逐层分解和逐级抽象，建立软件的层次化结构框图，确定各部分析功能及相互关系，然后根据软件的结构框图，划分程序模块，最后再开始具体的编程工作。

（2）在软件系统分析和编程过程中，应注意采用模块化和面向对象的软件设计方法，特别要重视一些可重用的基本软件模块，以提高软件的灵活性、移植性和可维护性，降低系统的复杂程度。

（3）虚拟仪器软件应具有较高的可靠性。系统不能因测试人员的操作失误而导致崩溃，也不能因环境干扰或其他问题导致故障蔓延和丢失信息。在系统软件设计和实现过程中，应对此给予充分的重视。

（4）虚拟仪器软件设计要符合一些相关规范的要求，如 VPP 规范或 IVI 规范等，选择符合规范的软件开发环境和仪器驱动程序，保证应用软件的可移植性和兼容性。

（5）采用图形化用户界面设计技术和可视化编程技术，提供切合实际需要和友好的人机交互界面，提供完善的帮助信息和快捷简便的帮助信息访问手段，提高软件的可用性。

（6）采用自顶向下和自底向上相结合的方法进行软件调试。将整个软件调试过程分为模块调试、子系统调试、系统联调、试运行一个步骤，对所设计的软件进行完全的测试和诊断，发现和纠正编程和设计错误，开发出合格的软件产品。

# 第 2 篇　虚拟仪器的软件开发环境与软件设计

在本篇中主要介绍图形化虚拟仪器开发语言 LabVIEW 的编程环境、编程技术和程序设计方法，并通过实例简述使用 LabVIEW 编程环境设计虚拟仪器的方法。

# 第 5 章　LabVIEW 开发环境与软件设计

在测控和数据采集等类虚拟仪器系统中，"硬件就是前端，软件就是仪器"体现了现代智能测控系统的精髓，由此可以看出虚拟仪器的软件是构建设备测控、数据采集等系统的关键部分。无论对于开发人员还是用户，最终都是利用计算机技术实现和扩展传统仪器的功能，既然是使用计算机，自然离不开计算机编程。在开发、推广虚拟仪器编程技术方面，NI 公司不仅为广大用户提供构成完整的虚拟仪器系统所需的各种硬件，同时也为不同层次的用户提供了简单、方便的虚拟仪器开发平台。本章将介绍 NI 公司的图形化虚拟仪器开发语言 LabVIEW 的基本概念、程序结构、输入输出原理以及如何使用 LabVIEW 的集成开发环境等内容。

## 5.1　LabVIEW 基础

LabVIEW 自问世以来，经历了一个快速发展的过程，如今已被广大用户所认可。它是当前测控领域的技术热点，也代表着未来虚拟仪器的发展方向。LabVIEW 是图形化的编程语言，类似于传统的文本编程语言中的函数或子程序，所开发的程序或软件被称为虚拟仪器。LabVIEW 的软件的编制的操作界面与实际仪器几乎完全一样，而功能甚至比现实中的传统仪器还要强大。

LabVIEW 包含了大量的控件、工具和函数，用于数据采集、信号分析、结果显示与数据存储等操作。同时，也提供了众多的接口，能与 DLL、Visual C++、Visual Basic、MATLAB 等多种软件互相调用。当开发人员利用 LabVIEW 自身配备的工具不能完成某些开发任务时，可调用软件所附带的扩展包库函数，如专业的数据采集和处理工具包等，完成复杂的专业数学分析和信号处理等。它也提供了功能极为强大的仪器驱动库，与多种仪器进行连接。

LabVIEW 可以编写出界面美观、功能强大的程序，编程手段形象生成，使初学者很容易入门，有一定基础的人能够很快地掌握种类编程技巧。编程时需要某个控件可直接拖动至目标位置，找到相应的接线端子进行连接设置后即可传输数据，省去了传统语言的源代码编写和参数传递的设置，非常方便。

LabVIEW 选板、工具和菜单用于创建 VI 的前面板和程序框图。LabVIEW 有三个选板：控件选板、函数选板和工具选板。LabVIEW 中还包括启动窗口、即时帮助窗口、项目浏览器及导航窗口。可自定义控件和函数选板并设置其他的工作环境选项。

### 5.1.1　LabVIEW 的项目

LabVIEW 项目能够组织 VI 和其他 LabVIEW 文件，也包括非 LabVIEW 文件，如文档和其他可能用到的文件。保存项目后，LabVIEW 会创建项目文件（.lvproj）。除了保存项目中包含的相关文件的信息之外，项目文件还保存项目的配置、编译和开发信息。

#### 5.1.1.1　项目浏览器

项目浏览器窗口是创建和编辑 LabVIEW 项目的界面，图 5-1 是 LabVIEW 的启动窗口。在启动窗口上从菜单文件→新建项目打开项目管理器，也可直接点击创建项目命令按钮，创建新建的项目，如图 5-2 所示。

图 5-1　LabVIEW 启动窗口

项目以包含子项的树目录形式显示。如图 5-3 所示，根项目是"未命名项目 1"，显示项目文件的名称并包含所有的项目内容。下一项是"我的电脑"，它代表了作为项目中目标对象之一的计算机。

注意：目标对象是部署使用 VI 的地方，目标对象可以是本地计算机、LabVIEW RT 控制器、个人掌上电脑（PDA）、LabVIEW FPGA 设备或任何可以运行 VI 的地方。通过右键单击工程根部并在弹出菜单中选择"新建→目标或设备"，可以为项目添加目标对象。为了添加目标对象，还需要安装合适的 LabVIEW 附加模块。例如，LabVIEW RT、FPGA 和 PDA 模块，可以将这些对象添加到项目中。

图 5-2　LabVIEW 新建项目

"我的电脑"目标对象下是"依赖关系"和"程序生成规范"。依赖关系是项目中的 VI 需要的相关对象。程序生成规范定义如何部署应用软件的规则。

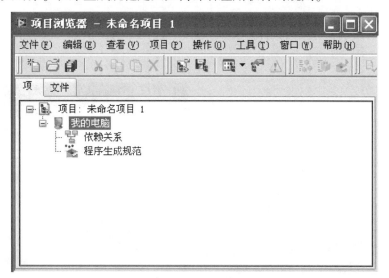

图 5-3　项目浏览器显示新建的空白项目

### 5.1.1.2　项目浏览器工具条

项目管理器包含许多工具，使得执行常用操作非常简捷。如图 5-4 所示，分别是标准、项目、生成和源代码控制工具条（依次从左至右）。

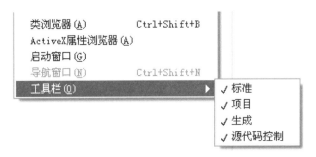

图 5-4　项目管理器工具条

从查看→工具栏菜单中可以选择是否显示这些工具条，或双击工具条从弹出菜单（见图 5-5）中选择想要显示的工具条。

|  |  |
|---|---|
| 类浏览器(A) | Ctrl+Shift+B |
| ActiveX属性浏览器(A) | |
| 启动窗口(G) | |
| 导航窗口(N) | Ctrl+Shift+N |
| 工具栏(O) ▶ | ✓ 标准 |
| | ✓ 项目 |
| | ✓ 生成 |
| | ✓ 源代码控制 |

图 5-5　工具条弹出菜单显示哪些工具条是可见的

### 5.1.1.3　向项目添加对象

在项目的"我的电脑"目标对象下可以添加新的内容，也可以创建子目录，以便更好地进行项目内容的管理。向项目中添加新内容有多种方法，弹出快捷菜单是添加新 VI 和创建新子目录的最便捷的方法，如图 5-6 所示。

也可从弹出菜单中添加项目，但最快捷的方法是从磁盘中拖对象或目录到项目管理器窗口中。也可以将 VI 的图标（在前面板或框图窗口的右上角）拖到目标对象中。

### 5.1.1.4　项目子目录

项目子目录用来管理项目文件。例如，可以为子 VI 创建子目录，为项目文档创建另外的子目录，如图 5-7 所示。

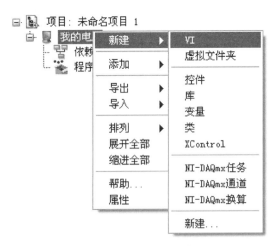

图 5-6　在项目管理器中添加新 VI

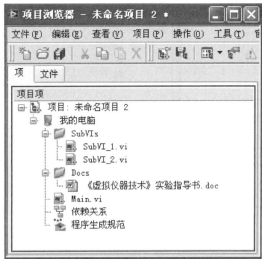

图 5-7　项目管理器的子目录树结构

5.1.1.5  应用程序编译、安装、DLL、源代码发布和 Zip 文件

项目开发环境提供了由 VI 创建软件产品的功能。要使用该功能，可从项目管理器中的程序生成规范节点上弹出菜单，然后在新建→子菜单项中选择一种编译输出类型（如图 5-8 所示）。

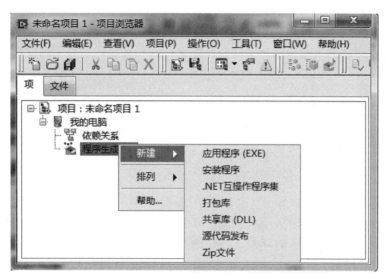

图 5-8  项目管理器编译选项

可以选择以下各选项：

（1）应用程序（EXE）。使用单机应用程序为其他用户提供可执行版本的 VI。当用户要在不安装 LabVIEW 开发系统的情况下运行 VI 时，该功能是很有用的。Windows 应用程序的扩展名为 .exe。

（2）安装程序。使用安装程序发布由 Application Builder 创建的单机应用程序、共享库和源代码发布。安装程序包括 LabVIEW RT 引擎。如果用户要在不安装 LabVIEW 的情况下运行应用程序或使用共享库，LabVIEW RT 引擎是非常有用的。

（3）.NET 互操作程序集。生成 .NET 互操作程序集时，LabVIEW 直接将简单数据类型转换为相应的 .NET 数据类型。例如，数值、布尔值、字符串、简单数据类型的数组，等等。对于 LabVIEW 特有的数据类型，需在生成的程序中定义新的 .NET 数据类型。例如，簇、波形、复数、引用句柄、LabVIEW 类，等等。在 .NET 编程环境中生成 .NET 程序集并查看程序集的 manifest 文件，可查看 LabVIEW 如何将自有的数据类型转换为 .NET 数据类型。也可使用 MSDN 提供的 MSIL Disassembler 工具查看生成的程序集。下面简要介绍了 LabVIEW 如何将簇、枚举型控件、LabVIEW 类转换为 .NET 数据类型。

（4）打包库。LabVIEW 打包项目库是将多个文件打包至一个文件的项目库，文件扩展名为 .lvlibp。打包库的顶层文件是一个项目库。

（5）共享库（Shared Library）。如果想要用文本编程语言如 NI LabWindows/CVI、Microsoft Visual C++和 Microsoft Visual Basic 等调用 VI，就要使用共享库。共享库为 LabVIEW 之外的编程语言提供了访问 LabVIEW 开发的代码的方法。当与其他开发者共享建立的功能 VI 时，共享库是很有用的。其他开发者可以使用共享库，但是不能编辑或查看框图。

除非被允许调试。Windows 共享库的扩展名为 . Dll。

（6）源代码发布。源代码发布用于打包源文件。如果要将代码发送到其他使用 Lab-VIEW 的开发者，源代码发布是很有用的。用户可为指定的 VI 配置参数，以添加口令、删除框图或使用其他设置。也可以在源代码发布中为 VI 选择不同的目标目录，而不会断开 VI 和子 VI 之间的链接。

（7）Zip 文件。将多个文件或整个 LabVIEW 工程以单个便携式文件发布时，可以使用 Zip 文件，Zip 文件包含发送给用户文件的压缩文件。如果要将仪器驱动文件或源文件分发到其他 LabVIEW 用户，压缩文件是十分有用的。也可以使用 Zip VI 编程创建压缩文件。

### 5.1.2 LabVIEW 的构成

LabVIEW 的所有 VI 都由前面板（Front Panel）、程序框图（Block Diagram）及图标和连线板（Icon and Connector）三部分组成。

#### 5.1.2.1 前面板

前面板是虚拟仪器的用户界面，也是 VI 的虚拟仪器面板。前面板的示例如图 5-9 所示。前面板上的各种控件根据输入/输出功能可分为输入型控件（Control）和显示型控制（Indicator）两类，这些控件是 VI 的输入/输出端口。输入控件是指数值型输入控件、时间标识输入控件、旋钮、按钮、垂直和水平填充滑动杆、字符串输入控件和路径输入控件等，显示控件是指图标、指示灯等显示装置。输入控件模拟传统仪器的输入装置，为 VI 的程序框图提供输入数据，显示控件模拟传统仪器的输出显示装置，用以显示程序框图获取或生成的数据。

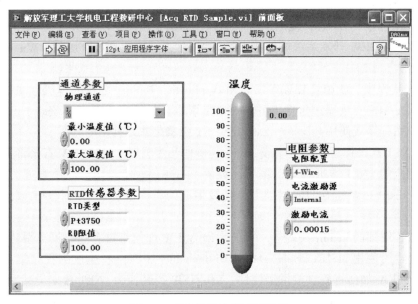

图 5-9 虚拟仪器的前面板示例

#### 5.1.2.2 程序框图

程序框图对应于传统仪器里的各种控制功能电路，由图形化的函数构成，用来控制前面板上的控件对象。程序框图是图形化源代码的集合，又称为 G 代码或程序框图代码。前面板上的大多数控件在程序框图中有匹配的对象，称之为接线端。程序框图上还包括一些只在后台运行的函数、结构和连线等。程序框图是编程的重点，也是编程的难点。

图 5-10 所示的简单 VI，可以计算两数之和，其程序框图如图 5-11 所示。程序框图中显示了端子、节点和连线示例。

图 5-10　包含数据输入控件和数据　　　　图 5-11　包含端子、节点和连线的
　　　显示指示器的 Add. vi 前面板　　　　　　　Add. vi 框图（函数的源代码）

当放置控件和指示器到前面板上时，LabVIEW 自动在框图中创建对应的端子。默认情况下，不能删除框图上属于控件和指示器的端子，即使有时想这么做，也只有在前面板上删除其对应的控件和指示器时，端子都会消失。然而，通过设置 LabVIEW 选项卡"程序框图"中的"从程序框图中删除/复制前面板接线端"，可以改变该功能的执行方式。

在框图中，可以把端子视为入口和出口，或者视为源和目的地。参见图 5-10，输入到数值 1 控件有数据离开前面板，通过框图中的数值 1 控件的端子进入框图。数值再从该控件的端子沿着连线流入"加"函数的输入端子。同样，数据从数值 2 控件端子流入"加"函数的另一个输入端子。当"加"函数的两输入端子都可以用时，该函数应会执行内部计算，在输出端子上产生一个新的数值。输出数据流到数值显示指示器的端子并重新进入前面板，显示给用户。

框图端子有一个"显示为图标"选项（可从弹出菜单中调出），使得端子以图标方式显示。图标方式显示的端子较大（比关闭该选项时大），并且包含反映端子对应的前面板控件类型的图标。关闭"显示为图标"选项，端子将更加简洁，数据类型显示得更加醒目。这两种设置情况下的功能完全相同，随个人偏好设定。

图 5-12 以两种方式显示了各种不同前面板控件的端子，上面一行为选择显示为图标选项，下一行为不选择该选项。

图 5-12　选择显示为图标（上一行）和关闭该选项（下一行）时的端子显示

### 5.1.2.3　图标和连线板

主要用于标识 VI 的接口，供 VI 调用时进行输入输出参数的交互。当一个 VI 应用于

其他 VI 中，则称为子 VI。子 VI 相当于文本编程语言中的子程序。

LabVIEW VI 通过连线连接节点和端子。连线是从源端子到目的端子的数据路径，将数据从一个源端子传递到一个或多个目的端子。如果一条连线上连接多个源或根本没有源，LabVIEW 将不支持这样的操作，连线将显示为断开，所以一条连线只能有一个数据源，但是可以有多个数据接收端。

每种连线都有不同的样式和颜色，取决于连线所通过的数据类型。图 5-13 中的程序框图显示了数字标量值的连线类型——细实线。该图中显示了其他一些连线及其对应的类型。简单地将颜色和类型对应起来，是为了避免混淆数据类型。

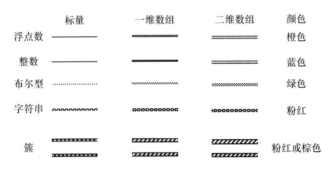

图 5-13  框图中常用的基本连线类型

如需将 VI 当做子 VI 使用，还需创建和设置连线板。如图5-14所示。连线板用于显示 VI 所有输入控件和显示控件接线端，类似于文本编程语言中调用函数时使用的参数列表。连线板标明了可与该 VI 连接的输入和输出端，以便将该 VI 作为子 VI 调用。连线板在其输入端接收数据，然后通过前面板的输入控件传输至程序框图的代码中，并从前面板的显示控件中接收运算结果传输至输出端。

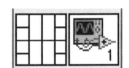

图 5-14  LabVIEW 的图标和连线板

#### 5.1.2.4  数据流编程

LabVIEW 在创建图形化代码之初就确定为基于数据流的运行机制，这是由于 LabVIEW 不是基于文本的编程语言，其代码不能“逐行”执行。管理 G 程序执行的规则称之为数据流。简单地说，只有当其所有输入端子数据全部到达时才能执行；当其执行完毕，节点提供的数据送到所有的输出端子，并立即从源端子传递到目的端子。数据流显示对应于执行文本程序的控制流方法，控制流按指令编写的顺序执行。传统执行流程是指令驱动的，而数据流执行是数据驱动的或是依赖数据的。过程化语言的控制流编程与图形化语言的数据流编程对比如图 5-15 所示。

### 5.1.3  LabVIEW 的编程环境

LabVIEW 的启动界面、工具栏和菜单栏（见图 5-1）都可用来创建 VI 的前面板和程序框图。LabVIEW 包含三种选板：控件选板、函数选择和工具选板。LabVIEW 中还有类浏览器窗口、内存中的 .NET 程序集窗口、即时帮助窗口和导航窗口等。控件和函数选板可以自定义，同时还可以设置多种工作环境选项。

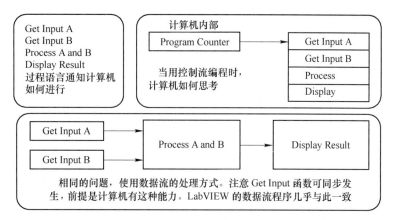

图 5-15　过程化语言的控制流程与图形化语言的数据流编程对比

### 5.1.3.1　控件选板

控件选板是为前面板设计提供所需对象的，仅在前面板激活时出现，如图 5-16（a）

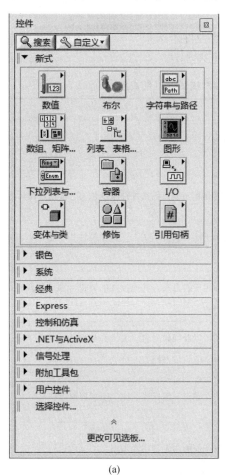

(a)

(b)

图 5-16　控件选板及函数选板

（a）控件选板；（b）函数选板

所示。控件选板包括创建前面板所需的输入控件、显示控件及其他装饰等其他控件。根据控件类型，将控件归入不同的子选板中。

控件选板常用的各个子选板及其用途如下。

（1）新式：提供新式风格的各种输入、输出和修饰控件。

（2）银色：在终端用户交互的 VI 中使用银色控件，为终端用户的交互 VI 提供了另一种视觉样式。控件的外观随终端用户运行 VI 的平台改变。

（3）系统：在创建的对话框中使用系统控件。系统控件专为在对话框中使用而特别设计。控件的颜色和外观随终端用户运行 VI 的平台改变，与该平台的标准对话框控件相匹配。

（4）经典：使用经典控件创建用于低色显示器配置的 VI。经典控件还可以用于创建自定义外观的控件，及黑白打印面板。

（5）Express：Express 控件用于 Express VI，包含了最常用的几种控件。

（6）.NET 与 ActiveX：提供与 .NET 和 ActiveX 支持相关的控件。

（7）用户控件：用户控件可包含添加至子选板的自定义控件，这些自定义控件保存在 LabVIEW 用户库中。

新式、系统、银色和经典分别为风格不同的控件子选板，其包含的控件是相同的，以新式子选板为例，其下一级子选板功能及描述见表 5-1。

**表 5-1 控件选板中常用控件及功能描述**（以新式风格为例）

| 序号 | 图标 | 子模板名称 | 功　　能 |
|---|---|---|---|
| 1 | | 数值 | 数值的控制和显示。包含数字式、指针式显示表盘及各种输入框控件 |
| 2 | | 布尔 | 逻辑数值的控制和显示，包含各种布尔开关、按钮以及指示灯等 |
| 3 | | 字符串与路径 | 字符串控件用于输入或显示文本。路径控件用于输入或显示文件或文件夹的路径 |
| 4 | | 数组、矩阵与簇 | 数组和簇控件用于组合来自其他控件的数据元素。矩阵控件用于输入和显示矩阵数据 |
| 5 | | 列表、表格和树 | 列表、表格和树以及经典列表、表格和树选板上的列表框、树形控件和表格控件用于向用户提供一个选项列表 |
| 6 | | 图形 | 图形选板用于在图形、图标或曲线上绘制数值数据 |
| 7 | | 下拉列表与枚举 | 下拉列表和枚举控制用于创建终端用户的可选项列表 |
| 8 | | 容器 | 容器控件可用来组合各种控件，或在当前 VI 的前面板上显示另一个 VI 的前面板。（Windows）容器控件还可用于在前面板上显示 .NET 和 ActiveX 对象 |

| 序号 | 图标 | 子模板名称 | 功　　能 |
|---|---|---|---|
| 9 | | I/O | 使用 I/O 名称控件传输与 I/O 硬件配置相关的名称至 I/O VI, 实现仪表或设备通信 |
| 10 | | 变体与类 | 使用变体与类控件可用来与变体和类数据进行交互 |
| 11 | | 修饰 | 修饰用于通过图形组合或分隔前面板对象, 而不影响 VI 的功能。修饰包括方框、线条和箭头等 |
| 12 | | 引用句柄 | 引用句柄控件可用于对文件、目录、设备和网络连接进行操作。控件引用句柄用于将前面板对象信息传送给子 VI |

### 5.1.3.2　函数选板

函数选板仅在程序框图窗口处于激活状态时显示, 如图 5-16 (b) 所示。函数选板包含创建程序框图所需的 VI 和函数。按照 VI 和函数的类型, 将 VI 和函数归入不同子选板中。函数选板常用的各个子选板及其用途如下。

(1) 编程: 是创建 VI 的基本工具, 包含了丰富的功能 VI 和编程函数。

(2) 测量 I/O: 提供了与 NI-DAQmx 及其他数据采集设备交互的 VI 和函数。该选板显示了已安装的硬件驱动程序的 VI 和函数。

(3) 仪器 I/O: 该选板上的 VI 和函数用于与 GPIB、串行、模块、PXI 及其他类型的仪器进行交互。NI 仪器驱动查找器用于查找并安装仪器驱动程序。如在 NI 仪器驱动查找器中未找到仪器的驱动程序, 可使用创建新仪器驱动程序项目向导创建新的仪器驱动。如没有发现或创建新的仪器驱动程序, 可使用仪器 I/O 助手与基于消息的设备进行通信。

(4) 数学: 包含了大量数学函数用于进行多种数学分析。数学算法也可与实际测量任务相结合来实现实际解决方案。

(5) 信号处理: 包含各种用于执行信号生成、数字滤波、数据加窗以及频谱分析的 VI 或函数。

(6) 数据通信: 提供各种用于在不同的应用程序间交换数据的工具 VI 或函数。

(7) 互连接口: 用于 .NET 对象、已启用 ActiveX 的应用程序、输入设备、注册表地址、源代码控制、Web 服务、Windows 注册表项和其他软件 (包括用户购买的 NI 产品)。

(8) Express: 包含用于创建常规测量任务的 VI。

函数选板中最常用的子选板是编程子选板, 其下一级子选板及功能的简单描述见表 5-2。

### 表 5-2　"编程"函数子选板中常用控件及功能描述

| 序号 | 图标 | 子模板名称 | 功　　能 |
|---|---|---|---|
| 1 | | 结构 | 用于程序流程控制, 如循环结构、选择结构、顺序结构、事件结构、公式节点、MathScript 节点、局部变量和全局变量等 |

续表 5-2

| 序号 | 图标 | 子模板名称 | 功 能 |
|---|---|---|---|
| 2 | | 数组 | 用于数组的创建和操作，包含与数组操作相关的各种函数 |
| 3 | | 簇、类与变体 | 创建和操作簇和 LabVIEW 类，将 LabVIEW 数据转换为独立于数据类型的格式、为数据添加属性，以及将变体数据转换为 LabVIEW 数据 |
| 4 | | 数值 | 数值函数可对数值创建和执行算术及复杂的数学运算，或将数从一种数据类型转换为另一种数据类型。初等与特殊函数选板上的 VI 和函数用于执行三角函数和对数函数 |
| 5 | | 布尔 | 布尔函数用于对单个布尔值或布尔数组进行逻辑操作 |
| 6 | | 字符串 | 字符串函数用于合并两个或两个以上字符串、从字符串中提取子字符串、将数据转换为字符串、将字符串格式化用于文字处理或电子表格应用程序 |
| 7 | | 比较 | 用于对布尔值、字符串、数值、数组和簇的比较。该函数处理布尔、字符串、数值、数组和簇类型数据的方式各不相同。还可用于比较字符 |
| 8 | | 定时 | 定时 VI 和函数用于控制运算的执行速度并获取基于计算机时钟的时间和日期 |
| 9 | | 对话框与用户界面 | 对话框与用户界面 VI 和函数用于创建提示用户操作的对话框 |
| 10 | | 文件 I/O | 用于打开和关闭文件、读写文件、在路径控件中创建指定的目录和文件、获取目录信息，将字符串、数字、数组和簇写入文件 |
| 11 | | 波形 | 用于生成波形（包括波形值、通道、定时以及设置和获取波形的属性和成分） |
| 12 | | 应用程序控制 | 用于通过编程控制位于本地计算机或网络上的 VI 和 LabVIEW 应用程序。此类 VI 和函数可同时配置多个 VI |
| 13 | | 同步 | 用于同步并行执行的任务，并在并行任务间传递数据 |
| 14 | | 图形与声音 | 用于创建自定义的显示、从图片文件导入导出数据以及播放声音 |
| 15 | | 报表生成 | 用于 LabVIEW 应用程序中报表的创建及相关操作。也可使用该选板中的 VI 在书签位置插入文本、标签和图形 |

### 5.1.3.3　工具选板

如图 5-17 所示，工具选板提供了各种用于创建、修改和调试 VI 程序的工具。如果该选板没有出现，可在前面板或程序框图窗口上方菜单中单击"查看→工具选板"，以打开该选板。当从选板内选择了任一种工具后，鼠标指针就会变成该工具相应的形状。工具选板中常用控件及其功能描述见表 5-3。

### 5.1.3.4　工具栏

在前面板窗口的下方，分布着如图 5-18（a）所示的工具栏。工具栏为开发人员提供一些便捷功能，实用性很强。工具栏的各个按钮的主要用途如表 5-4 所示。

图 5-17　工具选板

**表 5-3　工具选板常用控件及其功能描述**

| 序号 | 图　标 | 子模板名称 | 功　　能 |
|---|---|---|---|
| 1 | | 自动选择工具 | 如果该工具处于选中状态，在前面板和程序框图中的对象上移动鼠标指针时，LabVIEW 会根据鼠标指针下对象类型和位置的不同而自动选择合适的工具 |
| 2 | | 操作值 | 用于操作前面板的输入控件或显示控件。使用其向数字或字符串控件中输入值时，会自动切换为编辑文本工具 |
| 3 | | 定位/调整大小/选择 | 用于选择、移动或调整对象的大小。当用于改变对象的大小时，鼠标会变为各种方向的箭头形状 |
| 4 | | 编辑文本 | 用于输入标签、标题说明的文本或者创建自由标签 |
| 5 | | 连线工具 | 用于在程序框图上连线及在前面板上建立连接器，把该工具放在任一条连线上，会在"即时帮助"窗口显示该端口的数据类型 |
| 6 | | 对象快捷菜单 | 使用该工具在对象上单击鼠标左键，可以弹出对象的快捷菜单 |
| 7 | | 滚动窗口 | 使用该工具可以不需要使用滚动条而在窗口中漫游 |
| 8 | | 设置/清除断点 | 使用该工具可在 VI 的框图对象（子 VI、函数、节点、连线和结构）上设置断点 |
| 9 | | 探针工具 | 可在框图程序的连线上设置探针，通过探针窗口来观察连线上的数据变化情况，必须在数据流过之前设置探针 |
| 10 | | 颜色获取 | 使用该工具提取已有的颜色，再将该颜色用于设置其他对象 |
| 11 | | 颜色设置 | 用于给对象设置颜色，包括对象的前景色和背景色 |

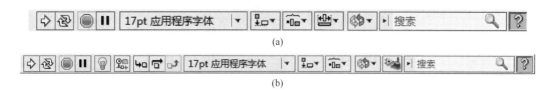

图 5-18 工具栏

（a）前面板；（b）程序框图

表 5-4 工具栏按钮及主要功能描述

| 序号 | 图 标 | 按钮名称 | 功 能 |
|---|---|---|---|
| 1 | | 运行 | 单击可运行当前 VI，运行中该按钮变为 ，如果该按钮变为 ，表示当前 VI 中存在错误无法运行，单击该按钮即可弹出对话框显示错误原因 |
| 2 | | 连续运行 | 单击可重复连续运行当前 VI |
| 3 | | 中止执行 | 当 VI 正运行时变亮，再次单击可终止当前 VI 运行 |
| 4 | | 暂停 | 单击可暂停当前 VI 的运行，再次单击继续运行 |
| 5 | 17pt 应用程序字体 | 文本设置 | 对选中文本的字体、大小、颜色、风格、对齐方式等进行设置 |
| 6 | | 对齐对象 | 使用不同方式对选中的若干对象进行对齐操作 |
| 7 | | 分布对象 | 使用不同方式对选中的若干对象间隔进行调整 |
| 8 | | 调整对象大小 | 使用不同方式对选中的若干前面板控件的大小进行调整，也可精确指定某控件的尺寸 |
| 9 | | 重新排序 | 调整选中对象的上下叠放次序 |
| 10 | | 显示/隐藏即时帮助窗口 | 单击后可显示/隐藏一个小悬浮窗口，其中是关于鼠标所指对象的帮助窗口 |

　　程序框图的工具栏与前面板工具栏相似，增加了几个用于程序调试的按钮，如图 5-18（b）所示。表 5-5 显示了程序框图工具栏与前面板窗口工具栏不同的几个按钮及其用途。

表 5-5　程序框图工具栏与前面板工具栏不同的按钮及主要功能

| 序号 | 图标 | 按钮名称 | 功　能 |
|---|---|---|---|
| 1 |  | 高亮显示执行过程 | 使用高亮显示执行过程，可查看程序框图执行的动态过程。高亮显示执行过程通过沿连线移动的圆点显示数据在程序框图上从一个节点移动到另一个节点的过程 |
| 2 |  | 保存连线值 | 将 VI 配置为保持连线值后，在程序框图中创建探针时，该探针将显示 VI 最后执行时流经该连线的数据值 |
| 3 |  | 开始单步执行 | 单击该按钮可查看运行时程序框图上的每个执行步骤。所有单步执行按钮仅在单步执行模式下影响 VI 或子 VI 的运行。单步执行一个 VI 时，该 VI 的各个子 VI 既可单步执行，也可正常运行 |
| 4 |  | 单步步过 | 单击该按钮时，单步执行完整个 VI 或者子循环 |
| 5 |  | 单步步出 | 单步进入某循环或者子 VI 后，单击此按钮可使程序执行完该循环或者子 VI 剩下的部分并跳出 |
| 6 |  | 整理程序框图 | 单击该按钮可整理 VI 的程序框图，重新整理对象和信号并调整大小，提高可读性。也可选择编辑→整理程序框图，整理程序框图 |

### 5.1.3.5　菜单栏

开发人员在虚拟仪器编程设计过程中，除了应该掌握选板和工具栏等的使用外，还应熟练掌握和应用 LabVIEW 中的菜单功能。LabVIEW 编程环境下的菜单可分为主菜单和快捷菜单两大类。

主菜单：LabVIEW 的主菜单位于 VI 窗口的顶部，也叫通用菜单，同样适应于其他程序，如打开、保存、复制和粘贴，以及其他 LabVIEW 的特殊操作。主菜单包括文件（F）、编辑（E）、查看（V）、项目（P）、操作（O）、工具（T）、窗口（W）和帮助（T）。

快捷菜单：所有 LabVIEW 对象都有相关的快捷菜单，也叫即时菜单、弹出菜单，或右键菜单。创建 VI 时，可使用快捷菜单上的选项改变前面板和程序框图上对象的外观或运行方式。右键单击对象，查看快捷菜单。

编辑 VI 时，控件的快捷菜单上有多个常用选项。所有输入控件和显示控件的前两行快捷菜单都是一致的。第二行以下的菜单项根据对象的不同而有所区别。

要同时在多个对象上进行常用操作，选中多个对象并使用快捷菜单操作。有些对象可能不支持快捷菜单上的所有操作。如选择一个数值控件和一个结构，并从快捷菜单中选择创建→引用，LabVIEW 只会为数值控件创建一个引用。

也可为 VI 运行时菜单自定义快捷菜单项。

主菜单项中，文件、编辑和查看等菜单与一般应用程序的相应菜单功能类似，此处不再予以说明，在用到的时候再行介绍。仅对 LabVIEW 中比较重要的操作和窗口菜单的主要功能进行介绍。操作菜单中包括控制程序运行、停止、初值设定、运行与编辑模式切换等功能，见表 5-6。

表 5-6　操作菜单项的内容及功能

| 菜　单　项 | 功　能 |
|---|---|
| 运行（R） | 运行 LabVIEW 程序 |
| 停止（S） | 停止运行中的 LabVIEW 程序 |

续表 5-6

| 菜 单 项 | | 功 能 |
|---|---|---|
| 单步步入（N） | | 打开节点然后暂停。再次选择单步步入，将执行第一个操作，然后在子 VI 或结构的下一个动作前暂停 |
| 单步步过（V） | | 执行节点并在下一个节点前暂停。该选项类似于程序框图中的单步步过 按钮 |
| 单步步出（E） | | 结束当前节点的操作并暂停。VI 结束操作时，单步步出选项为灰色。该 选项类似于程序框图中的单步步出按钮 |
| 调用时挂起（U） | | 在 VI 作为子 VI 被调用时挂起。也可使用调用时挂起属性，通过编程挂 起 VI |
| 结束时打印（P） | | 在 VI 运行后打印前面板 |
| 结束时记录（L） | | 在 VI 结束操作时进行数据记录。也可使用结束后记录属性，通过编程 打印前面板 |
| 数据记录 （O） | 记录（L） | 以交互方式执行数据记录操作 |
| | 获取（R） | 显示前面板数据的记录 |
| | 清除数据（P） | 删除所有数据记录（已标记为删除） |
| | 修改记录文件绑定（C） | 修改记录文件绑定 |
| | 清除记录文件绑定（L） | 清除记录文件绑定 |
| 切换至运行模式（C） | | 切换 VI 至运行模式，使 VI 运行或处于预留运行状态。处于运行模式 时，菜单选项将变为切换至编辑模式 |
| 连接远程前面板（T） | | 连接并控制运行于远程计算机上的前面板 |
| 调试应用程序或共享库（A） | | 显示调试应用程序或共享库对话框，调试独立应用程序或共享库（已启 用应用程序生成器进行调试) |

　　在程序设计过程中，窗口菜单的应用也比较多，主要用于设置当前窗口的外观，包括前面板与程序框图之间的切换、显示项目、窗口属性的设置等。其内容及功能详述见表 5-7。

表 5-7　窗口菜单项的内容及功能

| 菜 单 项 | 功 能 |
|---|---|
| 显示程序框图 | 在当前 VI 的前面板和框图程序之间进行切换 |
| 显示项目（W） | 显示项目浏览器窗口，其中的项目包含当前 VI |
| 左右两栏显示（T） | 分左右两栏显示打开的窗口 |
| 上下两栏显示（U） | 分上下两栏显示打开的窗口 |
| 最大化窗口（F） | 最大化显示当前窗口 |
| 全部窗口（W） | 显示全部窗口对话框。全部窗口对话框用于管理所有打开的窗口 |

## 5.1.4　LabVIEW 文件系统的构成

### 5.1.4.1　LabVIEW 目录结构的构成

　　LabVIEW 文件系统在 Windows、Mac OS X 和 Linux 平台上的构成有所不同。根据不同的平台安装环境，LabVIEW 可为 GPIB、DAQ、VISA、IVI、运动控制和 IMAQ 硬件安装相应的驱动软件。安装完成后，labview 目录包含下列内容。另外，安装 LabVIEW 模块和工具包可能在 labview 目录下创建附加的目录。

　　A　函数库

　　（1）user. lib——存放用户创建的控件和 VI。用户创建的控件和 VI 分别在用户控件选板和用户库选板上显示。该目录不会因 LabVIEW 的升级或卸载而变化。

（2）vi. lib——内置 VI 库。内置 VI 在 LabVIEW 的函数选板上被分组显示。不要在 vi. lib 目录下保存文件，LabVIEW 升级或重装时该目录下的文件将被覆盖。

（3）instr. lib——用于控制 PXI、VXI、GPIB、串行和基于计算机仪器的仪器驱动程序。该目录用于 National Instruments 仪器驱动程序的安装和保存。LabVIEW 仪器驱动程序选板上将会出现新增的仪器驱动程序。

B　支持目录

（1）menus——LabVIEW 用于配置控件和函数选板结构的文件。

（2）resource——LabVIEW 应用程序所需的其他支持文件。不要在这个目录下保存文件，LabVIEW 升级或重装时该目录下的文件将被覆盖。

（3）project——LabVIEW 工具菜单中各菜单项的文件。

（4）ProjectTemplates——包含创建项目对话框中列出的常见设计模式的模板。可将这些模板作为设计和开发程序的起点。

（5）templates——常用 VI 模板。

（6）wizard——LabVIEW 文件菜单中各菜单项的文件。

（7）www——通过 Web 服务器访问的 HTML 文件。

C　文档

（1）manuals——PDF 格式的文档。

（2）help——帮助文件。选择帮助→LabVIEW 帮助可打开 LabVIEW 帮助。该目录中还包含了 LabVIEW 帮助菜单中各菜单项的文件。

（3）readme——LabVIEW 自述文件和所安装模块和工具套件的自述文件。（Windows）选择开始→程序→National Instruments→LabVIEW→自述文件或在 labview \ readme 目录中可打开自述文件。（Mac OS X，Linux）在 labview 目录中可打开自述文件。

5.1.4.2　关于文件保存位置的建议

vi. lib 和 resource 目录仅用于 LabVIEW 系统。不要在这两个目录下保存其他文件。

以下目录可供保存用户文件：

（1）user. lib——包含用户希望在用户控件或用户库选板上显示的所有控件和 VI。user. lib 目录下仅可保存不需修改且通用于各项目的子 VI。user. lib 中 VI 的路径是相对于 labview 目录的路径。保存在其他位置的子 VI，其路径与其父 VI 相对。因此，从 user. lib 复制一个 VI 并对其进行修改并不改变它相对于 user. lib 中子 VI 的路径。

（2）如果要把某个 VI 及其子 VI 复制到另一个目录或另一台计算机，不要把 VI 保存在 user. lib 目录下。这将导致在新位置运行顶层 VI 时，LabVIEW 引用 user. lib 目录中的原始子 VI。

（3）instr. lib——所有在仪器驱动程序选板上显示的仪器驱动程序 VI。

（4）project——扩展 LabVIEW 功能的 VI。该目录下的 VI 将在工具菜单上显示。

（5）wizard——该目录下的 VI 将出现在文件菜单上。

（6）www——通过 Web 服务器访问的 HTML 文件。

（7）help——所有在帮助菜单中显示的 VI、. hlp 和 . chm 文件。

（8）LabVIEW Data——任何由 LabVIEW 生成的数据文件，如 . lvm 或 . txt 文件。用户也可在硬盘上新建一个目录来保存自己创建的 LabVIEW 文件。

通过帮助、工具或文件菜单而打开 labview \ help、labview \ project 和 labview \ wizard 目录中的 VI 时，LabVIEW 将在一个私有的应用程序实例（NI. LV. Dialog）中打开 VI。

## 5.2 LabVIEW 程序前面板设计

前面板是 VI 的人机界面。创建 VI 时，通常应先设计前面板，然后设计程序框图执行在前面板上创建的输入输出任务。

输入控件和显示控件用于创建前面板，它们分别是 VI 的交互式输入和输出端口。输入控件指旋钮、按钮、转盘等输入装置。显示控件指图形、指示灯等输出装置。输入控件模拟仪器的输入装置，为 VI 的程序框图提供数据。显示控件模拟仪器的输出装置，显示程序框图获取或生成的数据。选择查看→控件选板，显示控件选板，从中选取输入控件和显示控件放置在前面板上。

### 5.2.1 前面板控件

位于前面板控件选板上的输入控件和显示控件可用于创建前面板。控件的种类有：数值控件（如滑动杆和旋钮）、图形、图表、布尔控件（如按钮和开关）、字符串、路径、数组、簇、列表框、树形控件、表格、下拉列表控件、枚举控件和容器控件等。

#### 5.2.1.1 控件样式

前面板控件有新式、银色、经典和系统四种样式。

（1）新式和经典控件。许多前面板对象具有高彩外观。为了获取对象的最佳外观，显示器最低应设置为 16 色位。位于新式面板上的控件也有相应的低彩对象。经典选板上的控件适于创建在 256 色和 16 色显示器上显示的 VI。

（2）银色控件。银色控件为终端用户的交互 VI 提供了另一种视觉样式。控件的外观随终端用户运行 VI 的平台改变。

（3）系统控件。位于系统选板上的系统控件可用在用户创建的对话框中。系统控件专为在对话框中使用而特别设计，包括下拉列表和旋转控件、数值滑动杆、进度条、滚动条、列表框、表格、字符串和路径控件、选项卡控件、树形控件、按钮、复选框、单选按钮和自动匹配父对象背景色的不透明标签。这些控件仅在外观上与前面板控件不同，颜色与系统设置的颜色一致。系统控件的外观取决于 VI 运行的平台，因此在 VI 中创建的控件外观应与所有 LabVIEW 平台兼容。在不同的平台上运行 VI 时，系统控件将改变其颜色和外观，与该平台的标准对话框控件相匹配。

#### 5.2.1.2 数值显示框、滑动杆、滚动条、旋钮、转盘和时间标识

位于数值和经典数值选板上的数值对象可用于创建滑动杆、滚动条、旋钮、转盘和数值显示框。该选板上还有颜色盒和颜色梯度，用于设置颜色值；时间标识，用于设置时间和日期值。数值对象用于输入和显示数值。

A  数值控件

数值控件是输入和显示数值数据的最简单方式。这些前面板对象可在水平方向上调整

大小，以显示更多位数。使用下列方法改变数值控件的值：

（1）用操作工具或标签工具单击数字显示框，然后通过键盘输入数字。

（2）用操作工具单击数值控件的递增或递减箭头。

（3）使用操作工具或标签工具将光标放置于需改变的数字右边，然后在键盘上按向上或向下箭头键。

默认状态下，LabVIEW 的数字显示和存储与计算器类似。数值控件一般最多显示 6 位数字，超过 6 位自动转换为以科学计数法表示。右键单击数值对象并从快捷菜单中选择格式与精度，打开数值属性对话框的格式与精度选项卡，从中配置 LabVIEW 在切换到科学计数法之前所显示的数字位数。

B　滑动杆控件

滑动杆控件是带有刻度的数值对象。滑动杆控件包括垂直和水平滑动杆、液罐和温度计。可使用下列方法改变滑动杆控件的值：

（1）使用操作工具单击或拖曳滑块至新的位置。

（2）与数值控件中的操作类似，在数字显示框中输入新数据。

滑动杆控件可以显示多个值。右键单击该对象，在快捷菜单中选择添加滑块，可添加更多滑块。带有多个滑块的控件的数据类型为包含各个数值的簇。

C　滚动条控件

与滑动杆控件相似，滚动条控件是用于滚动数据的数值对象。滚动条控件有水平和垂直滚动条两种。使用操作工具单击或拖曳滑块至一个新的位置，单击递增和递减箭头，或单击滑块和箭头之间的空间都可以改变滚动条的值。

D　旋转型控件

旋转型控件包括旋钮、转盘、量表和仪表。旋转型对象的操作与滑动杆控件相似，都是带有刻度的数值对象。可使用下列方法改变旋转型控件的值：

（1）用操作工具单击或拖曳指针至一个新的位置。

（2）与数值控件中的操作类似，在数字显示框中输入新数据。

旋转型控件可显示多个值。右键单击该对象，选择添加指针，可添加新指针。带有多个指针的控件的数据类型为包含各个数值的簇。

E　时间标识控件

时间标识控件用于向程序框图发送或从程序框图获取时间和日期值。可使用下列方法改变时间标识控件的值：

（1）右键单击控件并从快捷菜单中选择格式与精度。

（2）单击时间/日期浏览按钮，显示设置时间和日期对话框。

（3）右键单击该控件并从快捷菜单中选择数据操作→设置时间和日期，显示设置时间和日期对话框。

（4）右键单击该控件，从快捷菜单中选择数据操作→设置为当前时间。

5.2.1.3　图形和图表

位于图形和经典图形选板上的图形控件可用于以图形和图表的形式绘制数值数据。

图形或图表用于图形化显示采集或生成的数据。图形和图表的区别在于各自不同的数据显示和更新方式。含有图形的 VI 通常先将数据采集到数组中，再将数据绘制到图形中。该过程类似于电子表格，即先存储数据再生成数据的曲线。数据绘制到图形上时，图形不显示之前绘制的数据而只显示当前的新数据。图形一般用于连续采集数据的快速过程。

与图形相反，图表将新的数据点追加到已显示的数据点上以形成历史记录。在图表中，可结合先前采集到的数据查看当前读数或测量值。当图表中新增数据点时，图表将会滚动显示，即图表右侧出现新增的数据点，同时旧数据点在左侧消失。图表一般用于每秒只增加少量数据点的慢速过程。

### 5.2.1.4　按钮、形状和指示灯

位于布尔和经典布尔选板上的布尔控件可用于创建按钮、开关和指示灯。布尔控件用于输入并显示布尔值（TRUE/FALSE）。例如，监控一个实验的温度时，可在前面板上放置一个布尔警告灯，当温度超过一定水平时，即发出警告。

布尔控件有六种机械动作。自定义布尔对象，可创建运行方式与现实仪器类似的前面板。快捷菜单可用来自定义布尔对象的外观，以及单击这些对象时它们的运行方式。

单选按钮控件向用户提供一个列表，每次只能从中选择一项。如允许不选任何项，右键单击该控件然后在快捷菜单中选择允许不选，该菜单项旁边将出现一个勾选标志。单选按钮控件为枚举型，所以可用单选按钮控件选择条件结构中的条件分支。

### 5.2.1.5　文本输入框、标签和路径显示框

位于字符串和路径及经典字符串和路径选板上的字符串和路径控件可用于创建文本输入框和标签、输入或返回文件或目录的地址。

（1）字符串控件。操作工具或标签工具可用于输入或编辑前面板上字符串控件中的文本。默认状态下，新文本或经改动的文本在编辑操作结束之前不会被传至程序框图。

运行时，单击面板的其他位置，切换到另一窗口，单击工具栏上的确定输入按钮，或按数字键区的<Enter>键，都可结束编辑状态。在主键区按<Enter>键将输入回车符。

右键单击字符串控件为其文本选择显示类型，如以密码形式显示或十六进制数显示。

（2）组合框控件。组合框控件可用来创建一个字符串列表，在前面板上可循环浏览该列表。组合框控件类似于文本型或菜单型下拉列表控件。但是，组合框控件是字符串型数据，而下拉列表控件是数值型数据。

（3）路径控件。路径控件用于输入或返回文件或目录的地址。（Windows 和 Mac OS）如允许运行时拖放，则可从 Windows 浏览器中拖曳一个路径、文件夹或文件放置在路径控件中。路径控件与字符串控件的工作原理类似，但 LabVIEW 会根据用户使用操作平台的标准句法将路径按一定格式处理。

### 5.2.1.6　数组、矩阵及簇控件

位于数组、矩阵和簇及经典数组、矩阵和簇选板上的数组、矩阵和簇控件可用来创建数组、矩阵和簇。数组是同一类型数据元素的集合。簇将不同类型的数据元素归为一组。矩阵是若干行列实数或复数数据的集合，用于线性代数等数学操作。

### 5.2.1.7　列表框、树形控件和表格

位于列表和表格及经典列表和表格选板上的列表框控件用于向用户提供一个可供选择的项列表。

（1）列表框。列表框可配置为单选或多选。多列列表可显示更多条目信息，如大小和创建日期等。

（2）树形控件。树形控件用于向用户提供一个可供选择的层次化列表。用户将输入树形控件的项组织为若干组项或若干组节点。单击节点旁边的展开符号可展开节点，显示节点中的所有项。单击节点旁的符号还可折叠节点。

（3）表格。表格控件可用于在前面板上创建表格。表格的每一个单元格都是一个字符串，一个单元即某一行和某一列的交叉处。因此，表格表示一个二维字符串数组。

### 5.2.1.8　下拉列表和枚举控件

位于下拉列表和枚举及经典下拉列表和枚举选板上的下拉列表和枚举控件可用来创建可循环浏览的字符串列表。

（1）下拉列表控件。下拉列表控件是将数值与字符串或图片建立关联的数值对象。下拉列表控件以下拉菜单的形式出现，用户可在循环浏览的过程中作出选择。下拉列表控件可用于选择互斥项，如触发模式。例如，用户可在下拉列表控件中从连续、单次和外部触发中选择一种模式。

（2）枚举控件。枚举控件用于向用户提供一个可供选择的项列表。枚举控件类似于文本或菜单下拉列表控件，但是，枚举控件的数据类型包括控件中所有项的数值和字符串标签的相关信息，下拉列表控件则为数值型控件。

### 5.2.1.9　容器控件

位于容器和经典容器选板上的容器控件可用于组合控件，或在当前 VI 的前面板上显示另一个 VI 的前面板。（Windows）容器控件还可用于在前面板上显示 .NET 和 ActiveX 对象。

（1）选项卡控件。选项卡控件用于将前面板的输入控件和显示控件重叠放置在一个较小的区域内。选项卡控件由选项卡和选项卡标签组成。可将前面板对象放置在选项卡控件的每一个选项卡中，并将选项卡标签作为显示不同页的选择器。可使用选项卡控件组合在操作某一阶段需用到的前面板对象。例如，某 VI 在测试开始前可能要求用户先设置几个选项，然后在测试过程中允许用户修改测试的某些方面，最后允许用户显示和存储相关数据。

在程序框图上，选项卡控件默认为枚举控件。选项卡控件中的控件接线端与程序框图上的其他控件接线端在外观上是一致的。

（2）子面板控件。子面板控件用于在当前 VI 的前面板上显示另一个 VI 的前面板。例如，子面板控件可用于设计一个类似向导的用户界面。在顶层 VI 的前面板上放置上一步和下一步按钮，并用子面板控件加载向导中每一步的前面板。

### 5.2.1.10　I/O 名称控件

位于 I/O 和经典 I/O 选板上的 I/O 名称控件可将所配置的 DAQ 通道名称、VISA 资源名称和 IVI 逻辑名称传递至 I/O VI，与仪器或 DAQ 设备进行通信。I/O 名称常量位于函数选板上。常量是在程序框图上向程序框图提供固定值的接线端。

所有 I/O 名称控件或常量可在任何平台上使用。这使用户可在任何平台上开发与特定平台设备进行通信的 I/O VI。但是，如果在一个不支持该设备的平台上运行带有特定平台 I/O 控件的 VI，系统将会出错。

（Windows）工具菜单中的 Measurement & Automation Explorer 可用于配置 DAQ 通道名称，VISA 资源名称和 IVI 逻辑名称。（Mac OS 和 Linux）使用与仪器相关的配置程序，配置 VISA 资源名称和 IVI 逻辑名称。

（1）波形控件

波形控件可用于对波形中的单个数据元素进行操作。波形数据类型包括波形的数据、起始时间和时间间隔。

（2）数字波形控件

数字波形控件可用于对数字波形中的单个数据元素进行操作。

（3）数字数据控件

数字数据控件显示行列排列的数字数据。数字数据控件可用于创建数字波形或显示从数字波形中提取的数字数据。将数字波形数据输入控件连接至数字数据显示控件，可查看数字波形的采样和信号。

### 5.2.1.11  对象或应用程序的引用

位于引用句柄和经典引用句柄选板上的引用句柄控件可用于对文件、目录、设备和网络连接进行操作。控件引用句柄用于将前面板对象信息传送给子 VI。

引用句柄是对象的唯一标识符，这些对象包括文件、设备或网络连接等。打开一个文件、设备或网络连接时，LabVIEW 会生成一个指向该文件、设备或网络连接的引用句柄。对打开的文件、设备或网络连接进行的所有操作均使用引用句柄来识别每个对象。引用句柄控件用于将一个引用句柄传进或传出 VI。例如，引用句柄控件可在不关闭或不重新打开文件的情况下修改其指向的文件内容。

由于引用句柄是一个打开对象的临时指针，因此它仅在对象打开期间有效。如关闭对象，LabVIEW 会将引用句柄与对象分开，引用句柄即失效。如再次打开对象，LabVIEW 将创建一个与第一个引用句柄不同的新引用句柄。LabVIEW 将为引用句柄所指的对象分配内存空间。关闭引用句柄，该对象就会从内存中释放出来。

由于 LabVIEW 可以记住每个引用句柄所指的信息，如读取或写入的对象的当前地址和用户访问情况，因此可以对单一对象执行并行但相互独立的操作。如一个 VI 多次打开同一个对象，那么每次的打开操作都将返回一个不同的引用句柄。VI 结束运行时 LabVIEW 会自动关闭引用句柄，但如果用户在结束使用引用句柄时就将其关闭将可以最有效地利用内存空间和其他资源，这是一个良好的编程习惯。关闭引用句柄的顺序与打开时相反。例如，如对象 A 获得了一个引用句柄，然后在对象 A 上调用方法以获得一个指向对象 B 的引用句柄，在关闭时应先关闭对象 B 的引用句柄然后再关闭对象 A 的引用句柄。

### 5.2.1.12  .NET 与 ActiveX 控件（Windows）

位于 .NET 与 ActiveX 选板上的 .NET 和 ActiveX 控件用于对常用的 .NET 或 ActiveX 控件进行操作。可添加更多 .NET 或 ActiveX 控件至该选板，供日后使用。选择工具→导入→.NET 控件至选板或工具→导入→ActiveX 控件至选板，可分别转换 .NET 或 ActiveX 控件集，自定义控件并将这些控件添加至 .NET 与 ActiveX 选板。

需要注意的是，创建 .NET 对象并与之通信需安装 .NET Framework 1.1 Service Pack 1 或更高版本。建议只在 LabVIEW 项目中使用 .NET 对象。

### 5. 2. 2　配置前面板对象

属性对话框或快捷菜单可用来配置控件在前面板上的外观和动作。属性对话框还可用来配置带即时帮助的前面板控件，在对话框中可一次设置对象的多个属性。使用快捷菜单可快速配置控件的一般属性，不同前面板对象的属性对话框和快捷菜单选项会有所不同。属性对话框中包含大多数可通过快捷菜单设置的选项，快捷菜单也包括大多数可用属性对话框设置的选项。

右键单击前面板上的控件，然后在快捷菜单中选择属性，可打开该对象的属性对话框。VI 运行时，不能使用控件的属性对话框。

也可创建自定义控件扩展前面板对象。右键单击控件并从快捷菜单中选择高级→自定义，可自定义控件。将这种自定义输入控件或显示控件保存在某个目录或 LLB 中，就可以在其他前面板上使用该自定义控件。

（1）显示和隐藏可选部件。前面板控件的某些部件可显示或隐藏，如标签、标题和数字显示框。前面板对象属性对话框中的外观选项卡可用来设置前面板控件的显示部件，或右键单击对象并从快捷菜单中选择显示项，然后选择需显示的部件。

（2）输入控件和显示控件的相互转换。LabVIEW 根据控件选板中对象的典型用途将对象配置为输入控件或显示控件。例如，将翘板开关放置于前面板上，它会显示为输入控件，因为翘板开关通常是一种输入设备。将指示灯（LED）放置在前面板上，它会显示为显示控件，因为指示灯通常是一种输出设备。

有些选板包含同一类型或类对象的输入控件和显示控件。例如，数值选板既包含数值输入控件和又包含数值显示控件，因为既可以输入数值，又可以输出数值。

右键单击对象，并在快捷菜单中选择转换为显示控件，可将输入控件转换为显示控件。右键单击对象，并在快捷菜单中选择转换为输入控件，可以将显示控件转换为输入控件。

（3）替换前面板对象。将一个前面板对象替换为其他输入控件或显示控件。右键单击对象并从快捷菜单中选择替换，会出现一个临时控件选板。从该临时控件选板中选择一个控件，替换前面板上的当前对象。

### 5. 2. 3　配置前面板

在虚拟仪器前面板设计过程中，可以通过更改前面板对象的颜色、对齐和分布前面板对象等，对前面板外观设置进行设定或定义。

A　为对象上色

用户可改变许多 LabVIEW 对象的颜色，也可改变大多数前面板对象、前面板窗格和程序框图工作区的颜色。但不能改变系统控件的颜色，因为这些对象的颜色与系统的颜色设置一致。

用上色工具右键单击对象或工作区，可改变前面板对象、前面板窗格和程序框图工作区的颜色。选择工具→选项，并从类别列表中选择颜色，可改变一些对象的默认颜色。颜色会分散注意力，使用户错过重要的信息，所以应尽量合理地上色、用少量颜色并保持颜色的一致性。

B 对齐和分布对象

选择编辑→启用前面板网格对齐，在放置对象时通过网格自动对齐对象。选择编辑→禁用前面板网格对齐，通过可视网格手动对齐对象。按<Ctrl-#>键可启用或禁用网格对齐功能。在程序框图上也可使用对齐网格。

打开工具→选项，然后从类别列表中选择对齐网格隐藏或自定义网格。

放置对象后如需对齐对象，先选中该对象然后选择工具栏上的对齐对象下拉菜单或选择编辑→对齐所选项。如需均匀排列对象，先选中该对象然后选择工具栏上的分布对象下拉菜单或选择编辑→分布所选项。

C 组合和锁定对象

定位工具可用来选择需组合和锁定的前面板对象。单击工具栏上的重新排序按钮，从下拉菜单中选择组合或锁定。使用定位工具移动或改变组合对象时，对象的相对位置和相对尺寸保持不变。锁定的对象在前面板上的位置保持不变，只有解锁后才能删除这些对象。可同时组合并锁定对象。除定位工具以外，其他工具都可对组合或锁定的对象进行正常操作。

D 调整对象大小

大多数前面板对象的大小可调整。将定位工具移到某个大小可变的对象上时，对象周围会出现调节柄或调节圈。调整对象大小时，字体大小不会变化。调整组合内某个对象的大小将同时改变组合内所有对象的大小。

某些对象，如数值控件，其大小只会在水平或垂直方向上发生变化。而在调整其他对象（如旋钮）的大小时，其比例保持不变。调整这些对象的大小时，定位光标在外观上没有任何不同，但对象周围的虚边框只能朝一个方向移动。

调整对象大小时，可手动规定对象尺寸改变的方向。如需限定对象的大小只能在垂直或水平方向发生变化，或者要保持对象的当前比例，需在选中并拖曳调节柄或调节圈时同时按住<Shift>键。如需以对象中心为参考点来改变大小，在选中并拖曳调节柄或调节圈的同时按住<Ctrl>键。

如需将多个对象调整为同样大小，选定这些对象然后选择工具栏上的调整对象大小下拉菜单。可将所有选中对象调整为最大或最小对象的宽度或高度，也可将所有选中对象调整为以像素为单位的特定大小。如果在前面板上添加分隔栏并创建窗格，按下<Shift>键可选择不同窗格中的对象。

E 在不改变窗口大小的情况下增加前面板空间

无须改变窗口大小就可为前面板增加空间。如需在空间拥挤的对象或组合对象间增加空间，按住<Ctrl>键然后用定位工具单击前面板工作区。按住组合键的同时，用鼠标拖曳出需插入的区域大小。

一个虚线矩形框就是插入空间所在的位置。释放鼠标按钮和组合键，就可在相应位置加入空间。

### 5.2.4 添加标签

标签是前面板和程序框图对象的标识。

LabVIEW 有两种标签：自带标签和自由标签。自带标签属于某一特定对象，并随对象移动，仅用于注释该对象。自带标签可单独移动，但移动该标签的对象时，标签将随对象移动。自带标签可隐藏，但无法独立于自带标签所属的对象复制或删除自带标签。右键单击数值控件，从快捷菜单中选择显示项→单位标签，可显示数值控件的独立自带标签，即单位标签。

自由标签不附属于任何对象，用户可独立创建、移动、旋转或删除自由标签。自由标签可用于对前面板和程序框图添加注释。自由标签也可用于注释程序框图上的代码以及在前面板上列出用户指令。双击空白区域或使用标注工具可创建自由标签，或编辑任何类型的标签。

### 5.2.5　文本特性

LabVIEW 使用已在计算机上安装的字体。工具栏上的文本设置下拉菜单可用于改变文本属性。

文本设置下拉菜单包含以下内置字体：

（1）应用程序字体——用于控件选板、函数选板及新控件中的文本的默认字体；

（2）系统字体——用于菜单的字体；

（3）对话框字体——用于对话框文本的字体。

如在文本设置下拉菜单中做出选择前就已经选择了对象或文本，则选中的所有对象或文本都将更改。如果未选任何对象或文本，则只有默认字体会改变。改变默认字体并不会改变现有标签的字体，但只会影响此后创建的标签。将具有内置字体的 VI 转移到另一个平台上时，内置字体会变为与新平台上最相近的字体。文本设置下拉菜单具有大小、样式、对齐和颜色子菜单项。

### 5.2.6　设计用户界面

如需将一个 VI 作为用户界面或对话框，前面板的外观和布局非常重要。合理设计前面板，使用户对进行中的操作一目了然。前面板设计应类似于仪器或其他设备。

（1）使用前面板控件。控件是前面板的重要组成部分。在设计前面板时，需考虑用户与 VI 进行交互的方式，合理组合控件。如若干控件是相互关联的，可在其周围加上一个修饰边框或放入一个簇中。位于修饰选板上的修饰控件包括方框、线条、箭头等对象，用于组合或分隔前面板上的对象。这些对象仅用于修饰对象，不能显示数据。

（2）设计对话框。选择文件→VI 属性，然后从类别下拉菜单中选择窗口外观，隐藏菜单栏和滚动条，创建在各个平台上外观和运行均与标准对话框类似的 VI。

如 VI 在屏幕的同一位置连续地出现对话框，应重新组织对话框，使第一个对话框中的按钮与后续对话框中的按钮不在同一直线上。因为用户双击第一个对话框中的按钮时，会无意点击了下一个对话框中的按钮。在创建的对话框中使用系统选板上的系统控件。

## 5.3　LabVIEW 框图程序设计

创建前面板后，可通过图形化的函数添加源代码，从而对前面板对象进行控制。程序框图是图形化源代码的集合，图形化源代码又称 G 代码或程序框图代码。

### 5.3.1　程序框图对象

程序框图对象包括接线端和节点。将各个对象用连线连接便创建了程序框图。接线端的颜色和符号表明了相应输入控件或显示控件的数据类型。常量是程序框图上向程序框图提供固定数据值的接线端。

### 5.3.1.1 程序框图接线端

前面板对象在程序框图中显示为接线端。双击程序框图上的一个接线端，则前面板上相应的输入控件或显示控件将高亮显示。

接线端是前面板和程序框图之间交换信息的输入输出端口。输入到前面板输入控件的数据值经由输入控件接线端进入程序框图。运行时，输出数据值经由显示控件接线端流出程序框图而重新进入前面板，最终在前面板显示控件中显示。

LabVIEW 中使用的接线端包括输入控件和显示控件接线端、节点接线端、常量及用于各种结构的接线端。连线则把接线端连接起来，使数据在接线端间传递。右键单击一个程序框图对象，从快捷菜单中选择显示项→接线端可令接线端显示。再次右键单击该对象，从快捷菜单中选择显示项→接线端则令接线端隐藏。该快捷菜单项对于可扩展 VI 和函数不可用。

前面板输入控件或显示控件在程序框图上可显示为图标接线端或数据类型接线端。默认状态下，前面板对象显示为图标接线端。例如，旋钮图标接线端代表前面板上的一个旋钮输入控件。如图标 ▨ 所示。接线端底部的 DBL 表明其数据类型为双精度浮点型。图标 ⟦DBL▸⟧ 所示的 DBL 接线端代表一个双精度浮点型输入控件。

右键单击接线端，取消勾选快捷菜单中的显示为图标则仅显示该接线端的数据类型。使用图标接线端不仅可显示前面板对象的数据类型，还可显示前面板对象在程序框图上的类型。使用数据类型接线端则较节省程序框图的空间。由于图标接线端比数据类型接线端大，因此将一个数据类型接线端转换为图标接线端后，可能会无意中覆盖其他程序框图对象，这是编程中需要注意的。

输入控件接线端的边框比显示控件接线端的边框粗。同时，箭头在前面板接线端上的位置也表明了该接线端是输入控件还是显示控件。输入控件接线端的箭头在右边，显示控件接线端的箭头在左边。

（1）输入控件和显示控件的数据类型。常用的输入控件和显示控件的数据类型包括浮点型、整型、时间标识、枚举型、布尔、字符串、数组、簇、路径、动态、波形、引用句柄和 I/O 名称。关于输入控件和显示控件的数据类型符号和用途，见 LabVIEW 帮助中的完整列表。

接线端的颜色和符号表明了相应输入控件或显示控件的数据类型。许多数据类型有其相应进行数据操作的函数，如位于字符串选板的字符串函数，其对应的数据类型为字符串。

（2）符号数值。未定义数据或非预期数据将使后续的所有操作无效。浮点数据操作返回以下两种符号值用以表明错误的计算或无意义的结果：

1）NaN（非法数字）表示无效操作所产生的浮点值，如对负数取平方根。

2）Inf（无穷）表示超出某数据类型值域的浮点数值。例如，1 被 0 除时产生 Inf。LabVIEW 可返回 +Inf 或 −Inf。+Inf 表示数据类型的最大值，−Inf 表示数据类型的最小值。LabVIEW 不检查整数的上溢或下溢条件。

（3）常量。常量是程序框图上向程序框图提供固定数据的接线端。通用常量即有固定值的常量，如 pi(π) 和 Inf(∞)。用户定义常量是在 VI 运行之前被定义和编辑的常量。常量多位于所在选板的底部或顶部。

右键单击 VI 或函数的输入端，从快捷菜单中选择创建→常量可创建一个用户定义常量。用操作工具或标签工具单击常量可编辑常量的值。如自动选择工具已启用，则双击该常量可切换到标签工具，对常量的值进行编辑。

### 5.3.1.2　程序框图节点

节点是程序框图上的对象，带有输入输出端，在 VI 运行时进行运算。节点类似于文本编程语言中的语句、运算符、函数和子程序。LabVIEW 有以下类型的节点：

（1）函数。内置的执行元素，相当于操作符、函数或语句。

（2）子 VI。用于另一个 VI 程序框图上的 VI，相当于子程序。

（3）Express VI。协助常规测量任务的子 VI。Express VI 是在配置对话框中配置的。

（4）结构。执行控制元素，如 For 循环、While 循环、条件结构、平铺式和层叠式顺序结构、定时结构和事件结构。关于程序框图节点的完整列表请参见 LabVIEW 帮助。

### 5.3.1.3　多态 VI 和函数

多态 VI 和函数会根据输入数据类型的不同而自动调整数据类型。与某些 VI 和函数一样，绝大多数的 LabVIEW 结构为多态。

函数多态的程度各不相同：可以是全部或部分输入多态，也可以是完全没有多态输入。有一些函数输入可接收数值或布尔值。有一些函数输入可接收数值或字符串。一些函数的输入不仅接收标量数值，还接收数值数组、数值簇或数值簇数组等。还有一些函数输入仅接收一维数组，即使其数组元素可以是任意数据类型。另一些函数输入则接收所有数据类型，包括复数值。

## 5.3.2　函数概述

函数是 LabVIEW 中最基本的操作元素。函数选板上的函数图标使用淡黄色背景色和黑色前景色。函数没有前面板或程序框图，但有连线板。用户不能打开或编辑函数。

A　向函数添加接线端

某些函数接线端的数目可以改变。例如，要创建一个含有十个元素的数组，就必须向"创建数组"函数添加十个接线端。

使用定位工具分别向上或向下拖动函数的顶部或底部可以为函数添加接线端。也可用定位工具删除函数的接线端，但不能删除已经连好线的接线端。要删除这些接线端必须先删除已存在的连线。

B　内置 VI 和函数

函数选板中还包含 LabVIEW 自带的 VI。在应用程序中将内置 VI 和函数作为子 VI 使用有助于缩短程序的开发时间。单击函数选板中的查看按钮并从快捷菜单中选择始终显示类别→显示所有类别，可显示控件选板中所有的目录。关于所有内置 VI 和函数的详细信息见 LabVIEW 帮助。

## 5.3.3　Express VI

Express VI 用于常规测量任务。Express VI 放置在程序框图上时，该 Express VI 的配置对话框将自动显示。对话框中的各个选项用于指定 Express VI 的行为。也可双击 Express VI

或右键单击 Express VI 并从快捷菜单中选择属性以显示配置对话框。如将数据连至 Express VI 并运行 VI，该 Express VI 将在配置对话框中显示实际数据。如关闭后重新打开 Express VI，配置对话框中将显示样本数据，直至下一次运行该 VI 时才显示实际数据。

Express VI 在程序框图上以可扩展节点的形式出现，显示为蓝色背景的图标。可通过调整 Express VI 的大小来显示或隐藏其输入或输出。ExpressVI 所显示的输入和输出由具体配置决定。

### 5.3.4　使用连线连接程序框图各对象

连线用于在程序框图各对象间传递数据。每根连线都只有一个数据源，但可与多个读取数据的 VI 和函数连接，这与在文本编程语言中传递必需参数相似。必须连接所有需要连接的程序框图接线端。否则 VI 将处于断开状态而无法运行。打开即时帮助窗口可获知程序框图节点的哪些接线端需要连接。必须接线端的标签在即时帮助窗口中以粗体字显示。

#### 5.3.4.1　连线的外观和结构

连线的颜色、样式和粗细视其数据类型而异，这与接线端以不同颜色和符号来表示相应输入控件或显示控件的数据类型相似。断开的连线显示为黑色的虚线，中间有个红色的"×"。出现断线的原因有很多，如试图连接数据类型不兼容的两个对象时就会产生断线。断线中间红色"×"任意一边的箭头表明了数据流的方向，而箭头的颜色表明了流过连线数据的数据类型。

当连线工具移到 VI 或函数节点上时，未连线的接线端将出现接线头。接线头表明了每个接线端的数据类型。同时将出现一个提示框，显示接线端的名称。一旦接线端被连接，当连线工具移到其节点时，接线端的接线头便不再出现。

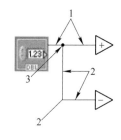

连线段是一条水平或垂直的连线。连线中的转折是两段连线交叉的地方。两段或多段连线的相交点称为交叉点。一个连线分支包含了从交叉点到交叉点、接线端到交叉点或中间没有交叉点的接线端到接线端的所有连线段。图 5-19 显示了连线段、转折和交叉点。

图 5-19　连线示意图
1—连接线；2—转折；
3—交叉点

#### 5.3.4.2　连接对象

连线工具可以手动方式为程序框图上不同节点的接线端连线。连线工具的光标点之处即为连线开始的位置。连线工具移到某个接线端上时，接线端将不断闪烁。连线工具移到某个 VI 或函数接线端时，将出现一个提示框，显示接线端的名称。为接线端连线时可能会产生断线。在运行 VI 前必须纠正这些断线。

借助即时帮助窗口可确定准确的连线位置。将光标移到某个 VI 或函数接线端时，即时帮助窗口会列出该 VI 或函数的每一个接线端。即时帮助窗口不会显示可扩展 VI 和函数的接线端，如创建数组函数。点击即时帮助窗口中的显示可选接线端和完整路径按钮可显示连线板的可选接线端。连线交叉时，第一根连线处会出现一小段空白，表示第一根连线位于第二根连线下面。

（1）转折连线。用连线连接接线端时，在垂直或水平方向移动光标可将连线 90°转折。如需在多个方向转折连线，可先点击鼠标按钮一次以定位连线，再向新的方向移动光标。这样可不断定位连线并将连线接往新方向。

（2）撤销连线。如需取消最后的连线定位点，按<Shift>键并点击程序框图上的任意位置。如需中止整个连线操作，右键单击程序框图中的任意位置。

（3）自动连接对象。将选中的对象移到程序框图上其他对象旁时，LabVIEW 将以暂时连线来显示有效的连线方式。将对象放置在程序框图上时，放开鼠标后 LabVIEW 将自动连线。也可对程序框图上已有对象进行自动连线。LabVIEW 将为最匹配的接线端连线，对不匹配的接线端不予连线。使用定位工具来移动对象时，按空格键则切换到自动连线模式。

（4）选择连线。使用定位工具单击、双击或连续三次点击连线可以选择相应的连线。单击连线选中的是连线的一个直线段。双击连线选中的是连线的一个连线分支。连续三次点击连线选中的是整条连线。

### 5.3.4.3　纠正断线

断开的连线显示为中间有红色"×"的黑色虚线。出现断线的原因有很多，如试图连接数据类型不兼容的两个对象时就会产生断线。将连线工具移到断线上将显示一个描述产生断线原因的提示框。此时即时帮助窗口中也会出现同样的信息。右键单击该连线，从快捷菜单中选择错误列表可打开错误列表窗口。如需显示关于连线断开原因的更多信息，请单击帮助按钮。

用定位工具连续三次点击连线并按<Delete>键可以删除断线。还可右键单击连线，从快捷菜单中选择删除连线分支、创建连线分支、删除松终端、整理连线、转换为输入控件、转换为显示控件、在源处启用索引和在源处禁用索引等选项。这些选项因断线原因而异。选择编辑→删除断线或按<Ctrl+B>键，可以清除所有断线。

### 5.3.4.4　强制转换点

将两个不同的数值数据类型连接在一起时，程序框图节点上会出现强制转换点以示警告。强制转换点表示 LabVIEW 已经将传递给节点的数值转换成了不同的数据类型。例如，加函数需要两个双精度浮点数输入。如需其中一个输入为整数，"加"函数上就会出现一个强制转换点。如图 5-20 所示。强制转换点表明了 VI 在该处占用了更多的内存且运行时间增加。因此，创建 VI 时应尽量保持数据类型一致。

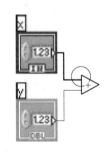

图 5-20　强制转换点示意图

### 5.3.5　程序框图数据流

LabVIEW 按照数据流/并行机制模式运行 VI。当具备了所有必需的输入时，程序框图节点将运行。节点在运行时产生输出数据并将该数据传送给数据流路径中的下一个节点。数据流经节点的动作决定了程序框图上 VI 和函数的执行顺序。

Visual Basic、C++、JAVA 以及绝大多数其他文本编程语言都遵循程序执行的控制流模式。在控制流中，程序元素的先后顺序决定了程序的执行顺序。

LabVIEW 是以数据流而不是命令的先后顺序决定程序框图元素的执行顺序。因此可创建具有并行操作的程序框图。例如，可同时运行两个 For 循环并在前面板上显示其结果。如图 5-21 的程序框图所示。

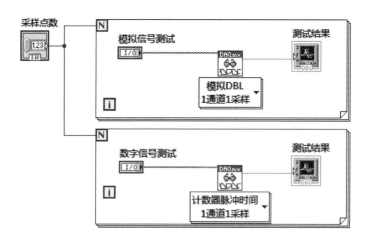

图 5-21  创建并行操作的程序框图

### 5.3.5.1  数据依赖关系和人工数据依赖关系

控制流执行模式由指令驱动。数据流执行模式则由数据驱动，又称为数据依赖。即从其他节点接收数据的节点总是在其他节点执行完毕后再执行。

没有连线的程序框图节点可以任意顺序执行。当自然的数据依赖关系不存在时，可用流经参数控制执行顺序。当数据流参数不可用时，可用顺序结构控制执行顺序。

在人工数据依赖关系中接收节点并不真正使用接收到的数据。相反，接收节点根据数据是否到达来触发节点的执行。

A  数据依赖关系不存在

数据依赖关系不存在时，不要想当然地认为程序的执行顺序是从左到右，自顶向下的。应确保数据流的连线，从而对事件顺序进行明确定义。

在图 5-22 的程序框图中，读取二进制文件函数和关闭文件函数之间不存在数据依赖关系，因为二者没有相连。该范例将由于不能确定哪个函数先执行而无法按所期望的顺序执行。如"关闭文件"函数先运行，"读取二进制文件"函数将不执行。

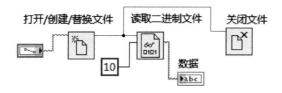

图 5-22  不存在数据依赖关系的 VI 程序框图示例

在图 5-23 的程序框图中，"读取二进制文件"函数的输出连接到"关闭文件"函数，二者建立了数据依赖关系。"关闭文件"函数只有在接收到"读取二进制文件"函数的输出后才能执行。

B  数据流参数

数据流参数通常为引用句柄或错误簇，它返回的是与相应的输入参数相同的值。当自然的数据依赖关系不存在时，可使用数据流参数来控制执行顺序。把要执行的第一个节点

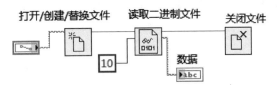

图 5-23　存在数据依赖关系的 VI 程序框图示例

的数据流输出连接到要执行的下一个节点的相应输入，便创建了人工数据依赖关系。如没有这些数据流参数，则必须使用顺序结构来确保数据操作按期望的顺序执行。

#### 5.3.5.2　数据流和内存管理

相较于控制流执行模式，数据流执行模式使内存管理更为简单。在 LabVIEW 中，无须为变量分配内存或为变量赋值。只需创建带有连线的程序框图以表示数据的传输。

生成数据的 VI 和函数会自动为该数据分配内存。当该 VI 或函数不再使用该数据时，LabVIEW 将释放相关内存。向数组或字符串添加新数据时，LabVIEW 将分配足够的内存来管理这些新数据。

### 5.3.6　设计程序框图

设计程序框图时应遵循以下原则：

（1）使用从左到右，自上而下的布局。尽管程序框图中各个元素的位置并不决定执行顺序，但应避免从右向左的连线方式，以使程序框图显得有结构，有条理，且易于理解。只有连线和结构才能决定执行顺序。

（2）不要创建占用多于一个或两个屏幕的程序框图。太过庞大或复杂的程序框图将为理解和调试带来困难。

（3）观察程序框图中的某些组件可否在其他 VI 中重复使用，或程序框图中某一部分可否组合成一个逻辑组件。如符合条件，将该程序框图分成几个执行特定任务的子 VI。使用子 VI 有利于对程序框图的修改进行管理和程序框图的快速调试。

（4）使用错误处理 VI、函数和参数在程序框图中管理错误。

（5）避免在结构边框下或重叠的对象之间进行连线，因为 LabVIEW 可能会隐藏这些连线的部分线段。

（6）不要将对象放置在连线上方。将接线端或图标放置在连线上方易引起存在连接的错觉，而实际上连接并不存在。

（7）自由标签可对程序框图上的代码进行注释。

## 5.4　LabVIEW 数据类型

数据的操作是 LabVIEW 图形化语言的最小操作单位，主要是一些常用的控件和函数等，是任何一个程序不可缺少的元素。虚拟仪器开发人员只有熟练地掌握数据的属性与操作，才能开发出功能强大、美观实用的虚拟仪器应用系统。LabVIEW 的数据主要包括其基本数据类型、特殊数据类型和结构类型。

LabVIEW 与 C 语言等文本编程软件的不同主要体现在，C 语言等的数据等是放置在已声明的"变量"中，而 LabVIEW 的数据（常数除外）不是放置在变量中，而是放置在前面板的编程元素—控件（包括输入控件和显示控件）中，同时控件本身还确定了数据的类型等。

### 5.4.1 数值型

数值型数据是一种标量数据类型，LabVIEW 以浮点数、定点数、整型数、不带符号的整形数以及复数，表示数值数据类型。不同数据类型的差别在于存储数据使用的位数和表示的值的范围。数值型数据控件接线端的颜色和符号表明了相应输入控件或显示控件的数据类型。许多数据类型有其相应进行数据操作的函数，如位于字符串选板的字符串函数，其对应的数据类型为字符串。

在 Windows 操作系统中，LabVIEW 只能处理介于数值数据类型表范围内的数据，但可以文本格式显示±9.999999999999999E999 范围内的数据。表 5-8 显示了各种不同类型数值输入控件及显示控件接线端的符号和用途。

表 5-8  数值型控件接线端的符号与用途

| 数值控件 | 数据类型 | 占用位数 | 用　　途 | 默认值 |
|---|---|---|---|---|
| SGL | 单精度浮点数 | 32 | 占用内存较少且不会造成数字溢出 | 0.0 |
| DBL | 双精度浮点数 | 64 | 数值对象的默认格式 | 0.0 |
| EXT | 扩展精度浮点数 | 128 | 因平台而异。只有在确有需要时才使用该数据类型 | 0.0 |
| CSG | 单精度浮点复数 | 64 | 与单精度浮点数相同，但带有实部和虚部 | 0.0 + 0.0i |
| CDB | 双精度浮点复数 | 128 | 与双精度浮点数相同，但带有实部和虚部 | 0.0 + 0.0i |
| CXT | 扩展精度浮点复数 | 256 | 与扩展精度浮点数相同，但带有实部和虚部 | 0.0 + 0.0i |
| FXP | 定点数 | 64 | 存储在用户定义范围内的值。如不需要浮点表示的动态范围或浮点运算占用了大量 FPGA 资源，为了更有效地使用 FPGA 资源，可使用定点数据类型 | 0.0 |
| I8 | 8 位有符号整数 | 8 | 表示整数，可以为正也可以为负 | 0 |
| I16 | 16 位有符号整数 | 16 | 表示整数，可以为正也可以为负 | 0 |
| I32 | 32 位有符号整数 | 32 | 表示整数，可以为正也可以为负 | 0 |
| I64 | 64 位有符号整数 | 64 | 表示整数，可以为正也可以为负 | 0 |
| U8 | 8 位无符号整数 | 8 | 仅表示非负整数，正数范围比有符号整数更大（这两种表示法表示数字的二进制位数相同） | 0 |

续表 5-8

| 数值控件 | 数据类型 | 占用位数 | 用　　途 | 默认值 |
|---|---|---|---|---|
| U16 | 16 位无符号整数 | 16 | 仅表示非负整数，正数范围比有符号整数更大（这两种表示法表示数字的二进制位数相同） | 0 |
| U32 | 32 位无符号整数 | 32 | 仅表示非负整数，正数范围比有符号整数更大（这两种表示法表示数字的二进制位数相同） | 0 |
| U64 | 64 位无符号整数 | 64 | 仅表示非负整数，正数范围比有符号整数更大（这两种表示法表示数字的二进制位数相同） | 0 |
| I | 64.64 > 位时间标识 | 128 | 高精度绝对时间 | 12：00：00.000AM 1/1/1904（通用时间） |

　　程序框图用于放置图形化程序的代码，数值型控件的建立通常是通过前面板上控件的建立而建立的。创建前面板控件后自然在程序框图上出现该控件的端子（数据影射）。数值选板包括多种不同形式的控件和指示器，包括数值控件、滚动条、旋钮、颜色盒等，如图 5-24 所示。数值型数据在程序框图中函数选板下的界面如图 5-25 所示。该基本数值函数选板主要实现加、减、乘、除等基本运算功能。

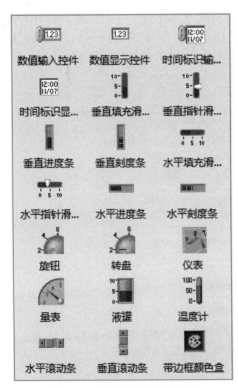

图 5-24　前面板下的数值选板

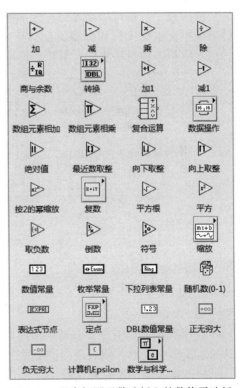

图 5-25　程序框图函数选板上的数值子选板

　　一般创建数据端子的数据类型都是双精度浮点型。对前面板或程序框图中的数值型数据，用户可以根据需要来改变数据的类型。通过右击该图标，在弹出的快捷菜单中选择修改即可。

此外，LabVIEW 中的数值函数选板的输入端能够根据输入数据类型的不同自动匹配合格的类型，并且能够自动进行强制类型转换。

### 5.4.2 字符串型

字符串是 LabVIEW 的一种基本数据类型，其实质是可显示或不可显示的 ASCII 字符序列，字符串提供了一个独立于操作平台的信息和数据格式，字符串路径与子选板如图 5-26 所示。常用的字符串操作包括：

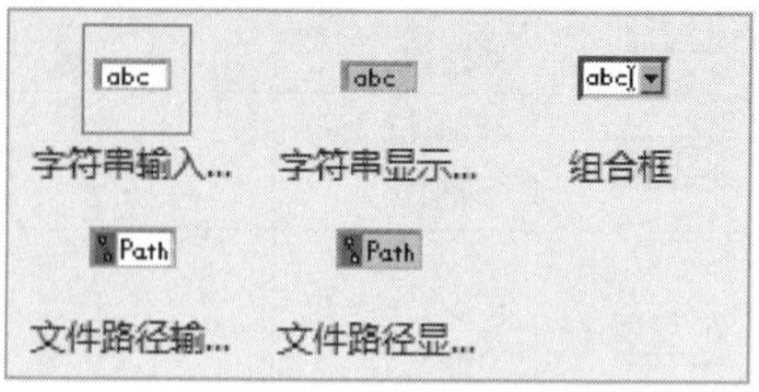

(1) 创建简单的文本信息。

(2) 将数值数据以字符串形式传送到仪器，再将字符串转换为数值。

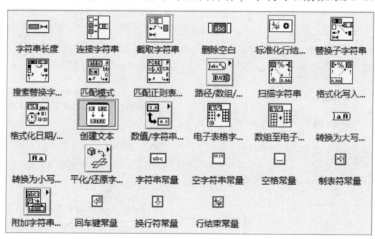

图 5-26 字符串与路径子选板

(3) 将数值数据存储到磁盘。如需将数值数据保存到 ASCII 文件中，须在数值数据写入磁盘文件前将其转换为字符串。

(4) 用对话框指示或提示用户。

#### 5.4.2.1 字符串、组合框与路径控件

在前面板上，字符串以表格、文本输入框和标签的形式出现。字符串输入控件和显示控件可模拟文本输入框和标签。LabVIEW 提供了用于对字符串进行操作的内置 VI 和函数，可对字符串进行格式化、解析字符串等编辑操作，字符串函数如图 5-27 所示。

图 5-27 字符串函数

(1) 字符串显示类型。右键单击前面板上的字符串输入控件或显示控件，从表 5-9 所示的显示类型中选择。该表还提供了每个显示类型的范例。

示控件接线端的符号和用途。

(2) 组合框控件。组合框用于创建可循环浏览的字符串列表，例如一个下拉菜单。组合框不同于下拉列表和枚举控件，因为前者输出字符串数据而后者输出数值数据。在运行时向组合框控件输入字符串，LabVIEW 将即时显示以输入字母开头的第一个最短的匹配字符串。如没有匹配的字符串，也不允许输入未定义的字符串值，LabVIEW 将不会接收或显示用户输入的字符。

表 5-9　字符串显示类型

| 显示类型 | 说　　明 | 消　　息 |
|---|---|---|
| 正常显示 | 可打印字符以控件字体显示，不可显示字符通常显示为一个小方框 | 有四种显示类型。\ 是反斜杠符号 |
| 用 "\" 代码显示 | 所有不可显示字符显示为反斜杠 | There \ sare \ sfour \ sdisplay \ stypes. \ n \ \ \ sis \ sa \ sbackslash. |
| 密码显示 | 每一个字符（包括空格在内）显示为星号（＊） | ＊＊＊＊＊＊＊＊＊＊＊＊＊＊＊＊＊＊＊＊＊＊＊＊ |
| 十六进制显示 | 每个字符显示为其十六进制的 ASCII 值，字符本身并不显示 | 5468 6572 6520 6172 6520 666F 7572 2064 6973 706C 6179 2074 |

（3）路径控件。路径控件用于输入或显示文件或文件夹的路径。如路径控件启用了"允许放置"，可直接从 Windows 浏览器或（OS X）Finder 中拖曳一个路径、文件夹或文件至路径控件。需要注意，路径控件默认启用"允许放置"。如需禁用，可右键单击路径控件，从快捷菜单中点击高级→允许禁用。路径控件与字符串控件的工作原理类似，但 LabVIEW 会根据用户使用操作平台的标准句法将路径按一定格式处理。

如函数未成功返回路径，该函数将在显示控件中返回<非法路径>值。<非法路径>值可作为一个路径控件的默认值来检测用户是否提供了有效路径，并显示带有选择路径选项的文件对话框。要显示文件对话框，可使用"文件对话框"Express VI。

空路径可用于提示用户指定一个路径。空路径在 Windows 和 OS X（32 位）上显示为空字符串，在 Linux 和 OS X（64 位）上显示为斜杠（/）。（Windows）将一个空路径与文件 I/O 函数相连时，空路径将指向映射到计算机的驱动器列表。（OS X）空路径指向已安装的卷。（Linux）空路径指向根目录。

相对路径是文件或目录在文件系统中相对于任意位置的地址。绝对路径描述从文件系统根目录开始的文件或目录地址。使用相对路径可避免在另一台计算机上创建应用程序或运行 VI 时重新指定路径。

### 5.4.2.2　字符串的格式化与解析

在子 VI、函数或应用程序中使用 VI 的数据，通常先将数据转换为字符串，再将字符串格式化为 VI、函数或应用程序能够读取的格式。这样做主要也是为数据的存取方便和高效率。例如，若用写入二进制文件函数将一维数组写入电子表格，须将该数组格式化成字符串并用制表符等分割符将各个数字分开。如需将一个数组写入电子表格，必须用数组至电子表格字符串转换函数将数组格式化并指定格式和分割符。字符串函数可执行以下任务：连接两个或多个字符串，从一个字符串中提取字符串子集、数据转换为字符串、格式化字符串用于文字处理或电子表格应用程序。

许多情况下，需在字符串函数的操作中输入一个或多个格式说明符以格式化一个字符串。格式说明符是一个指明数值与字符串间如何相互转换方式的代码。LabVIEW 中是用转换代码来确定参数的文本格式。例如，格式说明符"％×"可将 16 进制整数与字符串互相转换。

"格式化写入字符串"和"扫描字符串"函数可在格式字符串参数中使用多个格式说明符。每个格式说明符用于对每个可扩展函数的输入或输出进行控制。

"数字至电子表格字符串"转换函数和"电子表格字符串至数组"转换函数，在格式字符串的参数说明中仅用一个格式说明符。因为此类函数仅有一个需要转换的输入。LabVIEW将多余的格式说明符当作没有特殊函数的文字字符串处理，因而在使用中应当注意。

### 5.4.3 布尔型

布尔型比较简单，只有 1 和 0 或者是真（True）或假（False）两种状态，也称逻辑型。布尔量尽管只有两个值，但在测试系统虚拟仪器程序设计中却承担着重要的控制与指示作用，布尔型数据代表着一些特殊的意义。例如，开始或结束一个测试过程，判断一个待测量的物理量是否在合理的范围内，并在程序中起到提示和预警作用等场合都不可避免地用到布尔型变量或常量。布尔型数据在前面板和程序框图中函数选板下的界面分别如图5-28 和图 5-29 所示。

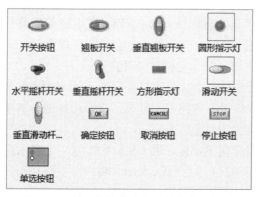

图 5-28 前面板控件选板下的布尔型数据

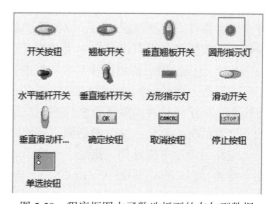

图 5-29 程序框图中函数选板下的布尔型数据

布尔型输入控件的一个独特且重要的属性称为机械动作（Mechanical Action），机械动作设计是 LabVIEW 程序设计的一大特色，这使得在操作布尔型控件过程中，就像控制一台真实的仪器。使用机械动作属性可以模拟真实形状触点的开/闭动作，这个属性是其他所有的编程语言的逻辑量都不具备的。

右击布尔型输入控件，选择"机械动作"选项就打开如图 5-30 所示的弹出式属性菜单，可以进行控件的显示属性、自定义类型、形状动作、类型转换等方面的操作。还可以预览每个机械动作导致控件值的实际变化。图 5-31 为布尔对象的属性窗口。

在布尔型输入控件属性对话框的操作标签中也可以设计机械动作，而且还有更详细的说明和动作效果预览。各种机械动作的详细说明见表 5-10。

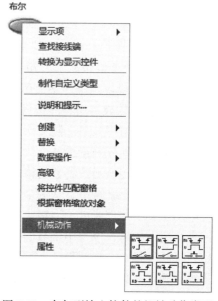

图 5-30 布尔型输入控件的机械动作类型

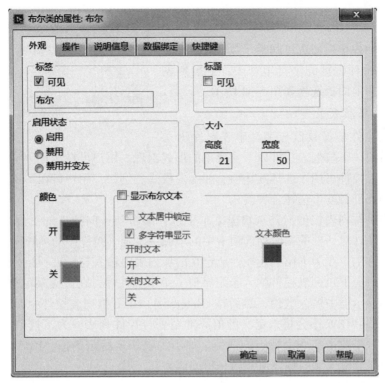

图 5-31 布尔型控件的属性窗口

**表 5-10 机械动作详细说明**

| 机械动作图标 | 动作名称 | 动作说明 |
| --- | --- | --- |
| | 单击时转换 | 每次以操作工具单击控件时，控件值改变。VI 读取该控件值的频率与该动作无关 |
| | 释放时转换 | 仅当在控件的图片边界内单击一次鼠标后放开鼠标按钮时，控件值改变。VI 读取该控件值的频率与该动作无关 |
| | 保持转换直到释放 | 单击控件时改变控件值，保留该控件值直到鼠标按钮释放。此时控件将返回至其默认值。与门铃相似，VI 读取该控件值的频率与该动作无关。单按钮控件不可选择该动作 |
| | 单击时触发 | 单击控件时改变控件值，保留该控件值直到 VI 读取该控件。此时，即使长按鼠标按钮控件也将返回至其默认值。该动作与断路器相似，适用于停止 While 循环或令 VI 在每次用户设置控件时只执行一次。单按钮控件不可选择该动作 |
| | 释放时触发 | 仅当在控件的图片边界内单击一次鼠标后放开鼠标按钮时，控件值改变。VI 读取该动作一次，则控件返回至其默认值。该动作与对话框按钮和系统按钮的动作相似。单按钮控件不可选择该动作 |
| | 保持触发直到释放 | 单击控件时改变控件值，保留该控件值直到 VI 读取该值一次或用户释放鼠标按钮，取决于二者发生的先后。单按钮控件不可选择该动作 |

#### 5.4.4　下拉列表与枚举型

图 5-32　枚举型控件选板

下拉列表和枚举控件也可归类于数值型控制，可用来创建可循环浏览的字符串列表。下拉列表与枚举型控件的前面板选板如图 5-32 所示。

##### 5.4.4.1　下拉列表型

下拉列表控件是将数值与字符串或图片建立关联的数值对象。下拉列表控件以下拉菜单的形式出现，用户可在循环浏览的过程中做出选择。下拉列表控件可用于选择互斥项，如触发模式。例如，用户可在下拉列表控件中从连续、单次和外部触发中选择一种模式。

右键单击下拉列表控件，并从快捷菜单中选择编辑项，向控件的下拉列表中添加内容。下拉列表属性对话框的编辑项选项卡中的项顺序决定了控件中的项顺序。下拉列表控件可配置为允许用户在为下拉列表控件所定义的项列表中输入与记录不相关的数值。

要在运行时向下拉列表控件输入未定义值，单击该控件，在快捷菜单中选择<其他>，在出现的数字显示框中输入数值，然后按<Enter>键。在下拉列表控件中，未定义值两边标有尖括号。LabVIEW 不会将未定义的值添加至下拉控件列表。为下拉列表控件配置项列表时，可为每个项指定一个特定的数值。如不为项指定特定的值，LabVIEW 会根据项在列表中的顺序分配连续的顺序值，第一项的值为 0。

##### 5.4.4.2　枚举型

枚举类型和 C 语言中的枚举类型定义类似，用于向用户提供一个可供选择的项列表。枚举型控件，也称枚举控件，类似于一个文本或菜单下拉列表控件。用户可轮选控件中的列表。枚举型控件与下拉列表控件的不同之处如下：

（1）枚举控件的数据类型包括控件中所有数值及其相关字符串的信息。下拉列表控件仅仅是数值型控件。

（2）枚举控件的数值表示法有 8 位、16 位和 32 位无符号整型，下拉列表控件可有其他表示法。右键单击控件，在快捷菜单中选择表示法可更改这两种控件的数值表示法。

（3）用户不能在枚举控件中输入未定义数值，也不能给每个项分配特定数值。如需要使用上述功能，应使用下拉列表控件。

（4）只有在编辑状态才能编辑枚举型控件。可在运行时通过属性节点编辑下拉列表控件。

（5）将枚举型控件连接至条件结构的选择器接线端时，LabVIEW 将控件中的字符串与分支条件相比较，而不是控件的数值。在条件结构中使用下拉列表控件时，LabVIEW将控件项的数值与分支条件相比较。

将枚举型控件连接至条件结构的选择器接线端时，可右键单击结构并选择为每个值添加分支，为控件中的每项创建一个条件分支。但是，如连接一个下拉列表控件至条件结构的选择器接线端，必须手动输入各个分支。

所有算术运算函数（除递增和递减函数外）都将枚举控件当作无符号整数。递增函数将最后一个枚举值变为第一个枚举值，递减函数将第一个枚举值变为最后一个枚举值。将一个有符号整型强制转换为枚举型时，负数将被转换为第一个枚举值。而超出值域的正数值将被转换成最后一个枚举值，超出值域的无符号整数总是被转换成最后一个枚举值。

如果将一个浮点值连接到一个枚举显示控件，LabVIEW 将把该浮点值强制转换为最接近的数值，在枚举显示控件中显示。LabVIEW 也以上述同样方法处理超出值域的值。如果将枚举控件与任何数值相连，LabVIEW 会将该枚举值强制转换为数值。如需将枚举输入控件与枚举显示控件相连接，显示控件和输入控件中的项必须相互匹配。但是，显示控件的项可以多于输入控件的项。

### 5.4.5　数组与簇

数组和簇控件及函数可将数据分组。数组将相同类型的数据元素归为一组。簇将不同类型的数据元素归为一组。

#### 5.4.5.1　数组型

数组由元素和维度组成。元素是组成数组的数据。维度是数组的长度、高度或深度。数组可以是一维或多维的，在内存允许的情况下每一维度可有多达 $2^{31}-1$ 个元素。

可以创建数值、布尔、路径、字符串、波形和簇等数据类型的数组。对一组相似的数据进行操作并重复计算时，可考虑使用数组。数组最适于存储从波形采集而来的数据或循环中生成的数据（每次循环生成数组中的一个元素）。用户可从数组中导出数据至 Microsoft Excel。右键单击数组，从快捷菜单中选择导出，可查看导出位置的选项。LabVIEW 的数组和 C 与 C++语言的数组一样，索引都是从 0 开始的，无论数组有几个维度，第一个元素的索引均为零。

LabVIEW 中的数组有一定的限制，即数组中不能再创建数组。允许创建多维数组或创建每个簇中含有一个或多个数组的簇数组。不能创建数组元素为子面板控件、选项卡控件、.NET 控件、ActiveX 控件、图表、多曲线 XY 图、多列列表框的数组。

A　数组的索引

定位数组中的某个特定元素要为每一维度建一个索引。在 LabVIEW 中，通过索引可浏览整个数组，也可从程序框图数组中提取元素、行、列和页。

例如，太阳系八大行星可以用一个简单的文本数组表示。在 LabVIEW 中可用含有 8 个元素的一维字符串数组表示。

数组元素是有序的。数组通过索引访问数组中任意一个特定的元素。索引以零开始，即索引的范围是 0 到 $n-1$，其中 $n$ 是数组中元素的个数。例如，对于九大行星而言，$n=8$，因此索引的范围是 0~7。地球是第三个行星，因此其索引为 2。

图 5-33 为一个数组的例子：以数值数组表示波形，数组的每个元素是具有相继时间间隔的电压值。

B　创建数组对象

通过以下方式可在前面板上创建一个数组输入控件或数组显示控件：在前

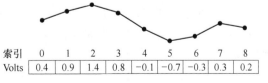

图 5-33　以数值数组表示波形

面板上放置一个数组外框，然后将一个数据对象或元素拖曳到该数组外框中。数据对象或元素可以是数值、布尔、字符串、路径、引用句柄、簇输入控件或显示控件。如图 5-34

所示。数组创建过程中，其外框会自动调整大小以容纳新对象。

如需在程序框图中创建数组常量，则先从函数选板上选择数组常量，将数组外框放置于程序框图上，然后将字符串常量、数值常量、布尔常量或簇常量放入数组外框。数组常量可存储常量数据或同另一个数组进行比较。

如需在前面板上添加一个多维数组控件，则右键单击索引框并从快捷菜单中选择添加维度。用户也可以直接拖拽索引显示边框至所需维数。如需一次删除数组的一个维度，右键单击索引框并从快捷菜单中选择删除维度。也可改变索引框的大小来删除维度。如需在前面板上显示某个特定的元素，可在索引框中输入索引数字或使用索引框上的箭头找到该数字。

例如，一个二维数组包含行和列。如图 5-35 前面板所示，左边的两个方框中上面的索引为行索引，下面的索引为列索引。行和列显示框右边的显示框中就是指定位置的值。图 5-35 中前面板显示第 6 行，第 13 列的值为 66。行和列是从零开始的，即第一列为列 0，第二列为列 1，依此类推。

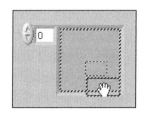

图 5-34　创建数组对象示意图

图 5-35　二维数组示意图
1—行索引；2—列索引；3—行列定位取值

如试图显示超出数组维度范围的某一行或某一列，数组显示控件将变暗以表示该数据没有定义，同时 LabVIEW 将显示该数据类型的默认值。数据类型的默认值取决于该数组的数据类型。定位工具可调整数组的大小并一次显示多行或多列。

数组的滚动条也可用来找到某一个特定元素。右键单击数组，从快捷菜单中选择显示项→垂直滚动条或显示项→水平滚动条，可显示数组滚动条。

C　数组函数

数组函数可创建数组并对其操作。例如，执行以下操作：从数组中提取单个数据元素，在数组中插入、删除或替换数据元素，分解数组等。创建数组函数可通过编程方式创建数组。也可使用循环创建数组。数组函数位于函数选板中"编程"子选板下的"数组"选板内，如图 5-36 所示。

索引数组、替换数组子集、数组插入、删除数组元素和数组子集等函数可自动调整大小以匹配所连接的输入数组的维数。例如，如将一个一维数组连接到以上某一个函数，则该函数只显示单个索引输入。如将一个二维数组连接到同一个函数，则该函数显示两个索引输入，一个用于行索引，另一个用于列索引。

定位工具可手动调整这些函数的大小，以便通过这些函数访问多个数组元素或子数组（行、列或页）。扩展这些函数中的某个函数时，该函数将根据与之相连数组的维数的增加而增加。如将一个一维数组连接到以上某个函数，则该函数将以单个索引输入为单位扩展。如将一个二维数组连接到这个函数，该函数将以两个索引输入为单位扩展，其中一个

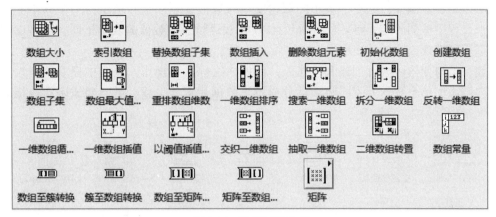

图 5-36　数组函数选板

用于行索引，另一个用于列索引。

连接的索引输入决定了要访问或修改的子数组的形状。例如，"索引数组"函数的输入为一个二维数组，但只连接了行索引输入，则提取的是该数组的完整的一行。如只连接了列索引输入，则提取的是该数组的完整的一列。如同时连接了行索引输入和列索引输入，则提取的是该数组的单个元素。每个输入分组都是独立的，因此可访问数组中任何维度的任何部分。

### 5.4.5.2　簇

簇（Cluster）是 LabVIEW 中特有的一种数据类型，类似于 C 语言中的结构体。簇将不同类型的数据元素归为一组。使用簇可以把分布在流程图中各个位置的数据元素组合起来，以减小连线的拥挤程度。连线板最多可有 28 个接线端。如前面板上要传送给另一个 VI 的输入控件和显示控件多于 28 个，则应将其中的一些对象组成一个簇，然后为该簇分配一个连线板接线端。LabVIEW 错误簇是簇的一个例子，它包含一个布尔值、一个数值和一个字符串。

程序框图上的绝大多数簇的连线样式和数据类型接线端为粉红色。错误簇的连线样式和数据类型终端显示为深黄色。由数值控件组成的簇，有时也称为点，其连线样式和数据类型接线端为褐色。褐色的数值簇可连接到数值函数，如加或平方根函数，以便对簇中的所有元素同时进行同样运算。

### A　簇元素顺序

簇和数组元素都是有序的，必须使用解除捆绑函数一次取消捆绑所有元素。也可使用按名称解除捆绑函数，按名称解除捆绑簇元素。如使用按名称解除捆绑函数，则每个簇元素都必须带有标签。簇不同于数组的地方还在于簇的大小是固定的。与数组一样，簇包含的不是输入控件即是显示控件。簇不能同时含有输入控件和显示控件。

簇元素有自己的逻辑顺序，与它们在簇外框中的位置无关。放入簇中的第一个对象是元素 0，第二个为元素 1，依此类推。如删除某个元素，顺序会自动调整。簇顺序决定了簇元素在程序框图中的"捆绑"和"解除捆绑"函数上作为接线端出现的顺序。右键单击簇边框，在快捷菜单中选择重新排序簇中控件可查看和修改顺序。

如需连线两个簇，则二者必须有相同数目的元素。由簇顺序确定的相应元素的数据类型也必须兼容。例如，如一个簇中的双精度浮点数值在顺序上对应于另一个簇中的字符串，那么程序框图的连线将显示为断开且 VI 无法运行。如数值的表示不同，LabVIEW 会将它们强制转换成同一种表示法。

　　簇、类与变体函数可创建和操作簇。例如，执行以下操作：从簇中提取单个数据元素、向簇添加单个数据元素、将簇拆分成单个数据元素等。簇、类与变体函数选板如图5-37 所示。

图 5-37　簇、类与变体函数选板

　　B　创建簇输入控件、显示控件和常量

　　按下列前面板所示通过以下方式在前面板上创建一个簇输入控件或簇显示控件：在前面板上添加一个簇外框，再将一个数据对象或元素拖曳到簇外框中，数据对象或元素可以是数值、布尔、字符串、路径、引用句柄、簇输入控件或簇显示控件。

　　如需在程序框图中创建一个簇常量，则从函数选板中选择一个簇常量，将该簇外框放置于程序框图上，再将字符串常量、数值常量、布尔常量或簇常量放置到该簇外框中，如图 5-38 所示。簇常量用于存储常量数据或同另一个簇进行比较。

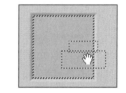

图 5-38　簇控件的创建

## 5.4.6　局部变量和全局变量

　　在 LabVIEW 中，通过前面板对象的程序框图接线端进行数据访问。每个前面板对象只有一个对应的程序框图接线端，但有时应用程序可能需要从多个不同位置访问该接线端中的数据。而局部变量和全局变量用于应用程序中无法连线的位置间的信息传递。局部变量可从一个 VI 的不同位置访问前面板对象。全局变量可在多个 VI 之间访问和传递数据。

### 5.4.6.1　局部变量

　　无法访问某前面板对象或需要在程序框图节点之间传递数据时，可创建前面板对象的局部变量。创建局部变量后，局部变量仅仅出现在程序框图上，而不在前面板上。

　　局部变量可对前面板上的输入控件或显示控件进行数据读写。写入一个局部变量相当于将数据传递给其他接线端。但是，局部变量还可向输入控件写入数据和从显示控件读取数据。事实上，通过局部变量，前面板对象既可作为输入访问也可作为输出访问。

　　例如，如果用户界面需要用户登录，可在每次新用户登录时清空登录和密码提示框中的内容。通过局部变量，当用户登录时从登录和密码字符串控件中读取数据，当用户离开时向这些控件写入空字符串。

右键单击一个前面板对象或程序框图接线端并从快捷菜单中选择创建→局部变量便可创建一个局部变量。该对象的局部变量的图标将出现在程序框图上。

也可从函数选板上选择一个局部变量将其放置在程序框图上。此时局部变量节点尚未与一个输入控件或显示件相关联。如图 5-39 所示。

如需使局部变量与输入控件或显示控件相关联，可右键单击该局部变量节点，从快捷菜单中选择选择项。展开的快捷菜单将列出所有带有自带标签的前面板对象。

图 5-39  局部变量

LabVIEW 通过自带标签关联局部变量和前面板对象，因此前面板控件的自带标签应具有一定的描述性。

### 5.4.6.2  全局变量

全局变量可在同时运行的多个 VI 之间访问和传递数据。全局变量是内置的 LabVIEW 对象。创建全局变量时，LabVIEW 将自动创建一个有前面板但无程序框图的特殊全局 VI。向该全局 VI 的前面板添加输入控件和显示控件可定义其中所含全局变量的数据类型。该前面板实际便成为一个可供多个 VI 进行数据访问的容器。

例如，假设现有 2 个同时运行的 VI。每个 VI 含有一个 While 循环并将数据点写入一个波形图表。第一个 VI 含有一个布尔控件来终止这两个 VI。此时须用全局变量通过一个布尔控件将这两个循环终止。如这两个循环在同一个 VI 的同一张程序框图上，可用一个局部变量来终止这两个循环。

全局变量的创建过程如下：

从函数选板上选择一个全局变量，将其放置在程序框图上。如图 5-40 所示。双击该全局变量节点可显示全局 VI 的前面板。该前面板与标准前面板一样，可放置输入控件和显示控件。

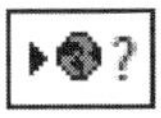

图 5-40  全局变量

LabVIEW 以自带标签区分全局变量，因此前面板控件的自带标签应具有一定的描述性。可创建多个仅含有一个前面板对象的全局 VI，也可创建一个含有多个前面板对象的全局 VI 从而将相似的变量归为一组。

所有对象在全局 VI 前面板上放置完毕后，保存该全局 VI 并返回到原始 VI 的程序框图。然后必须选择全局 VI 中想要访问的对象。右键单击该全局变量节点并从快捷菜单中选中一个前面板对象。该快捷菜单列出了全局 VI 中所有自带标签的前面板对象。右键单击该全局变量节点并从选择项快捷菜单中选择一个前面板对象。

如为全局变量节点创建了一个副本，则 LabVIEW 将把这个新的全局变量节点与原始变量节点的全局 VI 相关联。

### 5.4.6.3  变量的读写

创建了一个局部或全局变量后，就可从变量读写数据了。默认状态下，新变量将接收数据。变量就像一个显示控件，同时是一个写入局部变量或写入全局变量。将新数据写入该局部或全局变量时，与之相关联的前面板输入控件或显示控件将由于新数据而被更新。

变量可配置为数据源、读取局部变量或读取全局变量。右键单击变量，从快捷菜单中选择转换为读取，便可将该变量配置为一个输入控件。节点执行时，VI 将读取相关前面板输入控件或显示控件中的数据。如需使变量从程序框图接收数据而不是提供数据，可右键单击该变量并从快捷菜单中选择转换为写入。

在程序框图上，读取局部或全局变量与写入局部或全局变量间的区别相当于输入控件和显示控件间的区别。类似于输入控件，读取局部变量或读取全局变量的边框较粗。而写入局部变量或写入全局变量的边框则较细，类似于显示控件。

### 5.4.6.4 全局变量与局部变量的使用及局限性

局部和全局变量是高级的 LabVIEW 概念。它们不是 LabVIEW 数据流执行模型中固有的部分。使用局部变量和全局变量时，程序框图可能会变得难以阅读，因此需谨慎使用。错误地使用局部变量和全局变量，如将其取代连线板或用其访问顺序结构中每一帧中的数值，可能在 VI 中导致不可预期的行为。滥用局部变量和全局变量，如用来避免程序框图间的过长连线或取代数据流，将会降低执行速度。

A 局部变量和全局变量的初始化

如需对一个本地或全局变量进行初始化，应在 VI 运行前将已知值写入变量。否则变量可能含有导致 VI 发生错误行为的数据。如变量的初始值基于一个计算结果，则应确保 LabVIEW 在读取该变量前先将初始值写入变量。将写入操作与 VI 的其他部分并行可能导致竞争状态。

要使变量初始化在 VI 其他部分执行之前完成，可将初始值写入变量的这部分代码单独放在顺序结构的第一帧。也可将这部分代码放在一个子 VI 中，通过连线使该子 VI 在程序框图的数据流中第一个执行。如在 VI 第一次读取变量之前，没有将变量初始化，则变量含有的是相应的前面板对象的默认值。

B 竞争状态

两段或更多代码并行执行并访问同一部分内存时会引发竞争状态。如果代码是相互独立的，就无法判断 LabVIEW 按照何种顺序访问共享资源。

竞争状态会引起不可预期的结果。例如，两段独立的代码访问同一个队列，但是用户未控制 LabVIEW 访问队列的顺序，这种情况下会引发竞争状态。竞争状态随着程序运行的时间因素而改变，因此具有一定的危险性。操作系统、LabVIEW 版本和系统中其他软件的改变均会引起竞争状态。

如改动了 VI 的时间要素（例如，更新操作系统或 LabVIEW 版本），请检查访问同一部分数据的并行代码，并使用定时条件来控制哪一部分代码首先执行。

C 使用局部变量和全局变量时的竞争状态

对同一个存储数据进行一个以上更新动作均会造成竞争状态，但是竞争状态通常在使用局部变量和全局变量或外部文件时出现。图 5-41 程序框图显示了一个局部变量造成竞争状态的范例。该 VI 的输出，即本地变量 x 的值取决于首先执行的运算。因为每个运行都把不同的值写入 x，所以无法确定结果是 7，还是 3。在一些编程语言中，由上至下的数据流模式保证了执行顺序。在 LabVIEW 中，可使用连线实现变量的多种运算，从而避免竞争状态。图 5-42 程序框图通过连线而不是局部变量执行了加运算。所以，如必须在局部变量或全局变量上执行一个以上操作，则应确保各项操作按顺序执行。

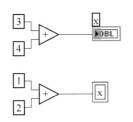

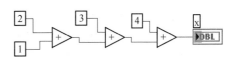

图 5-41　局部变量造成竞争状态　　　　图 5-42　避免了竞争状态的程序框图

如两个操作同时更新一个全局变量，也会发生竞争状态。如要更新全局变量，需先读取值，然后修改，再将其写回原来的位置。当第一个操作进行了读取—修改—写入操作，然后才开始第二个操作时，输出结果是正确的，可预知的。第一个操作读取值，然后第二个操作读取值，则两个操作都修改和写入了一个值。这样操作造成了读取—修改—写入竞争状态，会产生非法值或丢失值。

要避免全局变量引起的竞态，可使用功能全局变量保护访问变量操作的关键代码。使用一个功能全局变量而不是多个本地或全局变量可确保每次只执行一个运算，从而避免运算冲突或数据赋值冲突。

D　使用局部变量时应考虑内存

局部变量会复制数据缓冲区。从一个局部变量读取数据时，便为相关控件的数据创建了一个新的缓冲区。

如使用局部变量将大量数据从程序框图上的某个地方传递到另一个地方，通常会使用更多的内存，最终导致执行速度比使用连线来传递数据更慢。如在执行期间需要存储数据，可考虑用移位寄存器。

E　使用全局变量时应考虑内存

从一个全局变量读取数据时，LabVIEW 将创建一份该全局变量的数据副本，保存于该全局变量中。

操作大型数组和字符串时，将占用相当多的时间和内存来操作全局变量。操作数组时使用全局变量尤为低效，原因在于即使只修改数组中的某个元素，LabVIEW 仍对整个数组进行保存和修改。如一个应用程序中的不同位置同时读取某个全局变量，则将为该变量创建多个内存缓冲区，从而导致执行效率和性能降低。

## 5.5　LabVIEW 程序结构设计

LabVIEW 程序结构包含图形化代码并控制内部代码运用的方式和时间。LabVIEW 提供了文本语言中所包含的绝大多数程序结构，同时又提供了适用于数据流控制开发的独特的程序结构，例如事件结构、定时结构、条件禁用结构、程序框图禁用结构等，使得用户可以利用 LabVIEW 语言快速方便地开发各种复杂结构的程序。

LabVIEW 程序结构是传统文本编程语言中的循环和条件语句的图形化表示。使用程序框图中的结构可对代码块进行重复操作，根据条件或特定顺序执行代码。与其他节点类似，结构也具有可与其他程序框图节点进行连线的接线端。输入数据存在时结构会自动执行，执行结束后将数据提供给输出线路。每种结构都含有一个可调整大小的清晰边框，用于包围根据结构规则执行的程序框图部分。结构边框中的程序框图部分被称为子程序框图。从结构外接收数据和将数据输出结构的接线端称为隧道。隧道是结构边框上的连接点。

LabVIEW 程序框图界面的结构选板中的以下结构可用于控制程序框图的执行方式：

（1）For 循环–按设定的次数执行子程序框图。

（2）While 循环—执行子程序框图直至满足某个条件。

（3）条件结构—包含多个子程序框图，根据传递至该结构的输入值，每次只执行其中一个子程序框图。

（4）顺序结构—包含一个或多个按顺序执行的子程序框图。

（5）事件结构—包括一个或多个子程序框图，在用户交互产生某个事件时执行。

（6）定时结构—执行一个或多个包括限时和延时的子程序框图。

（7）条件禁用结构—包含一个或多个子程序框图，每个子程序框图均在运行时编译和执行。

（8）程序框图禁用结构—包含一个或多个子程序框图，运行时只编译和执行其中一个子程序框图。

### 5.5.1　For 循环和 While 循环结构

For 循环和 While 循环可用来控制重复性操作。

#### 5.5.1.1　For 循环

图 5-43 为 For 循环将按设定的次数执行子程序框图。该图中，总数接线端（输入端）的值表示重复执行该子程序框图的次数，计数接线端（输出端）表示已完成循环的次数。将循环外部的数值连接到总数接线端的左边或顶部，可手动设定循环次数，或者使用自动索引自动设定循环总数。计数器总是从零开始计数。第一次循环时，计数接线端返回 0。

总数和计数接线端都是 32 位有符号整数。如将一个浮点数连接到总数接线端，LabVIEW 将对其进行取整，并将其强制转换到 32 位有符号整数的范围内。如果将 0 或负数连接到总数接线端，该循环无法执行并在输出中显示该数据类型的默认值。在 For 循环中添加移位寄存器可将当前循环中的数据传递至下一次循环。

#### 5.5.1.2　While 循环

如图 5-44 所示，类似于文本编程语言中的 Do 循环或 Repeat-Until 循环，While 循环执行子程序框图直到满足某个条件。

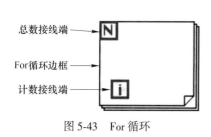

图 5-43　For 循环

图 5-44　While 循环

While 循环执行子程序框图直到条件接线端（输入端）接收到某一特定的布尔值。如图 5-44 所示，条件接线端的默认动作和外观为真（T）时停止。当条件接线端为真（T）时停止时，While 循环将执行其子程序框图直到条件接线端接收到一个 TRUE 值。右键单击该接线端或 While 循环的边框，并选择如图 5-44 所示的真（T）时继续，可改变条件接线端的动作和外观。

如图 5-45 所示，如果将布尔控件的接线端放置在 While 循环的外部并且该控件被设置为 FALSE，当循环执行时，如果条件接线端为真（T）时停止，则会导致无限循环。如果将循环外部的控件设置为 TRUE，且条件接线端为真（T）时继续，也会导致无限循环。由于输入控件的值只在循环开始前被读取一次，因此改变控件的值并不能停止无限循环。要停止一个无限循环，必须单击工具栏上的中止执行按钮中止整个 VI。

使用 While 循环的条件接线端也可进行基本的错误处理。将错误簇连接到条件接线端时，仅有错误簇中状态参数的 TRUE 或 FALSE 值被传递到该接线端，并且真

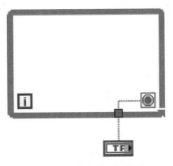

图 5-45　布尔控件放置
在 While 循环的外部

（T）时停止和真（T）时继续快捷菜单选项也相应地分别变为错误时停止和错误时继续。如图 5-45 所示，计数接线端（输出端）表示已完成的循环次数。计数器总是从零开始计数。第一次循环时，计数接线端返回 0。在 While 循环中添加移位寄存器可将当前循环中的数据传递到下一次循环。

### 5.5.1.3　自动索引循环

如果将一个数组连接到 For 循环或 While 循环的输入隧道，启用自动索引可读取和处理数组中的各个元素。将数组连接到循环边框的输入隧道并且启用输入隧道的自动索引时，从第一个元素开始每次均有一个数组元素进入循环。当禁用自动索引时，整个数组将一次性全部传递到循环中。启用数组输出隧道的自动索引功能时，该输出数组从每次循环中接收一个新元素。因此，自动索引的输出数组的大小与重复的次数相等。例如，如循环执行了 10 次，那么输出数组就含有 10 个元素。如果禁用输出隧道上的自动索引，仅有最后一次循环的元素被传递到程序框图上的下一个节点。

鼠标右键单击循环边框上的隧道，并从快捷菜单中选择启用索引或禁用索引可以启用或禁用自动索引。默认情况下，While 循环禁用自动索引。循环边框上的方括号表示已启用自动索引。输出隧道和下一个节点间连线的粗细也表示循环是否正在使用自动索引。使用自动索引时，连线较粗，因为此时连线上包含一个数组而不是一个标量。循环在一维数组中提取标量建立索引，在二维数组中提取一维数组建立索引，依此类推。输出隧道的情况正好相反。标量元素按顺序累积形成一维数组，一维数组累积形成二维数组，以此类推。

### 5.5.1.4　使用自动索引设置 For 循环总数值

如果将连接到 For 循环输入接线端的数组启用自动索引，LabVIEW 会将总数接线端设置成与数组大小一致，因此用户无须为总数接线端连接数值。由于 For 循环每次可处理数组中的一个元素，因此默认情况下，LabVIEW 对连接到 For 循环的每个数组均启用自动索

引。如不需要一次处理数组中的一个元素，可以禁用自动索引。

如果多个隧道启用自动索引，或对计数接线端进行连线，则计数值将取其中的较小值。例如，如果两个启用自动索引的数组进入循环，分别含有 10 个和 20 个元素，同时将值 15 连接到总数接线端，这时该循环执行 10 次，并且只对第二个数组中的前 10 个元素建立索引。又如，在一个图形上绘制两个数据源，并只需绘制前 100 个元素，这时可将值 100 连接到总数接线端。如果其中一个数据源只含有 50 个元素，那么循环将执行 50 次，并且只对前 50 个元素建立索引。数组大小函数可用来确定数组的大小。

### 5.5.1.5 While 循环的自动索引

如果为一个进入 While 循环的数组启用自动索引，则 While 循环将以与 For 循环同样的方式对该数组建立索引。但是，While 循环只有在满足特定条件时才会停止执行，因此 While 循环的执行次数不受该数组大小的限制。当 While 循环索引超过输入数组的大小时，LabVIEW 会将该数组元素类型的默认值输入循环。通过使用"数组大小"函数可以防止将数组默认值传递到 While 循环中。"数组大小"函数显示数组中元素的个数。将 While 循环设置为当循环次数与数组大小相同时停止执行。

### 5.5.1.6 使用循环创建数组

不仅可以使用循环读取和处理数组中的元素，还可以通过 For 循环和 While 循环创建数组。将循环中的 VI 或函数的输出连接到循环边框上。在 While 循环中，右键单击隧道并从快捷菜单中选择启用索引。使用 For 循环时，默认情况下已启用索引。隧道输出的是一个数组，数组中的每个元素都是每次循环结束后 VI 或函数返回的值。

### 5.5.1.7 移位寄存器

移动寄存器用于 For 循环或 While 循环中，可将某次循环的值传递到下一次循环中。移位寄存器在使用中是以一对接线端的形式出现的，分别位于两侧的边框上，位置相对，如图 5-46 所示。

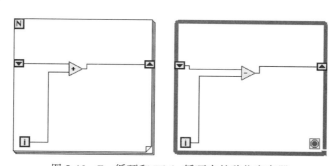

图 5-46 For 循环和 While 循环中的移位寄存器

移动寄存器右侧接线端含有一个向上的箭头，用于存储每次循环结束时的数据。Lab-VIEW 将数据从移位寄存器右侧接线端传递到左侧接线端。循环将使用左侧接线端的数据作为下一次循环的初始值。该过程在所有循环执行完毕后结束。循环执行后，右侧接线端将返回移位寄存器保存的值。移位寄存器可以传递任何数据类型，并和与其连接的第一个对象的数据类型自动保持一致。连接到各个移位寄存器接线端的数据必须属于同一种数据类型。

循环中可添加多个移位寄存器。如循环中的多个操作都需使用之上一次循环的值，可以通过多个移位寄存器保存结构中不同操作的数据值。

A　移位寄存器的初始化

初始化移位寄存器，即重设 VI 运行时移位寄存器传递给第一次循环的值。如图 5-47 所示，将输入控件或常量连接到循环左侧的移位寄存器接线端，即可初始化移位寄存器。图 5-47 中的 For 循环将执行 5 次，每次循环后，移位寄存器的值都增加 1。For 循环完成 5 次循环后，移位寄存器会将最终值（5）传递给显示控件并结束 VI 运行。每次执行该 VI，移位寄存器的初始值均为 0。

如未初始化移位寄存器，循环将使用最后一次执行时写入该寄存器的值，在循环未执行过的情况下使用该数据类型的默认值。使用未初始化的移位寄存器还可以保留 VI 多次执行之间的状态信息。图 5-48 即是未初始化的移位寄存器。图 5-48 中的 For 循环将执行 5 次，每次循环后，移位寄存器的值都增加 1。第一次运行 VI 时，移位寄存器的初始值为 0（即 32 位整型数据的默认值）。For 循环完成 5 次循环后，移位寄存器会将最终值（5）传递给显示控件并结束 VI 运行。而第二次运行该 VI 时，移位寄存器的初始值是上一次循环所保存的最终值 5。For 循环执行 5 次后，移位寄存器会将最终值（10）传递给显示控件。如果再次执行该 VI，移位寄存器的初始值是 10，依此类推。关闭 VI 之前，未初始化的移位寄存器将保留上一次循环的值。

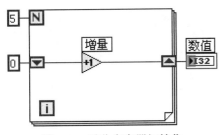
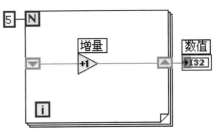

图 5-47　移位寄存器初始化　　　　图 5-48　未初始化的移位寄存器

B　层叠移位寄存器

层叠移位寄存器可访问以前多次循环的数据。层叠移位寄存器可以保存以前多次循环的值，并将值传递到下一次循环中。如需创建层叠移位寄存器，右键单击左侧的接线端并从快捷菜单中选择添加元素。

如图 5-49 所示，层叠移位寄存器只位于循环左侧，因为右侧的接线端仅用于把当前循环的数据传递给下一次循环。如在图中给左侧接线端添加另一个元素，上两次循环的值将传递至下一次循环中，其中最近一次循环的值保存在上面的寄存器中，而上一次循环传递给寄存器的值则保存在下面的接线端中。

5.5.1.8　反馈节点

反馈节点用于保存程序框图或循环过程中上次执行的数据或状态信息。反馈节点不在它所获取的数据上执行任何操作。而是从初始化接线端获取一个值并将这个值传递到下一个输入接线端。反馈节点接收到新值时，节点将保留该值直到节点将该值传递至下个输出接线端。反馈节点类似于反馈控制理论和数字信号处理中的 $z^{-1}$ 块。

如图 5-50 所示，在 For 循环或 While 循环中，将一个或一组节点的输出连接到这个

（些）节点的输入时会自动出现反馈节点，其中图上左侧是反馈节点在程序框图函数选板的结构子选板上的图标，右侧是插入到循环里的反馈节点图标。

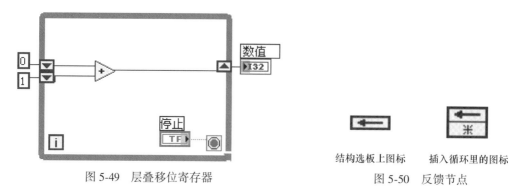

图 5-49 层叠移位寄存器

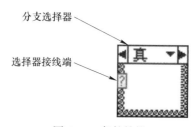

结构选板上图标　　插入循环里的图标

图 5-50 反馈节点

右键单击反馈节点，在快捷菜单中勾选初始化接线端，在循环边框上添加初始化接线端，初始化循环。在函数选板中选择反馈节点或将已初始化的移位寄存器转换为反馈节点，循环会自动生成初始化接线端。VI 运行时，初始化反馈节点将重置传递给第一次循环的初始值。如未初始化反馈节点，那么该反馈节点将传递最后一次写入该节点的值。如循环从未执行，则传递其数据类型的默认值。如初始化接线端的输入端没有连接数值，则每次 VI 运行时，反馈节点的初始输入都将是上一次执行的最终值。右键单击移位寄存器，从快捷菜单中选择替换为反馈节点，可将移位寄存器替换为反馈节点。右键单击反馈节点并从快捷菜单中选择替换为移位寄存器，可将反馈节点替换为移位寄存器。

### 5.5.2 条件结构

条件结构包含多个子程序框图（也称"条件分支"），在程序执行时根据结构的输入值执行相应的子程序框图。条件结构执行时仅有一个子程序框图或分支执行。连线至选择器接线端的值决定要执行的分支。条件结构类似于文本编程语言中的 switch 语句或 if…then…else 语句。条件结构如图 5-51 所示。

如图标 ◀ 真 ▼▶ 所示，条件结构顶部的条件选择器标签是由结构中各个条件分支对应的选择器值的名称以及两边的递减和递增箭头组成。单击递减和递增箭头可以滚动浏览已有条件分支。也可以单击条件分支名称旁边的向下箭头，并在下拉菜单中选择一个条件分支。

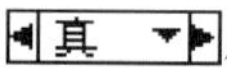

图 5-51 条件结构

将一个输入值或选择器连接到如图 5-51 所示的选择器接线端即可以选择需执行的条件分支选择器接线端可以连接的数据类型有整型、布尔值型、字符串型和枚举型。条件选择器接线端可置于条件结构左边框的任意位置。如果选择器接线端的数据类型是布尔值型，则该结构包括真和假分支。如果选择器接线端的数据类型为整型、字符串型或枚举型，该结构可以使用任意一个分支。指定条件结构的默认条件分支以处理超出范围的数值。否则应明确列出所有可能的输入值。例如，如果选择器的数据类型是整型，并且已指定 1、2 和 3 分支，则必须指定一个默认选框以便在输入数据为 4 或任何其他有效的整数值时执行。

### 5.5.2.1　分支选择器值和数据类型

在条件选择器的标签中输入单个值或数值列表和范围。如使用列表，数值之间用逗号隔开。如使用数值范围，指定一个类似 10..20 的范围可用于表示 10 到 20 之间的所有数字（包括 10 和 20）。也可以使用开集范围。例如，..100 表示所有小于等于 100 的数，100.. 表示所有大于或等于 100 的数。

同时也可以将列表和范围结合起来使用，如..5, 6, 7..10, 12, 13, 14。如在同一个条件选择器标签中输入的数值范围有重叠，条件结构会以更紧凑的形式重新显示该标签。例如，上例将显示为..10, 12..14。如使用字符串范围，范围 a..c 包括 a 和 b，但不包括 c。而 a..c, c 则同时包括结束值 c。

如果输入选择器的值与选择器接线端所连接的对象不是同一数据类型，则该值将变为红色，在结构执行之前必须删除或编辑该值，否则 VI 不能运行。同样由于浮点算术运算可能存在四舍五入误差，因此浮点数不能作为条件选择器值。如果将一个浮点数连接到条件分支，LabVIEW 将对其进行舍入到最近的偶数值。如果在条件选择器标签中输入浮点值，则该值将变成红色，在执行结构前必须对该数值进行删除或修改。

### 5.5.2.2　输入和输出隧道

可为条件结构创建多个输入输出隧道。所有输入都可供条件分支选用，但条件分支不需使用每个输入。但是，必须为每个条件分支定义各自的输出隧道。在某一个条件分支中创建一个输出隧道时，所有其他条件分支边框的同一位置上也会出现类似隧道。只要有一个输出隧道没有连线，该结构上的所有输出隧道都显示为白色正方形。每个条件分支的同一输出隧道可以定义不同的数据源，但各个条件必须兼容这些数据类型。右键单击输出隧道并从快捷菜单中选择未连线时使用默认，所有未连线的隧道将使用隧道数据类型的默认值。

### 5.5.2.3　用条件结构进行错误处理

将错误簇连接到条件结构的条件选择器接线端时，条件选择器标签将显示两个选项：错误和无错误。错误时边框为红色，无错误时边框为绿色。发生错误时，条件结构将执行错误子程序框图。

### 5.5.2.4　调换条件结构分支

可将条件结构的两个可见分支相互对调位置，不影响其他分支以及这些分支在快捷菜单中的显示。只有这两个被交换的条件分支的子程序框图发生改变。有三个或以上分支时，可对条件结构中的分支进行对调。交换可见条件结构分支的步骤为：

（1）切换到要与其他分支互换子程序框图的分支。

（2）右键单击条件结构的边框。

（3）从快捷菜单中选择交换程序框图至分支，并选择与当前分支交换子程序框图的分支。

在图 5-52 所示的条件结构中，分支 0 包含的分支为 A，分支 1 包含的分支为 B，依此类推，分支 4 包含的分支为 E，共有 5 个分支。可让 LabVIEW 调换分支 1 和分支 3，结果如图 5-53 所示。

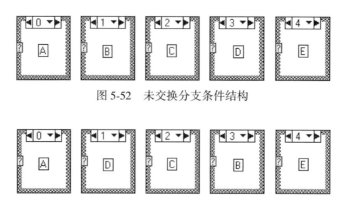

图 5-52　未交换分支条件结构

图 5-53　交换分支后条件结构

### 5.5.3　顺序结构

顺序结构包含一个或多个按顺序执行的子程序框图或帧。跟程序框图其他部分一样，在顺序结构的每一帧中，数据依赖性决定了节点的执行顺序。

顺序结构有两种类型：平铺式顺序结构和层叠式顺序结构。使用顺序结构应谨慎，因为部分代码会隐藏在结构中。故应以数据流而不是顺序结构为控制执行顺序的前提。使用顺序结构时，任何一个顺序局部变量都将打破从左至右的数据流规范。

#### 5.5.3.1　平铺式顺序结构

当平铺式顺序结构的帧都连接了可用的数据时，结构的帧按照从左至右的顺序执行。每帧执行完毕后会将数据至传递至下一帧。这意味着某个帧的输入可能取决于另一个帧的输出。在平铺式顺序结构中添加或删除帧时，结构会自动调整尺寸大小，图 5-54 所示为平铺式顺序结构。

如果将平铺式顺序结构转变为层叠式顺序结构，然后再转变回平铺式顺序结构，Lab-VIEW 会将所有输入接线端移到顺序结构的第一帧中。最终得到的平铺式顺序结构所进行的操作与层叠式顺序结构相同。将层叠式顺序转变为平铺式顺序，并将所有输入接线端放在第一帧中，则可以将连线移至与最初平铺式顺序相同的位置。

#### 5.5.3.2　层叠式顺序结构

如图 5-55 所示，层叠式顺序结构将所有的帧依次层叠，因此每次只能看到其中的一帧，并且按照第 0 帧、第 1 帧、直至最后一帧的顺序执行。层叠式顺序结构仅在最后一帧执行结束后返回数据。如需节省程序框图空间，可使用层叠式顺序结构。如图 5-55 所示，位于层叠式顺序结构顶部的选择器标签显示当前帧编号和帧编号范围。

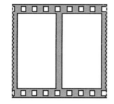

图 5-54　平铺式顺序结构

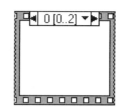

图 5-55　层叠式顺序结构

与平铺式顺序结构不同，层叠式顺序结构需使用顺序局部变量在帧与帧之间传递数据。使用顺序选择标识符浏览已有帧并且重新排列这些帧。层叠式顺序结构的帧选择器标签类似于条件结构的条件选择器标签。帧标签包括中间的帧号码以及两边的递减和递增箭头。不能在帧的标签中输入值。在层叠式顺序结构中添加、删除或重新安排帧时，LabVIEW 会自动调整帧标签中的数字。

### 5.5.3.3　使用顺序结构时机的确定

顺序结构可以保证执行顺序，但是也阻止了并行操作。例如，如果不使用顺序结构，使用 PXI、GPIB、串口、DAQ 等 I/O 设备的异步任务就可以与其他操作并发运行。在这种情况下，可能需要利用 LabVIEW 内在并行处理的优势。避免过度使用顺序结构：

（1）需控制执行顺序时，可以考虑建立节点间的数据依赖性。例如，数据流向参数（如错误 I/O）可用于控制执行顺序。

（2）使用条件结构和 While 循环。不可更新顺序结构的多个帧的显示控件，如图 5-56 所示。

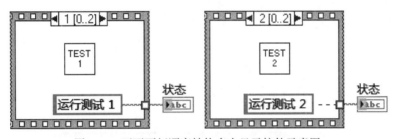

图 5-56　不可更新顺序结构多个显示控件示意图

在图 5-56 所示的程序框图中，某个用于测试应用程序的 VI 含有一个状态显示控件用于显示测试过程中当前测试的名称。如果每个测试都是从不同帧调用的子 VI，则不能从每一帧中更新该显示控件。层叠式顺序结构中断开的连线便说明了这一点。由于层叠式顺序结构中的所有帧都在任何数据输出该结构之前执行，因此只能由其中某一帧将值传递给状态显示控件。

相反地，可以使用图 5-57 所示的程序框图中的条件结构和 While 循环。条件结构中的每个分支都相当于顺序结构中的某一帧。While 循环的每次循环将执行下一个分支。状态显示控件显示每个分支 VI 的状态，由于数据在每个分支执行完毕后才传出顺序结构，在调用相应子 VI 选框的前一个分支中将更新该状态显示控件。

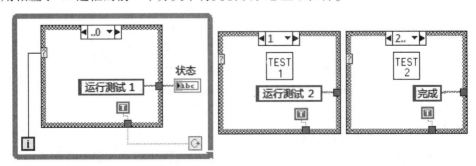

图 5-57　混合使用条件结构与 While 循环实现多个控件显示

跟顺序结构不同,在执行任何分支时,条件结构都可传递数据结束 While 循环。例如,如在运行第一个测试时发生错误,条件结构可以将 FALSE 值传递至条件接线端从而终止循环,即使执行过程中有错误发生,顺序结构也必须执行完所有的帧。

### 5.5.4 事件结构

如图 5-58 所示,事件结构的主要功能是在程序执行中等待事件发生,并执行相应条件分支,处理该事件。事件结构包括一个或多个子程序框图或事件分支,结构处理事件时,仅有一个子程序框图或分支在执行。等待事件通知时,该结构可超时。连线事件结构边框左上角的"超时"接线端,指定事件结构等待事件发生的时间,以毫秒为单位。默认值为-1,表示永不超时。

图 5-58 事件结构

可配置单个分支处理多个事件,但一次只能发生分支中的一个事件。必须在 While 循环中放置事件结构,以便处理多个事件。

事件结构中的单个分支不能同时处理通知事件和过滤事件。一个事件分支可处理多个通知事件,但只有所有事件数据项完全相同时才能处理多个过滤事件。可配置一个或多个事件结构对一个特定对象上同一通知事件或过滤事件做出响应。

#### 5.5.4.1 事件结构的组成部分

图 5-59 所示描述了"键按下?"事件分支的事件结构。

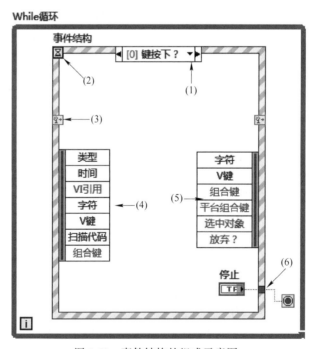

图 5-59 事件结构的组成示意图

在图 5-59 中,各个组成部分的含义如下:

(1)事件选择器标签指定了促使当前显示的分支执行的事件。如需查看其他事分支,可单击分支名称后的向下箭头。

（2）"超时"接线端指定了超时前等待事件的时间，以毫秒为单位。如为"超时"接线端连接了一个值，则必须有一个相应的超时分支，以避免发生错误。

（3）动态事件接线端接受用于动态事件注册的事件注册引用句柄或事件注册引用句柄的簇。如连线内部的右接线端，右接线端的数据将不同于左接线端。可通过"注册事件"函数将事件注册引用句柄或事件注册引用句柄的簇连接至内部的右接线端并动态地修改事件注册。某些选板中的事件结构可能不会默认显示动态事件接线端。如需显示，可右键单击事件结构的边框，在快捷菜单中选择显示动态事件接线端。

（4）事件数据节点用于识别事件发生时 LabVIEW 返回的数据。与按名称接触捆绑函数相似，可纵向调整节点大小，选择所需的项。通过事件数据节点可访问事件数据元素。例如，事件中常见的类型和时间。其他事件数据元素（例如，字符和 V 键）根据配置的事件而有所不同。

（5）事件过滤节点识别可修改的事件数据，以便用户界面可处理该数据。该节点出现在处理过滤事件的事件结构分支中。如需修改事件数据，可将事件数据节点中的数据项连线至事件过滤节点并进行修改。可将新的数据值连接至节点接线端以改变事件数据。可将 TRUE 值连接至"放弃?"接线端以完全放弃某个事件。如果没有为事件过滤节点的某一数据项连接一个值，则该数据项保持不变。

（6）与条件结构一样，事件结构也支持隧道。但在默认状态下，不必连接事件结构每个分支的输出隧道。所有未连线的隧道的数据类型将使用默认值。右键单击隧道，从快捷菜单中取消选择未连线时使用默认可恢复至默认的条件结构行为，即所有条件结构的隧道必须要连线。也可配置隧道，在未连线的情况下自动连接输入和输出隧道。

### 5.5.4.2　在 LabVIEW 中使用事件的说明与建议

由于 LabVIEW 是一个图形化编程界面，因此其事件处理和其他编程语言中的事件处理有所不同。下文列出了在 LabVIEW 应用程序中使用事件的说明和建议：

（1）确保事件结构能在任何时间处理发生的事件。

（2）记得在"值改变"事件分支中读取触发布尔控件的接线端。

（3）使用条件结构处理触发布尔控件的撤销操作。

（4）将一个条件分支配置为处理多个通知事件的操作时，使用警告信息。

（5）不要使用不同的事件数据将一个分支配置为处理多个过滤事件。

（6）如包含事件结构的 While 循环基于触发停止布尔控件的值而终止，记住要在事件结构中处理该触发停止布尔控件。

（7）如无需通过编程监视特定的前面板对象，考虑使用"等待前面板活动"函数。

（8）用户界面事件仅适用于直接的用户交互。

（9）避免在一个事件分支中同时使用对话框和"鼠标按下?"过滤事件。

（10）避免在一个循环中放置两个事件结构。

（11）使用动态注册时，确保每个事件结构均有一个"注册事件"函数。

（12）使用子面板控件时，事件由含该子面板控件的顶层 VI 处理。

（13）如需在处理当前事件的同时生成或处理其他事件，考虑使用事件回调注册函数。

（14）请谨慎选择通知或过滤事件。用于处理通知事件的事件分支，无法影响

LabVIEW 处理用户交互的方式。如要修改 LabVIEW 是否处理用户交互，或 LabVIEW 怎样处理用户交互，可使用过滤事件。

（15）不要将前面板关闭通知事件用于重要的关闭代码中，除非事先已采取措施确保前面板关闭时 VI 不中止。例如，用户关闭前面板之前，确保应用程序打开对该 VI 的引用。或者，可使用前面板关闭？过滤事件，该事件在面板关闭前发生。

### 5.5.5 定时结构

LabVIEW 程序中定时结构用于监控代码的定时属性。定时结构常用于实时应用程序和高级 Windows 应用。在其他应用中，可考虑使用 While 循环、等待（ms）函数、等待下一个整数倍毫秒函数、LabVIEW 的其他循环和结构等来代替定时结构。这些对象在时间控制上稍弱于定时结构，但是比定时结构容易配置。

5.5.5.1 定时结构的定时源（Real-Time，Windows）选择

定时源控制着定时结构的执行。可从下列三种定时源中选择。

A 内部

内部定时源指在配置定时结构的输入节点时所选择的内置定时源。用于控制定时结构的内部定时源包括操作系统自带的 1kHz 时钟及实时（RT）终端的 1MHz 时钟。通过配置定时循环、配置定时顺序或配置多帧定时循环对话框的循环定时源或顺序定时源，可在下列定时源中选中一个内部定时源。

1kHz 时钟—默认状态下，定时结构以操作系统的 1kHz 时钟为定时源。使用 1kHz 时钟，创建毫秒精度的定时结构。所有可运行定时结构 LabVIEW 平台都支持 1kHz 定时源。

1MHz 时钟–支持的终端可使用 1MHz 时钟定时源控制定时结构。使用 1MHz 时钟，创建微秒精度的定时结构。如终端因为处理器和操作系统的限制不支持微秒（ms）精度，则不可用 1MHz 时钟。

1kHz<绝对时间>—选择操作系统的 1kHz 时钟。如选择该定时源，定时结构中所有与开始和结束相关的输入/输出接线端均使用时间标识。可使用绝对定时源指定结构每次执行的具体日期和时间。

1MHz<绝对时间>—在 Pentium Ⅲ 或更高处理器的 RT 终端（例如，NI PXI-817x 和 NI PXI-818x）上，选择 1MHz 时钟。如选择该定时源，定时结构中所有与开始和结束相关的输入/输出接线端均使用时间标识。可使用绝对定时源指定结构每次执行的具体日期和时间。

1kHz 时钟<结构开始时重置>—与 1kHz 时钟相似的定时源，每次定时结构开始时重置为 0。

1MHz 时钟<结构开始时重置>—与 1MHz 时钟相似的定时源，每次定时结构开始时重置为 0。

同步至扫描引擎–将定时循环同步至 NI 扫描引擎。通过该定时源，定时结构将在每次扫描结束后执行。循环之间的间隔对应于扫描引擎页中的扫描周期（μS）设置。

B 软件触发定时源

软件触发使用创建定时源 VI 的"创建软件触发定时源"实例创建的定时源。通过创

建一个软件触发定时源根据软件定义的时间触发定时循环。使用创建定时源 VI 创建软件触发定时源。使用触发软件触发定时源 VI，通过编程触发一个由软件触发定时源控制的定时循环。

可将软件触发定时源作为 RT 兼容的事件处理器，当生产—消费应用程序中生成新数据时，通知消费方定时循环。软件触发定时源还可用于离散事件仿真。使用触发软件触发定时源 VI 的计时数量指定离散事件之间间隔事件。触发软件触发定时源 VI 执行后，定时结构的内部计数器将增加计时数量个计数值。如内部计数器跳过一个或多个定时循环间隔，定时循环将这些间隔作为丢失的间隔。如要通过一次调用触发软件触发定时源 VI 触发多个定时循环，可取消勾选配置定时循环对话框的放弃丢失周期复选框。

C　外部定时源

外部定时源的创建过程是通过使用创建定时源 VI 和 DAQmx 数据采集 VI 创建的定时源。可使用 NI-DAQmx 7.2 或更高版本创建用于控制定时结构的外部定时源。使用 DAQmx 创建定时源 VI 通过编程选中一个外部定时源。另有几种类型 DAQmx 定时源可用于控制定时结构，如频率、数字边沿计数器、数字改动检测和任务源生成的信号等。通过 DAQmx 的数据采集 VI 可创建以下用于控制定时结构的 NI-DAQmx 定时源。外部定时源的具体选项如下：

频率：创建一个在恒定频率下执行定时结构的定时源。

数字边沿计数器：创建一个数字信号边缘升降时执行定时结构的定时源。

数字改动检测：创建一个或多个数字线边沿升降时执行定时结构的定时源。

任务源生成的信号：创建一个以特定信号指定定时结构执行时间的定时源。

### 5.5.5.2　定时顺序（结构）

定时顺序结构由一个或多个子程序框图（帧）组成，在内部或外部定时源控制下按顺序执行，如图 5-60 所示。与定时循环不同，定时顺序结构的每个帧只执行一次，不重复执行。定时顺序结构适于开发只执行一次的精确定时、执行反馈、定时特征等动态改变或有多层执行优先级的 VI。右键单击定时顺序结构的边框可添加、删除、插入或合并帧。

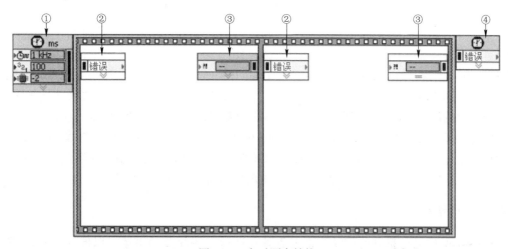

图 5-60　定时顺序结构

图 5-60 所示的定时顺序结构具有代表性，表明该结构的每一帧都包含①输入节点，④输出节点，②左侧数据节点，③右侧数据节点。默认状态下，定时顺序结构节点不显示所有可用的输入端和输出端。如需显示所有可用接线端，请调整节点大小或右键单击节点，通过快捷菜单显示节点接线端。右键单击定时顺序结构的边框，在快捷菜单中选择显示左侧数据节点或显示右侧数据节点，可显示各节点。

双击输入节点，显示配置定时顺序对话框，在该对话框中对定时顺序结构进行配置。在配置定时循环对话框中输入的值可作为选项出现在输入节点中。右键单击定时顺序结构，在快捷菜单中选择替换为定时循环，可使定时顺序结构替换为定时循环。右键单击定时顺序结构，在快捷菜单中选择替换为平铺式顺序，可使定时顺序结构替换为平铺式顺序结构。

### 5.5.5.3 定时函数和 VI

LabVIEW 的程序的定时功能可以用多种方法实现，如采用定时函数、定时 VI 以及数据采集硬件所提供的专用定时函数或 VI 等。图 5-61 所示的程序框图采用了两个"时间计数器"来计算数据记录时间间隔，当如果当前时间到达记录间隔的整数倍时，就再次发出记录控制信号，并将计数器复位进行下一记录循环，从而控制数据自动按间隔记录。

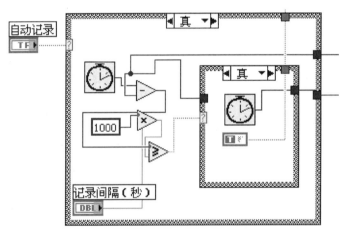

图 5-61 利用时间计数器进行自动记录控制

"已用时间" Express VI 的用法和"时间计数器"类似，但是"已用时间" Express VI 提供了更多的功能。更简单的定时方法是直接使用"等待"，"等待下一个整数倍毫秒"或"时间延迟"函数，这三个函数的用法是完全相同的。它们可以分辨的最小等或延时时间也是相同的，即 2ms。它们唯一的差别在于精度，"等待"与"时间延迟"的精度是相同的，每执行一次的误差可能达数毫秒；"等待下一个整数倍毫秒"的精度要略高一些，在 1ms 以内。因此，像一般不需要太高精度的程序中，使用"等待"与"时间延迟"均可，比如串口数据读取等。如果是一个数据采集程序，即使时间精度要求不是太高，也不适合使用误差达毫秒级的定时方法。一般采用数据采集卡上的定时时钟来进行采样控制。

### 5.5.6 其他结构

LabVIEW 中还包括其他的结构，本节对其进行一些简要的讲述，以便在以后的虚拟仪器开发中用到时能灵活应用。

### 5.5.6.1　程序框图禁用结构

这种结构包括一个或多个子程序框图（分支），如
图 5-62 所示。在该结构中仅有启用的子程序框图可执
行，因此可用于禁用部分程序框图。程序框图禁用结构
类似于条件结构，其添加、删除、复制、重排等操作与
条件结构类似，详细内容可参见 LabVIEW 帮助文档或
技术手册。

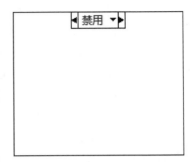

图 5-62　程序框图禁用结构

### 5.5.6.2　共享变量（节点）

LabVIEW 中的共享变量表示程序框图上的一个共
享变量。如需绑定程序框图中的共享变量节点和处于活
动状态的项目中的共享变量，可在程序框图中放置共享变量节点，双击或右键单击该共享
变量节点，在快捷菜单中选择选择变量→浏览，显示选择变量对话框。也可将项目浏览器
窗口中的共享变量拖放至相同项目中 VI 的程序框图，从而创建一个共享变量节点。

从项目浏览器窗口选取一个共享变量放置于程序框图上，或将共享变量节点放置在程
序框图上时，LabVIEW 将把共享变量节点配置为读取数据。如需将共享变量节点配置为
写入属性，可右击该节点，从弹出的菜单中选择转换为写入选项即可。

指定共享变量节点与共享变量连接的方式时，可将该节点设置为绝对或终端相对。绝
对共享变量节点总是与创建该共享变量对象上的共享变量相连接。终端相对共享变量节点
总是与运行含有该共享变量节点的 VI 所在对象上的共享变量相连接。如需将绝对共享变
量节点改变为终端相对，可右击该节点，从弹出的快捷菜单中选择转换为终端相对选项。
如需将终端相对共享变量节点改变为绝对，则右击该节点，从弹出的菜单中选择转换为绝
对选项即可。

VI 上通过网络发布的共享变量节点使用 . aliases 文件，确认其所在项目中仪器模块单
元的 IP 地址。运用 LabVIEW 项目中的 VI 时，VI 将搜索项目的 . aliases 文件并使用该文件
解释别名。然后将项目中各仪器模块的记录保存在 . aliases 文件中，并随着仪器模块 IP 地
址的改变而更新该文件。位于主应用程序实例中的 VI 运行时，VI 使用与 LabVIEW. exe 同
一目录下的 LabVIEW. aliases 文件查找别名。但 . aliases 文件不同，该文件并不自动更新，
必须手动为 . aliases 文件添加 IP 地址。如 VI 无法找到别名，则共享变量节点将使用最近
的一个 IP 地址。如共享变量在最近的已知 IP 地址上已不再部署，则共享变量将返回
错误。

### 5.5.6.3　公式和方程

LabVIEW 的公式节点、表达式节点和脚本节点用于在程序框图上执行数学运算。
LabVIEW 支持 MathScript 节点和其他脚本节点。（MathScript RT 模块）MathScript 节点使
用 MathScript RT 模块引擎执行以 LabVIEW MathScript 语法和其他文本语言语法编写的脚
本。其他脚本节点将启用第三方提供的软件脚本服务器（例如，MATLAB 脚本服务器）
执行现有脚本。MathScript 节点可处理大多数在 MATLAB 或兼容开发环境中创建的基于文
本的脚本。但是，MathScript RT 模块引擎并不支持所有 MATLAB 函数。某些现有脚本中

的函数可能不受支持。对于这些函数，可使用公式节点或其他脚本节点。

A 公式节点

公式节点是一种便于在程序框图上执行数学运算的文本节点。用户不必使用任何外部代码或应用程序，且创建方程时不必连接任何基本算术函数。除接受文本方程表达式外，公式节点还接受文本形式且为 C 语言编程者所熟悉的 if 语句、while 循环、for 循环和 do 循环。这些程序的组成元素与在 C 语言程序中的元素相似，但并不完全相同。

公式节点是一个类似于 For 循环、While 循环、条件结构、层叠式顺序结构和平铺式顺序结构且大小可改变的方框，如图 5-63 所示。但是，公式节点中没有子程序框图，而是由一个或多个由分号隔开的类似 C 语言的语句。如以下实例所示。与 C 语言一样，可将注释的内容放在/* */（/ * comment * /）中，或在注释文本之前添加两个斜杠（//comment）。

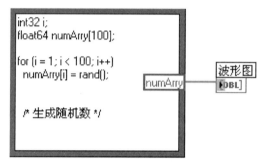

图 5-63 程序框图上的公式节点

B 表达式节点

表达式节点用于计算含有单个变量的表达式。表达式节点适于表达式中仅有一个变量的情况，如出现多个变量，情况会较复杂。表达式节点使用外部传递到变量输入接线端的值作为该变量的值，并由输出接线端返回计算的结果值。

例如，考虑这样一个简单的表达式：

$$x \times x + 33 \times (x + 5)$$

图 5-64 的程序框图使用数值函数来表示该表达式。用表达式节点可创建一个更简单的程序框图，如图 5-65 所示。表达式节点具有多态性，其输入接线端的数据类型和与之相连的控件或常量的数据类型相同。输出接线端与输入接线端也具有相同的数据类型。输入的数据类型可以是任何非复数标量数、非复数标量数组，或非复数标量簇。使用数组和簇时，表达式节点会将该表达式应用于输入数组或簇中的每一个元素。

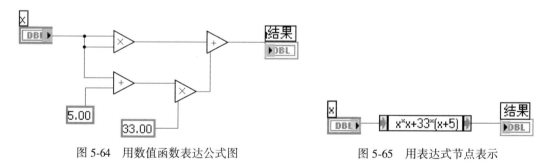

图 5-64 用数值函数表达公式图　　　　图 5-65 用表达式节点表示

C 脚本节点

脚本节点用于执行 LabVIEW 中基于文本的数学脚本。LabVIEW 支持调用第三方脚本服务器处理脚本的脚本节点，例如，MATLAB® 脚本服务器。

在 MathScript 节点和其他脚本节点上使用输入输出变量，在 LabVIEW 和 MathScript 节点或其他节点之间传递值。脚本中表达式的结构决定了变量是输入变量还是输出变量。例如，如脚本含有赋值语句 $X = i + 3$，可创建输入变量 $i$ 以控制脚本节点或其他节点如何计算 $X$，还可在脚本节点或其他节点上创建一个输出变量 $X$ 以获取脚本计算的最终结果。

用户可在 MathScript 节点中创建基于 LabVIEW MathScript 语法的脚本、加载以 Lab-VIEW MathScript 语法或其他文本编程语言语法编写的脚本、编辑新建或加载的脚本，以及调用 MathScript RT 模块引擎处理 MathScript 和其他文本脚本。MathScript 节点可处理大多数在 MATLAB 或兼容环境中创建的文本脚本。但是，MathScript RT 模块引擎并不支持所有 MATLAB 函数。某些现有脚本中的函数可能不受支持。对于这些函数，可使用公式节点或其他脚本节点。

可使用脚本节点调用第三方软件脚本服务器（例如，MATLAB 脚本服务器）执行现有的文本脚本。在值的传递方面，脚本节点类似于公式节点。但是，脚本节点允许用户导入已有的文本脚本并在 LabVIEW 中通过调用第三方脚本服务器运行导入的脚本。右键单击脚本节点，从快捷菜单中选择选择脚本服务器，选中某个脚本服务器引擎，可改变 LabVIEW 与之通信的脚本服务器引擎。LabVIEW MathScript RT 模块也安装一个脚本服务器引擎。不能改变 MathScript 节点的脚本服务器引擎。

## 5.6　文件 I/O 应用

LabVIEW 提供的文件 I/O 函数可以进行所有有关文件输入输出的操作，文件 I/O 操作使得应用程序可以读写各种文件中的数据。文件 I/O 选板上的"文件 I/O" VI 和函数可实现文件 I/O 的所有功能，其中包括：

(1) 打开和关闭数据文件。

(2) 读写数据文件。

(3) 读写电子表格格式的文件。

(4) 移动或重命名文件和目录。

(5) 修改文件属性。

(6) 创建、修改和读取配置文件。

使用一个 VI 或函数就可进行文件打开、读写和关闭操作，也可分别使用函数控制过程中的各个步骤。典型的文件 I/O 操作包括以下流程。

(1) 创建或打开一个文件。文件打开后，引用句柄是该文件的唯一标识符。

(2) 使用文件 I/O 选板上的 VI 或函数，对文件进行读写操作。

(3) 关闭文件。

文件 I/O VI 和某些文件 I/O 函数，如读取文本文件和写入文本文件可执行一般文件 I/O 操作的全部三个步骤。执行多项操作的 VI 和函数可能在效率上低于执行单项操作的函数。

### 5.6.1　文件 I/O 基础

#### 5.6.1.1　流盘的特点与应用

流盘操作减少了文件打开和关闭时函数与操作系统交互的次数，节省了内存资源。流盘是指在循环内执行多次读写操作时，保持文件打开的技术。

　　避免连线路径控件或常量至读取或写入文件的函数/VI（例如，"写入文本文件"或"读取二进制文件"函数），此类操作在每次函数或 VI 运行时打开关闭文件，增加了系统开销。流盘操作可降低系统开销。

　　（1）使用流盘。进行 LabVIEW 程序设计时，确定是否在应用中使用流盘操作应考虑下列因素：对于速度要求高，时间持续长的数据采集，流盘是一种理想的方案；数据采集的同时将数据连续写入文件时可使用流盘。

　　（2）流盘操作。如要创建典型的流盘操作，将打开/创建/替换文件函数和关闭文件函数置于循环外，如图 5-66 框图所示。在流盘设计模式下，VI 在循环内部连续写入文件，避免了每次循环均打开和关闭文件的系统开销。另外，若要获取更好的效果，在采集进程结束前应避免运行其他 VI 和函数（如分析 VI 和函数等）。

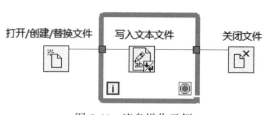

图 5-66　流盘操作示例

### 5.6.1.2　文件缓冲的使用

　　在每次文件 I/O 操作中，LabVIEW 调用操作系统（OS）并请求在文件和磁盘之间传输数据，调用时间为几个毫秒。LabVIEW 每次调用操作系统，毫秒值进行累积。要避免这些时间重复，多数操作系统的文件系统有一个缓冲区，用于暂时存储要写入文件或从文件中读取的数据。缓冲区存满后，操作系统将进行一次文件 I/O 操作。默认状态下 LabVIEW 启用缓冲。缓冲减少了操作系统访问磁盘的次数并减少了处理时间。

　　有些情况下禁用缓冲，可加快流盘的处理速度。例如，可使用冗余独立磁盘阵列（RAID）加快处理速度。RAID 是一组硬盘，操作系统可像访问一个硬盘一样同时访问这组磁盘，读写数据消耗的时间更少。如访问启用了缓冲技术的 RAID，LabVIEW 将数据复制到操作系统的时间比操作系统实际上将数据写入磁盘的时间更长。通过禁用"打开/创建/替换文件"函数的禁用缓冲输入端，可避免这些数据副本并强制操作系统直接将数据发送到磁盘。

　　但禁用缓冲时，必须满足下列条件：

　　（1）必须保证文件中数据的大小是存储文件的磁盘区大小的整数倍，以字节为单位。扇区是上存储固定数量数据的磁盘空间，通常为 512 字节。可使用获取卷信息函数的扇区大小（字节）输出端确定磁盘上扇区的大小。LabVIEW 保存数据至磁盘时，数据可存储在若干扇区上，但必须填满每个扇区。512 字节的扇区需 512 字节的数据才能填满。如数据不是扇区大小的整数倍，必须用过滤数据填充这些数据，LabVIEW 再次读取文件前需将这些过滤数据删除。

　　（2）文件中的数据必须与磁盘对齐点的整数倍对齐。LabVIEW 会对齐数据，用户不可更改数据对齐。如数据未达到对齐要求，LabVIEW 将返回一个错误。用户必须启用缓冲，并重新打开文件。

### 5.6.1.3　文件格式的选择

　　采用何种文件 I/O 选板上的 VI 取决于文件的格式。LabVIEW 文件的格式大致可分为文本文件、二进制文件和数据记录文件等。可通过下列格式在文件中读写数据：

（1）如要求记事本等程序也可使用数据，使用文本文件格式。该格式是最常见也最容易跨平台使用的数据格式。在 LabVIEW 中，配置文件、Excel 文件、LabVIEW 测量文件、电子表格文件和 XML 文件等都属于文本文件。

（2）如果应用程序需随机读写文件，并且读写速度和磁盘空间都为关键考虑因素，使用二进制文件。在磁盘空间利用和读取速度方面二进制文件优于文本文件。在 LabVIEW 中，TMD/TDMS 文件、波形文件、Zip 文件等都属于二进制文件。

（3）如果在 LabVIEW 程序中需要处理复杂的数据记录或不同的数据类型，应使用数据记录文件。如果仅从 LabVIEW 访问数据，而且需存储复杂数据结构，数据记录文件是最好的方式。

（4）如要使用上述文件格式之外的其他格式，可使用数据插件。数据插件为在 LabVIEW 中访问数据提供了一个统一的方法。

5.6.1.4　使用数据插件扩展数据文件支持

数据插件仅适用于 Windows 操作系统，它为在 LabVIEW 中访问数据提供了一个统一的方法。数据插件是封装的代码，通过将数据映射到 TDM 数据模型读取和解释特定文件格式中的数据。TDM 数据模型按三个层次组织数据：文件、通道组、通道。

（1）下载和注册数据插件。NI 为特定的数据类型提供数据插件。请访问 NI 网站 ni. com/dataplugins，查看和下载数据插件。

下载数据插件后，必须在本地计算机上注册才能使用插件访问相关的数据类型。双击数据插件文件，手动注册数据插件。或使用注册数据插件 VI 通过程序注册数据插件。

（2）创建数据插件。如无法找到特定数据格式的插件，可使用 LabVIEW DataPlugin SDK 自行创建一个插件。SDK 可创建一个安装程序，从而将新创建的数据插件安装在任意 Windows 操作系统的计算机上。在 LabVIEW DataPlugin SDK 用户手册包含了 LabVIEW 数据插件类型、使用 LabVIEW 创建数据插件、通道长度限制、支持的数据类型和转换、命名规则和支持的 LabVIEW 版本等有关信息。

5.6.1.5　文件引用句柄

LabVIEW 打开一个文件后，文件就由引用句柄表示。引用句柄是代表文件的唯一标识。

如"文件 I/O"函数的输入是路径或引用句柄，则相应的输入端将包含"（使用对话框）"字样，如路径。如该输入端未连接控件或常量，函数执行时将出现话框将提示用户选择文件或目录。每个函数均有取消输出端。如用户单击对话框中的取消按钮，则取消按钮返回 TRUE，函数将返回一个错误。如将一个路径连接到"文件 I/O"函数，该函数将以执行该函数所需的最少权限的方式打开，且无需明确打开或关闭该文件。

例如，将路径连接至读取文本文件函数，则函数以只读方式打开文件。如没有将引用句柄输出连接至另一个函数，则 LabVIEW 将关闭文件。将路径连接至写入文本文件函数，则函数以读/写方式打开文件，并从文件末尾处开始添加写入的文本。如没有将引用句柄输出连接至另一个函数，两种情况下，函数都将关闭文件。将引用句柄输出端与另一个函数连线，文件将继续留在内存中，直到用关闭文件函数关闭文件（如流盘中的操作），或数据流中另一个函数或 VI 关闭该引用，文件才能从内存中释放。

### 5.6.2 LabVIEW 文件类型

如前所述，LabVIEW 文件类型主要包括二进制文件、配置文件、数据记录文件、LabVIEW 测量文件、电子表格文件、TDM/TDMS 文件、文本文件、波形文件、XML 文件和 Zip 文件等多种类型，很多数据类型都具有其独特性。下面进行简要的介绍。

#### 5.6.2.1 二进制文件

磁盘用固定的字节数保存包括整数在内的二进制数据。例如，以二进制格式存储零到四十亿之间的任何一个数，如 1、1,000 或 1,000,000，每个数字占用 4 个字节的空间。

二进制文件可用来保存数值数据并访问文件中的指定数字，或随机访问文件中的数字。与人可识别的文本文件不同，二进制文件只能通过机器读取。二进制文件是存储数据最为紧凑和快速的格式。在二进制文件中可使用多种数据类型，但这种情况并不常见。

二进制文件占用较少的磁盘空间，且存储和读取数据时无需在文本表示与数据之间进行转换，因此二进制文件效率更高。二进制文件可在 1 字节磁盘空间上表示 256 个值。除扩展精度和复数外，二进制文件中含有数据在内存中存储格式的映象。因为二进制文件的存储格式与数据在内存中的格式一致，无需转换，所以读取文件的速度更快。值得注意的是，文本文件和二进制文件均为字节流文件，以字符或字节的序列对数据进行存储。

文件 I/O VI 和函数可在二进制文件中进行读取写入操作。如需在文件中读写数字数据，或创建在多个操作系统上使用的文本文件，可考虑用二进制文件函数。

#### 5.6.2.2 配置文件

配置文件 VI 可读取和创建 Windows 配置（.ini）文件，并以独立于平台的格式写入特定平台的数据（例如，路径），从而可以跨平台使用 VI 生成的文件。配置文件 VI 使用配置设置文件格式。通过"配置文件"VI 可在任何平台上读写由 VI 创建的文件，但无法使用"配置文件"VI 创建或修改 OS X 或 Linux 格式的配置文件。

Windows 配置文件的标准扩展名为 .ini。只要内容格式正确，配置文件 VI 也可使用以任何扩展名命名的文件。

标准的 Windows 配置文件是用于在文本文件中存储数据的特定格式。由于该文件遵循特定的格式，因此可通过编程方便地访问 .ini 文件中的数据。

例如，含有以下内容的配置文件：

［机油温度］

单位 = ℃

A 值 = 0. 000000

B 值 = 1. 000000

"配置文件"VI 可读取数据。如图 5-67 程序框图所示。该 VI 使用读取键 VI 从 Data 段中读取 Value 键。只要文件保持 Windows 配置文件格式，则无论如何修改文件，该 VI 都可正常工作。

#### 5.6.2.3 数据记录文件

数据记录文件可访问和操作数据（仅在 LabVIEW 中），并可快速方便地存储复杂的数据结构。

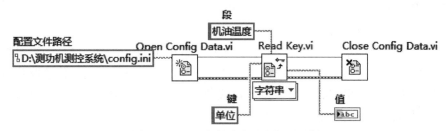

图 5-67　配置文件读取程序框图示例

数据记录文件以相同的结构化记录序列存储数据（类似于电子表格），每行均表示一个记录。数据记录文件中的每条记录都必须是相同的数据类型。LabVIEW 会将每个记录作为含有待保存数据的簇写入该文件。每个数据记录可由任何数据类型组成，并可在创建该文件时确定数据类型。

例如，可创建一个数据记录，其记录数据的类型是包含字符串和数字的簇，则该数据记录文件的每条记录都是由字符串和数字组成的簇。第一个记录可以是（"abc"，1），第二个记录可以是（"xyz"，7）。

有时可能需要永久改变数据记录文件的数据类型。进行此操作后，处理这些记录的 VI 都必须根据新的数据类型更新。但是，一旦更新 VI，VI 就无法读取以原有记录数据类型创建的文件。

数据记录文件只需进行少量处理，因而其读写速度更快。数据记录文件将原始数据块作为一个记录来重新读取，无需读取该记录之前的所有记录，因此使用数据记录文件简化了数据查询的过程。仅需记录号就可访问记录，因此可更快更方便地随机访问数据记录文件。创建数据记录文件时，LabVIEW 按顺序给每个记录分配一个记录号。

从前面板和程序框图可访问数据记录文件。

每次运行相关的 VI 时，LabVIEW 会将记录写入数据记录文件。LabVIEW 将记录写入数据记录文件后将无法覆盖该记录。读取数据记录文件时，可一次读取一个或多个记录。

前面板数据记录可创建数据记录文件，记录的数据可用于其他 VI 和报表中。

#### 5.6.2.4　LabVIEW 测量文件

LabVIEW 测量（.lvm）格式是一种基于文本的文件格式，用于一维数据。该文件是用制表符分隔的文本文件，可在电子表格应用程序或文本编辑应用程序中打开。.lvm 文件包含诸如数据生成日期和时间的头信息。LabVIEW 可在 .lvm 文件中保存精度最高为 6 位的数据。

导入至电子表格应用程序（如 Microsoft Excel）或文本编辑器（如 Notepad）时，.lvm 格式易于解析和读取。.lvm 格式支持多个数据集、数据集分组以及将数据集添加至现有文件。

.lvm 文件用逗号作为数值的分隔符。如需将 .lvm 文件中的数据从字符串转化为数值，可通过本地化代码格式说明符将句点指定为小数点分隔符。

和所有基于文本的格式一样，该文件格式同样不适用于高性能或大量数据。

#### 5.6.2.5　电子表格文件

电子表格文件以表的行列形式组织一维或二维数据。表格的每个单元格都是一维或二维数组的一个元素。

### A　文本电子表格文件

文本电子表格文件是文本文件的一种。要写入数据至电子表格文件，必须将数据格式化为电子表格字符串，其中应有制表符或逗号等分隔符。从电子表格文件读取数据后，数据是一组电子表格字符串。必须将字符串格式化为相应的数据类型。文件 I/O 函数和 VI 只支持带分隔符的文本电子表格字符串。

### B　二进制电子表格文件

二进制电子表格文件包含二进制数据，而不是文本。二进制电子表格文件格式多样。可在 LabVIEW 中使用数据插件读取第三方电子表格文件。

在 LabVIEW 中，可使用写入测量文件 Express VI 将采集到的动态数据保存至 Microsoft Excel 文件（.xlsx）。该 Exrepss VI 使用 Office Open XML 文件创建 Excel 文件，符合 ISO/IEC 29500：2008 国际标准。但要注意，如应用程序使用 Excel 文件格式，无法将程序保存为 12.0 或更早的 LabVIEW 前期版本。如要保存为前期版本，则必须修改应用程序使用其他文件格式。

如要写入数据至 Excel 文件，不必安装 Microsoft Excel。如要查看 Excel 文件中的数据，必须使用能够读取 Office Open XML 文件格式的电子表格查看程序。

每种电子表格查看程序都有行列数的限制。如写入 Excel 文件的数据总量超过了程序限制，可能会发生错误。关于能查看的最大行列数，请参考电子表格查看程序的说明文档。

将数据写入 Excel 文件后，可将 Excel 文件导入 NI 软件，例如，DIAdem 2010 或更高版本。

#### 5.6.2.6　TDM/TDMS 文件

为减少设计和维护自定义测试数据文件格式的需求，NI 定义了灵活的技术数据管理（TDM）数据模型，可通过 LabVIEW、LabWindows™/CVI™、Measurement Studio、Signal Express 和 DIAdem 访问。TDM 数据模型还可允许用户写入有序的数据，与使用的第三方产品无关。

TDM 数据模型支持下列两种文件格式：

（1）在 Windows 系统中，TDM——TDM 文件格式将测试硬件采集的原始数据和元数据保存在不同的文件中。元数据可以是测量通道的名称和单位、测试工程师姓名以及其他信息。元数据为 XML 格式，扩展名为 .tdm。原始数据为紧凑的二进制格式，扩展名为 .tdx。

（2）TDM Streaming（TDMS）——TDMS 将二进制格式的原始数据和元数据保存在一个文件中，扩展名为 .tdms。

创建或打开 .tdms 文件时，LabVIEW 可能自动创建一个 .tdms_index 文件。LabVIEW 通过 .tdms_index 文件提高对 .tdms 文件的访问速度。.tdms_index 在 TDMS 应用程序中为可选。如磁盘空间有限，可配置"TDMS 打开"函数阻止生成该文件。

TDM 数据模型将元数据组织为组和通道，并添加用户定义的属性。从而可识别文件中的元素属于组、通道还是属性。

TDM 数据模型按三个层次组织数据：文件、通道组、通道。图 5-68 显示了 TDM 数据模型，图中的文件层次可包含任意数量的通道组，通道组又可以包含任意数量的通道。每个通道包含一个一维数据值数组。

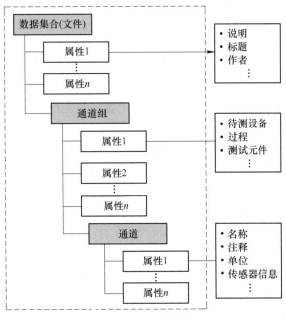

图 5-68　TDM 数据模型

　　TDM 数据模型可灵活地组织数据，使数据易于理解。例如，在一个文件中可以包含两组数据，一组是原始数据，另一组是经过分析的数据。文件还可包含多个通道组，对应于不同的传感器类型和位置。

　　在每个层次上，可存储任意数量的自定义标量属性。每个层次都接受任意数量的自定义属性，最终形成良构的易于搜索的文档。TDM 数据模型的最大优点在于描述性信息就在文件中。无须自行设计头信息结构即可对数据添加描述信息。当描述信息的需求逐渐增多时，无须重新设计程序，只需将当前的数据模型稍加改动满足特定需求即可。使用越多的自定义属性对测量数据进行注释，日后就越容易定位数据。

　　在 LabVIEW 中，读写 TDMS 文件有下列选项：

　　（1）Express VI——读取测量文件和写入测量文件用于从 TDMS 文件读写数据。Express VI 具有易用的交互式配置界面。但是 Express VI 并不适用于高速流盘和实时应用。

　　（2）Windows 操作系统中，存储/数据插件 VI——读写文件之前可使用打开数据存储 Express VI 打开 TDMS 文件。也可获取或设置 TDMS 文件、通道组或通道的属性。这些 VI 也不适用于高速流盘和实时应用。

　　（3）TDMS 函数和 VI——TDMS 函数和 VI 具有良好的灵活性，可实现最佳的性能。使用 TDMS 函数和 VI 是读写 TDMS 文件和属性最高效的方法。这些函数和 VI 可用于高速流盘和实时应用。

### 5.6.2.7　文本文件

　　磁盘空间、文件 I/O 操作速度和数字精度都不是主要考虑因素，也无须进行随机读写，应使用文本文件存储数据，方便其他用户和应用程序读取文件。

文本文件是最便于使用和共享的文件格式，几乎适用于任何计算机。许多基于文本的程序可读取基于文本的文件。多数仪器控制应用程序使用文本字符串。

如需通过其他应用程序访问数据，如文字处理或电子表格应用程序，可将数据存储在文本文件中。如需将数据存储在文本文件中，使用字符串函数可将所有的数据转换为文本字符串。文本文件可包含不同数据类型的信息。

如果数据本身不是文本格式（例如，图形或图表数据），由于数据的 ASCII 码表示通常要比数据本身大，因此文本文件要比二进制和数据记录文件占用更多内存。例如，将 −123.4567 作为单精度浮点数保存时只需 4 个字节，如使用 ASCII 码表示，需要 9 个字节，每个字符占用一个字节。

另外，很难随机访问文本文件中的数值数据。尽管字符串中的每个字符占用一个字节的空间，但是将一个数字表示为字符串所需要的空间通常是不固定的。如需查找文本文件中的第 9 个数字，LabVIEW 须先读取和转换前面 8 个数字。

将数值数据保存在文本文件中，可能会影响数值精度。计算机将数值保存为二进制数据，而通常情况下数值以十进制的形式写入文本文件。因此将数据写入文本文件时，可能会丢失数据精度。二进制文件中并不存在这种问题。

文件 I/O VI 和函数用于读取或写入文本文件，以及读取或写入电子表格文件。

### 5.6.2.8　波形数据

波形包括时间信息和相应的值。采集到信号后，可将信号写入电子表格、文本或数据记录文件。下面介绍如何从文件中读取波形和如何将波形数据写入文件。

A　从文件中读取波形

从文件读取波形 VI 可从文件中读取波形。读取一个波形后，可使用获取波形子集在指定的时间或索引位置截取波形的子集，或可使用获取波形属性函数提取波形属性。

图 5-69 中的 VI 从文件中读取波形，返回波形的前 100 个元素，并将波形的子集绘制在波形图上。

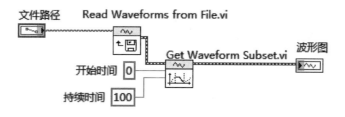

图 5-69　从文件中读取波形并显示

从文件读取波形 VI 也可从文件中读取多个波形。该 VI 返回一个波形数组，可在多曲线图形中显示。如需访问文件中的单个波形，要为波形数据类型建立数组索引。如图 5-70 程序框图所示。该 VI 可访问含有多个波形的文件。索引数组函数读取文件中的第一和第三个波形，并将它们绘制在两个独立的波形图上。当然，也可使用存储/数据插件 VI 或读取测量文件 Express VI 从文件中读取波形。

B　写入波形至文件

写入波形至文件和导出波形至电子表格文件 VI 可将波形写入文件。可将波形写入电

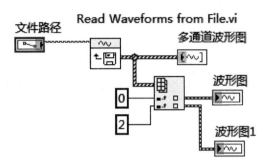

图 5-70　从文件中读取多个波形程序框图

子表格、文本文件或数据记录文件。

如只需在 VI 中使用波形，则可将该波形保存为数据记录文件（.log）。

图 5-71 所示 VI 采集多个波形并在一个图形上进行显示，然后将这些波形写入电子表格文件。也可使用存储/数据插件 VI 或写入测量文件 Express VI 将波形写入文件。

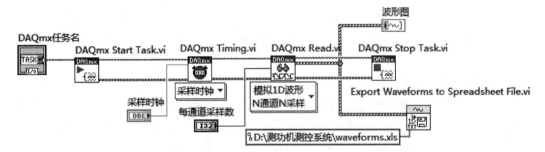

图 5-71　波形写入电子表格文件程序框图

# 第 6 章 LabVIEW 高级编程

## 6.1 菜单设计

LabVIEW 的菜单包括运行时菜单和运行时快捷菜单两种，通过菜单编辑器等方式生成菜单项后，再经编程建立菜单项的响应事件或功能程序，才能实现菜单功能。

创建自定义菜单或修改 LabVIEW 默认菜单，可在编辑 VI 时静态实现或在 VI 运行时通过编程实现。

如需在 VI 上添加自定义菜单栏而不用默认菜单栏，可选择编辑→运行时菜单，在菜单编辑器对话框中创建菜单。LabVIEW 将创建运行时菜单（.rtm）文件。创建并保存 .rtm 文件之后，必须保证该 VI 和 .rtm 文件之间具有相同的相对路径。也可右键单击控件，选择高级→运行时快捷菜单→编辑，创建自定义的运行时快捷菜单。该选项可打开快捷菜单编辑器。

菜单编辑器和快捷菜单编辑器对话框也可用于创建自定义菜单，创建的菜单既可以包括 LabVIEW 在默认菜单中所提供的应用程序菜单项，也可以包括用户自己添加的菜单项。虽然 LabVIEW 定义了应用程序菜单项的操作，但是仍可通过程序框图来控制自定义菜单项的操作。或者通过菜单编辑器和快捷菜单编辑器对话框将自定义的 .rtm 文件与 VI 或控件建立关联。VI 运行时，从 .rtm 文件中加载菜单。

编辑 VI 时，可用菜单编辑器和快捷菜单编辑器对话框自定义菜单。菜单函数用于在运行时通过编程自定义菜单。该函数用于插入、删除、修改用户选项的属性。LabVIEW 已定义了应用程序项的操作和状态，因此用户只能添加或删除应用程序项。

### 6.1.1 运行时菜单

运行时菜单是指前面板运行时菜单栏所显示的界面菜单。在主界面的编辑菜单中选择"运行时菜单"选项，即会弹出如图 6-1 所示的菜单编辑器窗口。在该窗口中的菜单类型下拉列表框中共有 3 种菜单可供选择：第一种是默认菜单，即 LabVIEW 系统运行进行的默认标准菜单；第二种是最小化，显示只包括常用项的标准菜单；第三种是自定义类型，这时允许用户在 RTM 菜单文件中创建、编辑和保存自定义菜单。需要注意的是，可以复制默认和最小化类型的菜单，但不能进行编辑操作。

在菜单项属性中的菜单项类型下拉列表框中可以选择菜单项类型：

（1）用户项——允许用户输入必须在程序框图通过编程处理的新项。用户项应有一个名称，即在菜单上显示的字符串，还应有一个唯一的、区分大小写的字符串标识符。标识符用于在程序框图上唯一确定用户项。输入名称时，LabVIEW 将其复制到标识符。标识符可与项名称不同。合法菜单项的标识符不能为空。非法菜单项相应的项标识符文本框中显示为问号。LabVIEW 保证每个标识符在菜单的层次结构中都是唯一的，必要时 Lab-

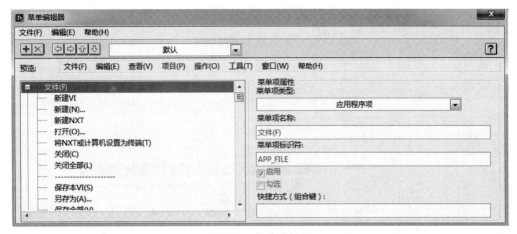

图 6-1　菜单编辑器

VIEW 可在标识符中添加数字。

（2）分隔符——在菜单中插入分隔行。不能对该项设置任何属性。

（3）应用程序项——允许用户选择默认菜单项。如需插入菜单项，选择应用程序项并在层次结构中找到需添加的项。既可添加单个项，也可添加整个子菜单。LabVIEW 将自动处理应用程序项。这些项的标识符不会在程序框图中出现。用户不可更改应用程序项的名称、标识符和其他属性。LabVIEW 中所有应用程序项标签的前缀均为 APP_ 。

编辑完成后，选择文件→保存选项将其保存为 .rtm 菜单文件，最好将其与 VI 存放在同一路径下。但编辑好的菜单，除了应用程序项提供的系统功能外，用户项菜单并不具备任务功能，还需要通过编程才能实现其对应的逻辑功能。操作菜单的函数栏如图 6-2 所示。通过这些函数不仅可以编辑主菜单各菜单项的逻辑功能，还能动态创建主菜单或快捷菜单。

### 6.1.2　菜单选择处理

创建自定义菜单时，必须为每个菜单项分配一个唯一的、不区分大小写的标识符。该标识符称为标签。当用户选择了某个菜单项，可以使用获取所选菜单项函数通过编程获得该选项的标签。LabVIEW 根据每个菜单项的标签值在程序框图上为每个菜单项提供了一个处理程序。该处理程序是 While 循环和条件结构的结合，可在有菜单项被选中的情况下用来确定被选中的菜单项并执行相应的代码。

在创建了自定义菜单之后，可在程序框图上创建一个条件结构来执行或处理自定义菜单里的每一个选项，该过程称为菜单选择处理。LabVIEW 在后台处理所有应用程序菜单项。

图 6-3 中，"获取所选菜单项"函数读取用户所选择的菜单项并将该菜单项传递给条件结构，从而在条件结构中执行该菜单项。运行该 VI 并单击 FFT 菜单项，前面板会显示 FFT 变换的运行结果，如图 6-4 所示。

如果预先知道某个菜单项的处理持续时间较长，可将一个布尔控件连接到"获取所选菜单项"函数的禁用菜单输入端。设置该布尔控件为 TRUE，使菜单栏无效，这样用户在 LabVIEW 处理该菜单项时就不能选择菜单上的任何其他选项。当 LabVIEW 处理完该菜

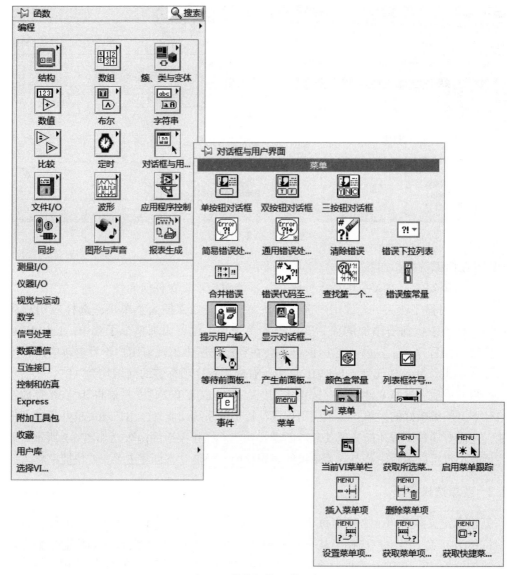

图6-2 菜单操作函数面板

单项后，将 TRUE 连接到启用菜单跟踪函数启用菜单栏。

　　菜单的响应程序也可以通过事件结构来实现。这比通过"获取所选菜单项"函数实现更简洁明了，推荐使用事件结构实现菜单功能。除了可以通过菜单编辑器来编辑主菜单外，还可以利用菜单面板上的 VI 函数通过编程来动态创建菜单。用菜单编辑器的好处是所见即所得，但是在程序运行之前菜单项就已经确定了，而若通过编程来动态创建菜单，菜单项可以根据程序运行情况而做改变，譬如系统在不同的运行模式下显示不同的菜单。如图 6-5 所示，在程序运行时，用户可以选择不同的菜单模式显示不同的菜单。在该程序框图中，首先通过删除菜单项函数将现有菜单清空，然后通过插入菜单项函数插入各个菜单项，最后用设置菜单项信息函数设置菜单快捷键。对于菜单项的编程逻辑，动态创建的菜单和菜单编辑器创建的菜单完全一样。

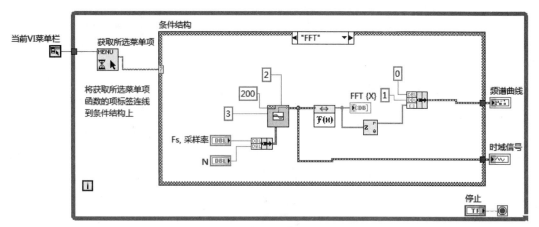

图 6-3　自定义菜单事件处理程序框图

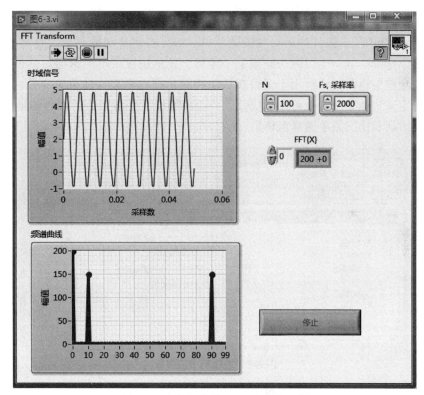

图 6-4　自定义菜单 VI 程序运行示例

### 6.1.3　运行模式下的快捷菜单

　　VI 运行时或处于运行模式下，所有前面板对象都有一套精简的默认快捷菜单。可使用常用快捷菜单剪切、复制、粘贴对象的内容、将对象的值恢复为默认值或查看该对象的说明。但开发人员不可在运行时重新初始化、剪切或复制显示控件中的数据。运行时，重新初始化为默认值、剪切数据和复制数据选项仅对输入控件有效。

　　一些复杂的控件具有附加的菜单项。例如，旋钮的快捷菜单中包含添加指针，修改刻

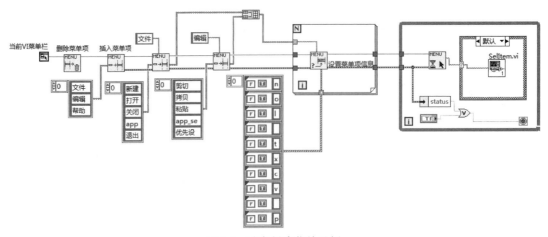

图 6-5 动态创建菜单示例

度显示等菜单项。

可自定义 VI 中任一控件的运行时快捷菜单。如需自定义快捷菜单，右键单击控件并从快捷菜单中选择高级→运行时快捷菜单→编辑，显示快捷菜单编辑器对话框，如图 6-6 所示。快捷菜单编辑器对话框用于编辑默认快捷菜单或自定义快捷菜单文件（.rtm）。可通过编程自定义快捷菜单。也可添加快捷菜单至前面板。要添加快捷菜单至前面板，请使用快捷菜单激活和快捷菜单选择窗格事件。

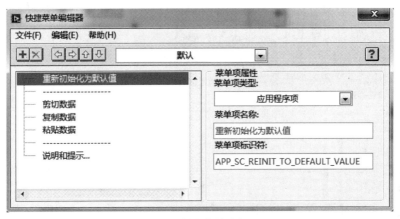

图 6-6 快捷菜单编辑器

可禁用控件上的运行时快捷菜单。

## 6.2 Office 系列操作

在自动化测试领域，生成的 Office 报表（Word、Excel）几乎是每个专业的自动化测试程序的标配。LabVIEW 可以生成 4 种报表格式：标准、HTML、Word、Execl 格式。其中，Word 和 Excel 格式只有在安装 LabVIEW 报表生成工具后才可以使用。

### 6.2.1 LabVIEW Office 报告生成工具包

LabVIEW Office 工具包中提供了一个基于交互式配置的 VI（MS Office Report），如图

6-7 所示。该 VI 为用户提供了利用模板配置 Word 和 Excel 文档的功能，用户可利用 Lab-VIEW 报告生成工具包的所有基本模板，或者在 Word 或 Excel 中自己创建模板。总的来说，要用好 LabVIEW 报告生成工具包应做好两件事：Where 和 What，即告诉 LabVIEW Office 报告生成工具包，在 office 文档的什么位置，放置什么内容即可。

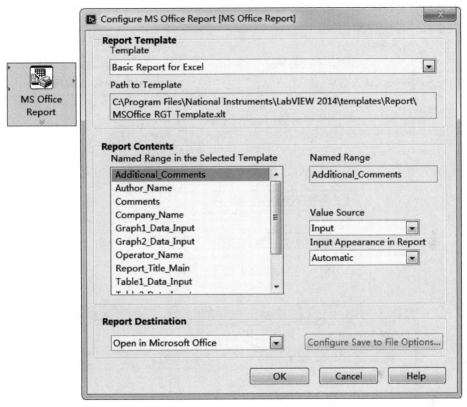

图 6-7　交互式报告生成 VI

## 6.2.2　Word 文档的操作

### 6.2.2.1　快捷生成 Word 文档

Word 中用书签（Bookmark）来为一个位置命名，MS Office Report. vi 可以找到 Word 模板中所有书签的位置。

开始制作一个简单的 Word 模板，第一行输入"山地挖掘机液压系统故障检测报告"，第二行输入"检测时间与地点"，这时，光标停留在第二行末尾，在这个位置添加一个书签（TimeLocation），如图 6-8 所示。

第三行输入"检测对象编号"，第四行输入"检测项目"，第五行输入"检测结果"，并在其后设置相应的书签，如图 6-9 所示。

制作好测试报告模板后，将其存储为后缀名为 . dot 的模板文件，就可使用 MS Office Report. vi 向其插入内容，如图 6-10 所示。在 MS Office Report 的配置窗口中，可以看到创建的书签，如图 6-11 所示。同样，可以为 MS Office Report. vi 输入参数，如图 6-10 所示，运行程序可以看到生成的报告，如图 6-12 所示。

**山地挖掘机液压系统故障检测报告**   **山地挖掘机液压系统故障检测报告**

图 6-8　插入书签　　　　　　　　　图 6-9　Word 报告模板

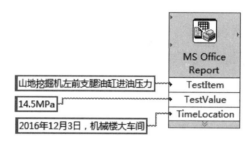

图 6-10　LabVIEW 报告生成程序框图

图 6-11　从 MS Office Report 配置窗口看到的书签

## 山地挖掘机液压系统故障检测报告

检测时间与地点：2016 年 12 月 3 日，机械楼大车间
检测项目：山地挖掘机左前支腿油缸进油压力
检测结果：14.5MPa

图 6-12　自动生成的报告

### 6.2.2.2　标准步骤生成报告

如前所述，对 Word 的操作主要是打开文件进行读写。Word 的操作与文本文件的操作是类似的，所有对文本文件的操作都可以在 Word 文件操作中应用。下面对 Word 文档进入写入与读取操作编程。

（1）在前面板放置一个字符串输入框和显示框，用来写入 Word 的内容，另一个用来显示从 Word 中读取的内容。

（2）在框图程序面板上，为了区别写入和读取的不同，将读与写程序分开进行编程，即采取先写入再读取的方式。整个程序中的 Word 文档都在当前 VI 目录下，也就是使用"打开当前 VI"函数，然后把路径拆开进行创建，最后分别写入和读取。整个程序框图如图 6-13 所示。

图 6-13　Word 文档操作

### 6.2.3　Excel 文档的操作

与 Word 中的书签作用相同，在 Excel 的左上角有一个名称框（Name box），名称框相当于给单元格起了一个名字，方便开发人员记忆和在程序中应用。比如，给 A2 单元格起名为 TimeLocation，那么在 LabVIEW 里面告诉 MS Office Report. vi，"南京"的位置是"TimeLocation"，则相应的文本应会写入 A2 单元格了。使用名称框还有一个好处是，当想更改相应文本的写入位置时，只需要把对应的单元格命名为 TimeLocation 即可，而不需要更改 LabVIEW 程序。

例如，在 A1 单元格中输入报表的名称是"山地挖掘机液压系统故障检测报告"，然后把 A3 单元格命名为 TimeLocation，如图 6-14 所示。Excel 的名称框的输入有一些顺序性技巧如下所示：

（1）单击选中 Excel 单元格。

（2）在名称框里面输入名字并按回车键。

单击名称框右边的下拉箭头，会发现名字已经在名称框里面了。接着把 A4 单元格命名为 TestItem，把 A5 单元格命名为 TestValue，如图 6-15 所示。

成功完成上述步骤之后，为兼容起见，把该文件以 Excel 97-2003 模板的形式保存。然后打开 LabVIEW，并在程序框图中放入 MS Office Report. vi，这时会弹出配置对话框，如图 6-16 所示，然后在第一项中选择 Custom Report for Excel。接着在 Path to Template 中

图 6-14 把 A3 命名为 TimeLocation

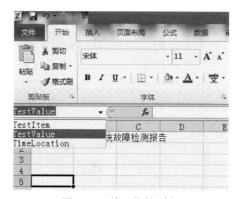

图 6-15 单元格的别名

图 6-16 MS Office Report. vi 配置对话框

选中刚才保存的模板，可以发现，MS Office Report. vi 会自动找到命过名的单元格。单击"OK"完成配置。

到这里，Where 就完成了，即完成了告诉 LabVIEW 在哪里放置想插入的内容。

在 LabVIEW 的程序框图中，为 TimeLocation 输入"南京"，再为 TestItem 和 TestValue 分别输入相应的文字内容，如图 6-17 所示。MS Office Report. vi 可以接受各种类型数据的输入，极大地方便了编程。

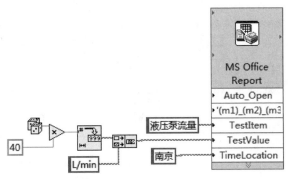

图 6-17　报告生成程序框图

程序运行结果如图 6-18 所示，可见 MS Office Report. vi 已经把数据插入指定的位置。

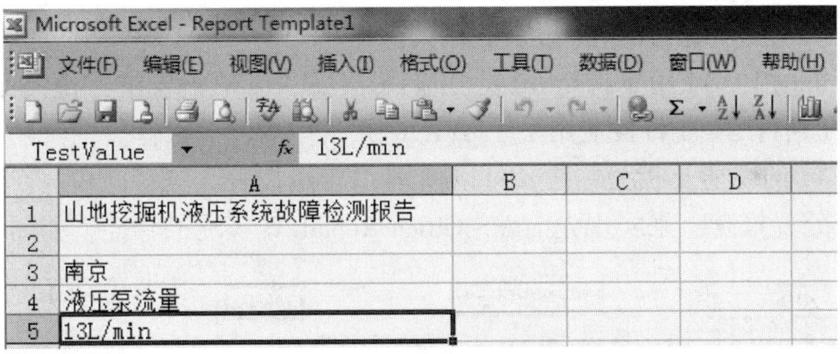

图 6-18　程序运行结果

通过上面示例可以看到，LabVIEW Office 报告生成工具的精髓就是 Where 和 What，Excel 中通过名称框来定位，Word 中通过书签来定位。准备好内容，并告诉 MS Office Report. vi 位置在哪里，它就会把内容精准地放置于指定的位置上去了。

### 6.2.4　使用普通 VI 生成报告

报告生成函数选板如图 6-19 所示。各"报表生成"VI 可用于打印报表或保存含有 VI 说明信息或返回数据的 HTML 报表。简易打印 VI 前面板或说明信息 VI 可用于创建包含 VI 说明信息的基本报表。简易文本报表 VI 可用于创建包含 VI 返回数据的基本报表。其他"报表生成"VI 可用于创建更复杂的报表。

报表 Express VI 可用于生成包含 VI 说明信息、VI 返回数据、报表属性（比如作者、公司和页数等）的预先格式化好的报表。

VI 说明信息 VI 用于自定义需打印或保存在报表中的 VI 说明信息。VI 说明信息包括

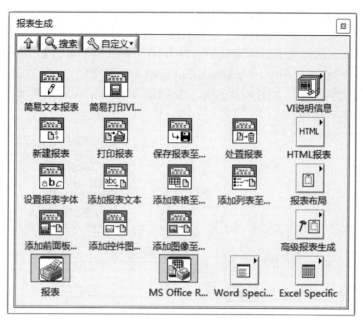

图 6-19　报告生成函数选板

图标和连线板、前面板、程序框图、VI 层次结构、修订历史、控件等。HTML 报表 VI 用于 LabVIEW 中 HTML 报表的相关操作。报表布局 VI 用于设置 LabVIEW 中报表的布局。高级报表生成 VI 用于 LabVIEW 中报表的相关操作。

Word specific 相关 VI 用于将 Word 特性应用于 LabVIEW 报告中的相关操作，而 Excel specific 相关 VI 则将 Excel 特性应用于 LabVIEW 报告中的相关操作。

根据这些 VI 的功能及相关用法，可以使用"新建报表"、Excel Easy Text. vi、"保存报表至"和"处置报表"来实现先前 MS Office Report. vi 实现的功能，如图 6-20 所示。

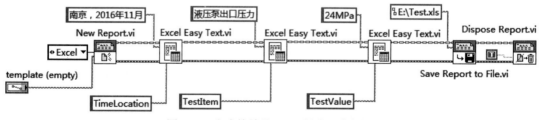

图 6-20　生成简单的 Excel 报告程序框图

图 6-21 是"新建报表"VI 的帮助文档截图。通过中文帮助文档，可以很容易理解上面程序的涵义。这段程序首先由 New Report. vi 调用 Excel 模板文档生成一个新的 Execl 格式的报告，然后通过 Excel Easy Text. vi 向文档中的指定名称单元插入相应内容，如向 TimeLocation 单元插入"南京，2016 年 11 月"等，完成内容插入操作后，调用 Save Report to File. vi 将生成的报告存储在 E：\ Text. xls 文档中，最后释放所占用的资源。

通过上面的程序编写，可以初步了解和掌握普通 VI 生成报告的过程。在工程实践过程中，用户往往倾向于使用 Excel 来制作产品测试报告。下面以 Excel 报表为范例来讲述各种报告生成技术，Word 形式的报告生成技术与 Excel 的基本相同。

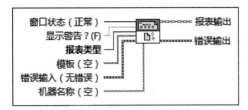

| 0 | maximized |
| 1 | minimized |
| 2 | normal（默认） |
| 3 | no change |

图 6-21　新建报表帮助文档

A　设置字体

设置 Excel 单元格的字体，最常用也最容易的方法是调用报告生成工具包中 Excel For-mat 函数选板上的 Excel Set Cell Font. vi，如图 6-22 所示。

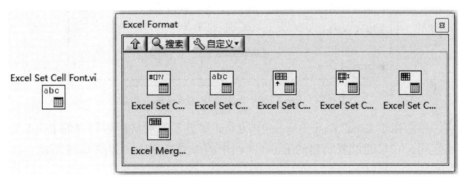

图 6-22　Excel Set Cell Font. vi

图 6-23 为 Excel Set Cell Font. vi 的即时帮助窗口，从中可以看出其用法是比较简单的，只需要设定该函数的字体格式输入（font）、设定哪个单元格或单元格范围（start/end）即可，用法与 Excel Easy Text. vi 很相似。

在图 6-20 中的程序框图中的 Excel Easy Text. vi 前调用 Excel Set Cell Font. vi，即可以控制相应单元格的字体格式。

B　Excel Easy Text. vi 中的字体设置

在应用 LabVIEW 平台生成 Excel 格式的测试报告时，可能用到函数选板上的两个 VI，即 Excel Easy Text. vi 和 Excel Set Cell Font. vi，细心的读者可能注意到，这两个 VI 的输入参数中均包含了 font 输入变量，这时候可能有人会问了，既然前者中已经包含了 font 输入参数（如图 6-24 所示），还有必要使用 Excel Set Cell Font. vi 吗？

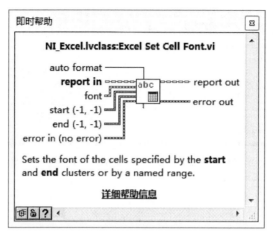

图 6-23　Excel Set Cell Font. vi 的即时帮助界面

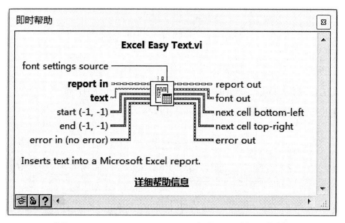

图 6-24　Excel Easy Text. vi 中的 font 输入参数

其实，原因在于 Excel Easy Text. vi 中的 font 参数不能对从模板创建的 Excel 文档中的单元格起作用，它只能设置新建的 Excel 文档中的单元格字体，如图 6-25 所示。

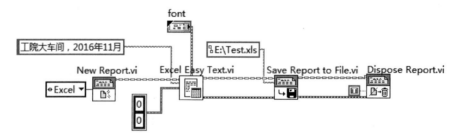

图 6-25　使用 font 参数设置字体格式

C　设置单元格对齐

在 Excel 报告文档中设置好字体后，下一步的编辑操作就是单元格对齐设置，与上述步骤相同，可利用报告生成工具函数选板 Set Excel Format 的子选板 Excel Set Cell Alignment. vi 进行单元格对齐设置操作，如图 6-26 所示。

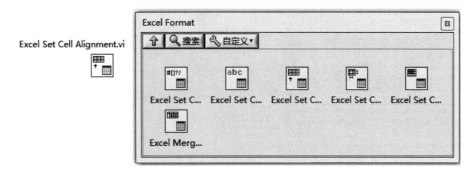

图 6-26　Excel Set Cell Alignment. vi 进行对齐设置

在使用 Excel Set Cell Alignment. vi 前，应该先把内容插入单元格，然后再进行对齐操作，也就是说，Excel Set Cell Alignment. vi 应该在 Excel Easy Text. vi 的后边调用，如图 6-27 所示。

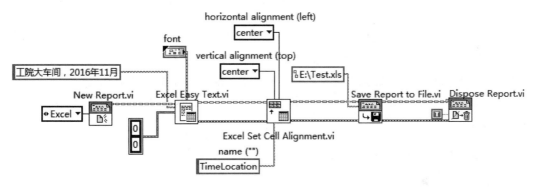

图 6-27　设置单元格对齐

D　设置单元格边框和背景色

按图搜索，在报告生成工具包选板的 Set Excel Format 子选板下，可以找到设置单元格边框和背景色的 VI，Excel Set Cell Color and Border. vi，如图 6-28 所示。

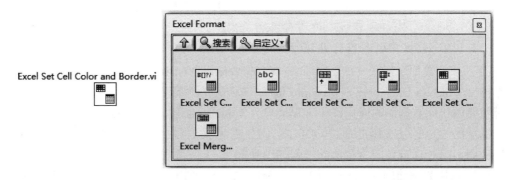

图 6-28　Excel Set Cell Color and Border. vi 进行单元边框设置

Excel Set Cell Color and Border. vi 的调用方法与 Excel Set Cell Alignment. vi 类似，如图 6-29 程序框图所示。

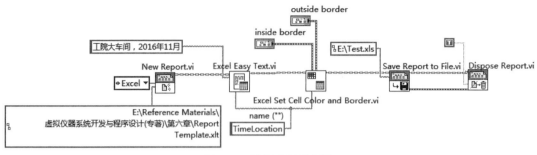

图 6-29 设置单元格背景

## 6.3 数据库操作

测试数据的文件管理方式使用起来比较简单方便，但在数据查询、调用和管理方面相对数据库管理方式来说就比较落后了。测控系统与数据库建立链接后，可以实现大量数据的有序管理，并且为应用单位的信息集成提供了条件，使设备状态、生产工艺参数、产品质量检验数据等测控技术信息与其他经济信息融合到了一起。

计算机技术与软件技术的发展促进了数据库技术的发展，目前比较常用的数据库管理系统有 SQL Server、Oracle、DB2、Microsoft Access 和 SQLite 等。Microsoft Access 是微软公司出口的非常流行的桌面数据库管理系统，集成为 Microsoft Office 的组件之一，安装和使用都非常方便，而且支持 SQL 结构化查询功能，所以本书基于 Access 来介绍常用数据库操作及在 LabVIEW 平台下的实现方法。

### 6.3.1 LabVIEW 与数据库的连接

#### 6.3.1.1 连接工具

LabVIEW 通过数据库连接工具包（Database Connectivity Toolset，DCT）很好地实现了与数据库的链接，LabVIEW DCT 是一个重构的结构化查询语言（Structure Query Language，SQL）工具包。SQL 的主要功能就是同各种数据库建立链接，进行信息的交互与沟通，作为关系型数据库管理系统的标准语言，用来执行更新数据库中的数据、从数据库中提取数据等各种操作。绝大多数的关系型数据库管理系统，如 Oracle、Sybase、Microsoft SQL Server、Access 和 SQLite 等都采用了 SQL 标准。

#### 6.3.1.2 数据库服务器标准接口

（1）开放数据库互联（Open Database Connectivity，ODBC）。ODC 是微软公司开放服务结构（Windows Open Services Architecture，WOSA）中有关数据库的一个组成部分，是一种重要的访问数据库的应用程序编程接口（Application Programming Interface，API），并基于标准的 SQL 语法，因此通过 ODBC 访问数据库服务器必须支持 SQL 语句。LabVIEW 程序应用 ODBC 标准访问数据库的过程如图 6-30（a）所示。

（2）通用数据访问（Universal DataAccess，UDA）。UDA 是微软开发的一个能访问不同数据库的统一接口。UDA 包括 OLE DB 和 ADO 两层标准接口。数据库对象连接与嵌入（Object Linking and Embedding Database，OLE DB）是 UDA 的核心和系统级编程接口。ADO（ActiveX Data Objects）是 UDA 的应用层编程接口，它作为 OLE DB 数据提供者的客户。OLE DB 是 ODBC 技术的扩展，可以通过 ODBC 访问关系型数据库，如图 6-30（b）所示。但是对于流行的大型数据库，例如 SQL Server，OLE DB 也可以简单地直接访问，如图 6-30（c）所示。

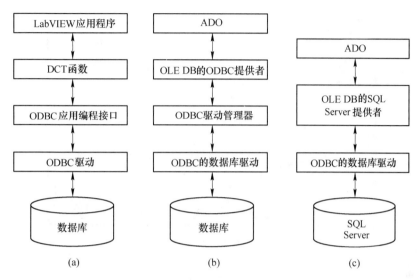

图 6-30　数据库访问接口

（a）LabVIEW 程序应用 ODBC 标准访问数据库；（b）OLE DB 通过 ODBC 访问关系型数据库；
（c）OLE DB 直接访问 SQL Server 数据库

### 6.3.1.3　在 Access 中建立一个数据库

LabVIEW 数据库工具包只能操作而不能创建数据库，所以必须借助第三方数据库管理系统如 Access 等来创建数据库。本节的大型数据库范例程序是工程装备液压系统测试，所以先建立名为 HydraulicData. mdb 的数据库文件。

### 6.3.1.4　建立与数据库的连接

在利用 LabVIEW 数据库工具包操作数据库之前，需先建立与数据库的连接。连接数据库的方法有两种：

（1）利用 DSN 连接数据库。LabVIEW 数据库工具包是基于 ODBC（Open Database Connectivity）技术的，在使用 ODBC API 函数时，需要提供数据源名 DSN（Database Source Names）才能连接到实际数据库。因此在连接数据库应先创建 DSM。

在 Windows 的控制面板中双击管理工具图标，打开管理工具窗口后，再双击数据源图标，进入 ODBC 数据源管理器，如图 6-31 所示。

ODBC 数据源管理器窗口中，User DSN（用户数据源名）选项卡下建立的数据源名只有本地用户才能访问，System DSN（系统数据源名）选项卡下建立的数据源名在该系统下的所有用户都可以访问。在 User DSN 选项卡下单击添加（D）按钮，将弹出数据源驱动选择对话框，然后选择 Microsoft Access Driver（＊. mdb），如图 6-32 所示。

单击对话框的完成按钮，会弹出 ODBC Access 安装窗口，在数据源名（N）文本框中填入一个名字，如 HydraulicData，然后在数据库栏中单击选择（S）按钮选择之前已经建立好的 HydraulicData. mdb 数据库文件，其他参数选择默认，单击"确定"按钮，如图 6-33 所示。

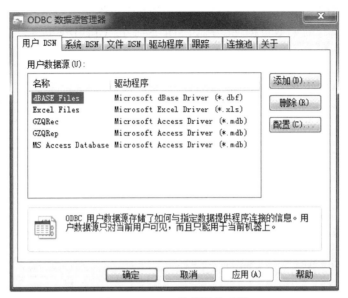

图 6-31 ODBC 数据源管理器

图 6-32 数据源驱动选择对话框

完成上述设置后，就可以在 User DSN 选项卡下看到新建的 DSN 了。单击"完成"按钮完成 DSN 的建立。打开程序 LabVIEW 程序 Database Connection. vi，在数据源名称文本框中输入 HydraulicData，然后运行程序，如图 6-34 所示。需要注意的是，使用 DSN 连接数据库时存在移植问题，当程序发布到其他电脑上时，需要手动建立 DSN。

（2）利用 UDL 连接数据库。Microsoft 设计的 ODBC 标准只能访问关系型数据库，对非关系型数据库则无能为力。为解决这个问题，Microsoft 还提供了另一种技术，即 ActiveX 数据对象技术。该技术的核心是 ADO（ActiveX Data Objects）对象的应用程序接口 API，用来实现访问关系或非关系数据库的数据。ADO 使用通用数据连接 UDL

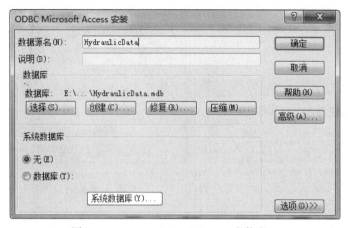

图 6-33　ODBC Microsoft Access 安装窗口

图 6-34　利用 DSN 连接数据库

（Universal Data Link）来获得数据库信息以实现数据库连接。

　　在 HydraulicData. mdb 所在文件夹下新建文本文档，并将其改名为 Hydraulic. udl。然后双击该文件，打开数据库连接属性对话窗口，如图 6-35 所示，在提供程序选项卡中选择 Microsoft Jet 4. 0 OLE DB Provider，单击"下一步"按钮。在连接选项卡中选择已建立好的数据库文件 HydraulicData. mdb，然后单击"测试连接"按钮，如果连接成功，会弹出测试连接成功的对话框，如图 6-36 所示。

　　LabVIEW 同时提供了另一种创建 UDL 文件的方法，即在 LabVIEW 的前面板或程序框图面板的工具菜单下点击"Create Data Link..."菜单项，如图 6-37 所示，随后出现窗口分别与图 6-35 和图 6-36 完全相同，最后将连接文件存储为 hydraulic. udl。

　　创建好 UDL 后，打开 Database Connection. vi 程序，在数据源名称文本框中输入刚建好的数据源名称并运行程序，如果成功，则会如图 6-38 所示。

　　（3）利用 ODBC 驱动程序建立与 ODBC 数据源的连接。这种方法是在 DB Tools Open Connection. vi 的连接信息参数输入端连接 ODBC 驱动命令字符串，由于 ODBC 驱动程序支持 ODBC 的程序从 ODBC 数据源获取信息，因此在正确安装 ODBC 驱动程序后，通过如图 6-39 所示的连接命令参数，也可以实现 LabVIEW 程序与数据库的连接。

## 6. 3. 2　数据库基本操作

　　数据库连接成功后，就可以对数据库进行各种操作了。数据库最常用的操作包括创建

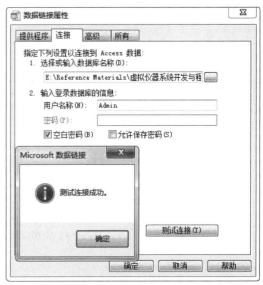

图 6-35　数据库链接属性　　　　　　　　图 6-36　选择数据库源

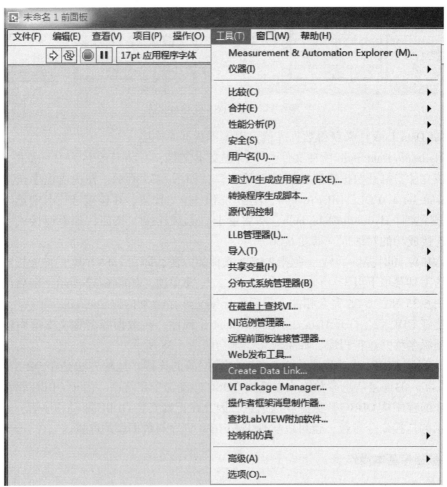

图 6-37　Create Data Link... 菜单

图 6-38　利用 UDL 连接数据库

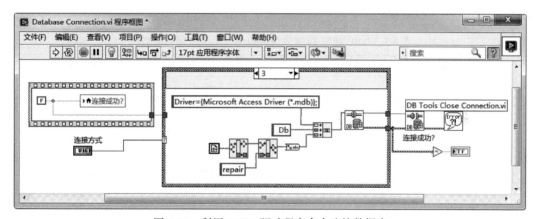

图 6-39　利用 ODBC 驱动程序命令连接数据库

表格、删除表格、添加记录、查询记录等。

### 6.3.2.1　创建表格

数据库是以表的形式记录数据的，数据库的每一行表示一条记录（Record），每一列表示记录中的字段（Field），即记录中的一项内容，比如测试时间。能够唯一标识某一行的属性或属性组，称为主键（Primary Key）。一个表只能有一个主键，但可以有多个候选索引。因为主键唯一标识某一行记录，所以可以确保执行数据更新、删除的时候不会出现错误。

创建数据表由 LabVIEW 数据库工具选板中的 DB Tools Create Table. vi 来实现，如图 6-40 所示。参数中的 Table 表示创建的数据表表名，Column Information 指定表格每一列的属性，如图 6-41 所示。

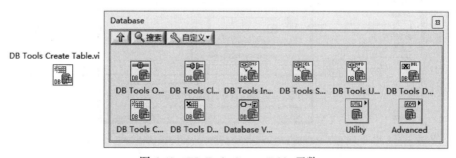

图 6-40　DB Tools Create Table 函数

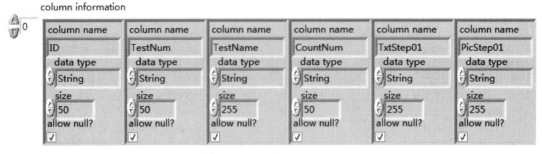

图 6-41　Column Information

LabVIEW 的数据库操作 VI 中的 Column 属性的 Data Type（数据类型）与 LabVIEW 的基本类型数据不完全对应，二者之间的对应关系如表 6-1 所示。

表 6-1　LabVIEW 数据类型与数据库工具数据类型对照

| LabVIEW 数据类型 | 数据库数据类型 | LabVIEW 数据类型 | 数据库数据类型 |
| --- | --- | --- | --- |
| Number | Number | Variant | Binary |
| String/Path | String | Picture control | Binary |
| Array | Binary | WDT | Binary |
| Cluster | Binary | Refnum | Not Supported |
| Boolean | String or Number | I/O Channel | String |
| Enum | Number | Complex Numbers | Binary |

依据表 6-1 的对应关系，就可以进行数据库的编程与操作了，示例程序如图 6-42 所示。在该程序框图的编写中，必须先在 Windows 控制面板的 ODBC 数据源管理器中创建数据源 Hydraulic，使其与数据库文件建立连接，然后将列信息输入控件的列记录名簇数组通过 For 循环和按名称解除捆绑 vi 生成列名称数组，再输入到 DB Tools Insert Data. vi 的列参数输入端中，为生成的数据表初始化数据列格式。

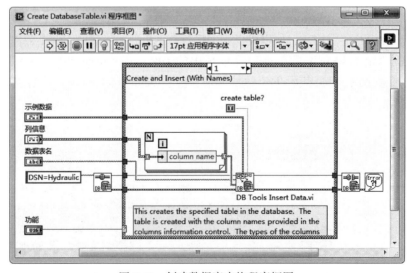

图 6-42　创建数据库表格程序框图

#### 6.3.2.2　删除表格

与数据库创建表格相对应的是数据库表格删除，由 DB Tools Drop Table. vi 实现。程序设计时，在该函数的 table 参数输入端连线欲删除的数据库中的表格的名字即可完成数据表的删除，具体的程序框图如图 6-43 所示。由于表格创建和删除的参数非常类似，可以很方便地在一个 LabVIEW 程序里同时实现表格的创建和删除操作。

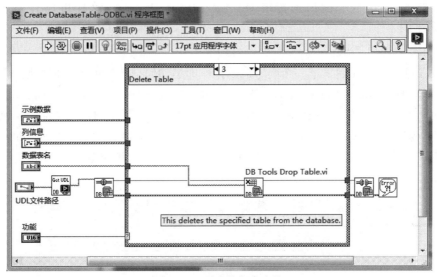

图 6-43　删除数据库表格

#### 6.3.2.3　添加记录

添加一条记录由 DB Tools Insert Data. vi 函数来实现。该 VI 有三个主要的输入参数：table 参数，该参数与表格创建和删除 vi 的同名参数意义相同，用来指定向其中插入数据的数据库中的数据表的名称。Columns 参数对应插入的数据列的名字，其数据类型是一个字符串数组。添加记录的范例程序如图 6-44 所示。

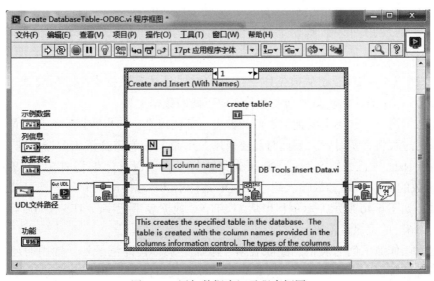

图 6-44　添加数据库记录程序框图

图 6-44 中，列信息簇数组定义了数据表中每个字段的数据类型、数据大小和是否允许空等信息，通过 For 循环和按名称解除捆绑 . vi 提取字段名，然后连线至 Columns 参数输入端子，控制插入字段的格式。实际插入到数据表的数据按 Columns 端子输入的格式，从 data 端输入。

LabVIEW 数据库工具包提供了一个工具 VI 函数 DB Tools List Columns. vi，可以把指定数据表的 Column 名字读出来传给 DB Tools Insert Data. vi，这样可以省去手动输入 Column 名字的工作。

### 6.3.2.4 查询记录

数据存储到数据库后，下一个要考虑的操作即是如何把数据读出。把数据从数据库中读出的 VI 是 DB Tools Select Data. vi，该 VI 的输入参数与 DB Tools Insert Data. vi 类似，不同之处大于该 VI 没有输入数据端子（data），而代之以输入数据端子。Condtion 参数输入端子用于指定数据查询时的结构化查询语句（SQL）。在具体编程时，只要 table、column 等端子正确连线，在 condition 端输入正确的 SQL 语句，即可读出数据库指定单元的内容。范例程序如图 6-45 所示。

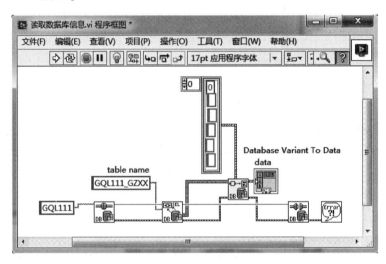

图 6-45 从数据库中读取数据程序框图

DB Tools Select Data. vi 从数据库中读取的数据是动态数据类型，需要通过 Database Variant to Data. vi 函数把动态数据类型转换成正确的数据类型。

大多数情况下，并不需要把数据库的数据全部读出来。如果数据库的数据量大，读取数据记录的过程将会费时费力。此时需要采用 SQL 语句控制选择读出数据范围。由于 DB Tools Select Data. vi 已经把 Select 语句预先集成好了，所以具体编程时在 DB Tools Select Data. vi 函数的 Condition 参数输入端输入 SQL 条件语句的 where 语句部分即可读出选定范围的数据，如图 6-46 所示。示例程序从 TESTREC 数据表中把字段 TESTTIME 等于字符串"16：08：16"的记录读出来。

数据库操作除了创建表格、删除表格、添加记录、查询记录外，常用的还有删除记录、更新现有数据库等操作。由于这些操作并没有现成的 VI，所以需要借助 SQL 语言来实现。众所周知，绝大部分 DBMS 都支持 SQL 语句，LabVIEW 数据库工具包实现的实质

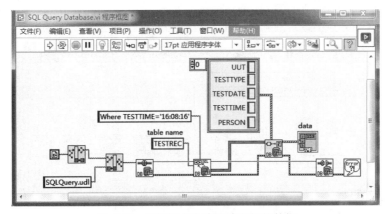

图 6-46　从数据表中读出感兴趣的数据

也是基于 SQL 语言的，这为不熟悉 SQL 语言的用户把 SQL 语言封装起来，以方便使用。前面所述的这些 VI 都是基于 SQL 语言的封装函数。

#### 6.3.2.5　用 SQL 语句实现查询操作

图 6-47 所示的示例程序实现了查询一条记录的功能。该程序框图与图 6-46 的主要不同之处在于，SQL 查询语句是语法完整的 Select 语句，执行完查询功能后，用 DB Tools Fetch Data. vi 将符合条件记录读取出来，再显示给用户，然后用 DB Tools Free Object. vi 函数释放查询对象资源，随后再释放数据库资源。

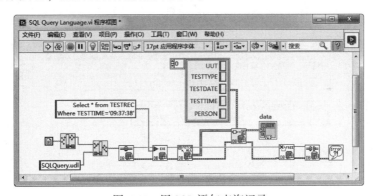

图 6-47　用 SQL 语句查询记录

#### 6.3.2.6　用 SQL 实现删除记录

SQL 结构化语言中使用 DELETE 语句删除数据表中的数据，DELETE 语句可以从表中删除一行或多行数据。示例程序中，通过 DELETE 语句实现删除数据表中指定数据记录的功能，如图 6-48 所示。实现的是删除测试记录表中 RES 为"水温测量正常"的记录信息。其核心就是在 DELETE 语句的 WHERE 条件中指定要删除记录信息的条件。

在使用 DELETE 语句时，需要注意：

（1）DELETE 语句不能删除单个字段的值，只能删除一行、多行或所有行或一行也不删除。

（2）DELETE 语句仅能删除记录，不能删除数据表本身；删除数据表要用 DROP 语句，这也是为什么 LabVIEW 数据库工具包中删除表的 VI 被称为 Drop Table。

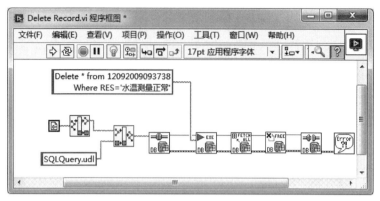

图 6-48 删除一条记录程序框图

删除记录后，会发现数据库文件并没有减小，就算把所有的数据全部删除，结果也一样。这是因为数据库在使用一段时间后，时常会出现因数据删除而造成数据库中空闲空间太多的情况，这时就需要减少分配给数据库文件和事务日志文件的磁盘空间，以免浪费磁盘空间。执行这种功能的是 Access File Compress Database. vi 函数。

6.3.2.7 用 SQL 实现修改数据操作

SQL 语言中，修改一条记录的语句是 update，其语法为：

UPDATE table_ name SET column_ name＝new_ value WHERE column_ name＝some_ value

修改一条记录的示例程序框图如图 6-49 所示。

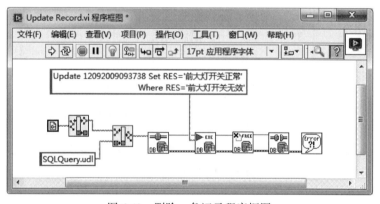

图 6-49 删除一条记录程序框图

## 6.4 采集与测量

虚拟仪器将硬件、软件与工业标准的计算机技术相结合，创建出用户定义的仪器测量解决方案。应用虚拟仪器可开发各种用于数据采集（DAQ）、IEEE 488（GPIB）、PXI、串口和工业通信的插入式及分布式的硬件和驱动软件。驱动程序是硬件的 API（应用程序编程接口），适用于各种 NI 应用软件。例如，LabVIEW、LabWindows™/CVI™、Measurement Studio。这些平台可实现虚拟仪器所需的各种复杂的显示和分析功能。

使用虚拟仪器可创建整套集成了不同硬件和软件的系统，进行个性化的测试、测量、工业自动化任务。即使系统发生改变，系统中的虚拟仪器部件也可再次利用，避免购买不必要的硬件或软件。

测试系统的基本任务是测量和（或）产生现实世界的物理信号。测量设备用于采集、分析和显示测量的结果。

在数据采集的整个过程中，物理信号（如电压、电流、压力和温度）被采集并转换为数字信号，再传递到计算机。常见的数据采集方法有插入式 DAQ 仪器、GPIB 仪器、PXI 仪器和 RS232 仪器。通过数据分析，原始数据经曲线拟合、统计分析、频率响应或其他数值运算后被转化为有意义的信息。

### 6.4.1　测量系统概述

#### 6.4.1.1　硬件与 NI-DAQmx

虚拟仪器硬件测量系统的配置过程，以及实际物理现象与流量应用的对应关系如图 6-50 所示。

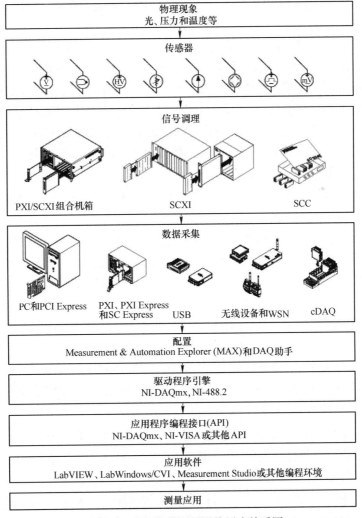

图 6-50　虚拟仪器测量系统层次关系图

传感器可用于检测物理现象。信号调理组件用于调理物理现象，使测量设备可获取数据。计算机通过测量设备获取数据。软件用于控制测量系统，通知测量设备何时及通过哪个通道获取或生成数据。软件也可用于分析原始数据，通过图形或图表显示数据，或生成报表。

NI-DAQmx 驱动软件中包含的应用软件可用于对 NI 测量设备编程（如配置、采集、生成和发送数据至 NI 测量设备）。使用 NI-DAQmx 可节省编程时间。应用程序（如 Lab-VIEW、LabWindows™/CVI™ 和 Measurement Studio）发送命令至驱动软件。例如，获取和返回热偶的读取值并显示和分析得到的数据。

通过 NI 应用软件或支持使用 ANSI C 接口调用动态链接库（DLL）的编程环境，可调用 NI-DAQmx 驱动程序。在任意编程环境中，DAQ 应用均使用 NI-DAQmx，如图 6-50 所示。

### 6.4.1.2 DAQ 概述

通用 DAQ 设备用于采集或生成数据，可包含多个通道。通用 DAQ 设备也可生成模拟信号（如正弦波）和数字信号（如脉冲）。通用 DAQ 设备一般通过插槽直接与计算机的内部总线相连。

通用 DAQ 测量系统与其他测量系统的差别在于，通用 DAQ 测量系统由安装有软件的计算机执行实际测量。DAQ 设备仅将输入信号转换为可供计算机使用的数字信号。换言之，只要对读取数据的应用程序稍作改动，那么同一个 DAQ 设备即可进行多种测量。除了采集数据之外，还可在 DAQ 测量系统中使用数据处理和结果显示的软件。尽管这样做可灵活地将同一个硬件设备用于多种测量活动，但必须为此投入更多时间进行应用程序开发。LabVIEW 提供了大量采集和分析函数，帮助用户开发不同的应用程序。

A 计算机与 DAQ 设备间的通信

基于计算机的测量系统测量物理信号前，这些物理信号都必须通过传感器转换为一个电子信号，如电压或电流。插入式 DAQ 设备是整个基于计算机的测量系统中唯一的系统组件。不是所有信号都可直接与插入式 DAQ 设备相连接。此时必须使用信号调理附件先对信号进行调理，然后再由插入式 DAQ 设备将调理后的信号转换为有意义的数字信息。系统中的软件控制 DAQ 系统从原始数据采集、数据分析到结果显示的整个过程。

DAQ 系统还可能包括下列组件：

位于计算机内部的插入式 DAQ 设备。对于便携式 DAQ 测量系统，可在桌面计算机的 PCI 接口或笔记本电脑的 PCMCIA 接口上安装插入式 DAQ 设备。

位于计算机外部的 DAQ 设备。外部 DAQ 设备通过一个现有的端口，如串口或 Ethernet 端口与计算机相连。这样，测量节点可方便快捷地部署在传感器附近。

B 软件和 DAQ 设备

计算机通过 DAQ 设备接收原始数据。用户可编写一个应用程序，通过有意义的格式显示数据并对数据进行操作。同时，应用程序还控制 DAQ 系统，命令 DAQ 设备进行数据采集的具体通道和时间。

DAQ 软件通常包括驱动程序和应用程序。驱动程序唯一对应于某个或某类设备，包含设备特定的一组命令。LabVIEW 等应用软件则发送这些驱动程序命令至设备。例如，发送一个采集和返回热电偶读数的命令。应用程序同时也对采集所得的数据进行显示和分析。

NI 测量设备包括 NI-DAQ 驱动软件以及用于配置测量任务、从测量设备采集数据和向测量设备发送数据的 NI 测量 VI 和函数。

C　NI-DAQ

NI-DAQ 7.x 包含两种 NI-DAQ 驱动程序：传统 NI-DAQ（Legacy）和 NI-DAQmx，二者都有各自的应用程序编程接口（API）、硬件配置和软件配置。NI-DAQ 8.0 及更新版本只有 NI-DAQmx。NI-DAQmx 是传统 NI-DAQ（Legacy）的替代版本。

传统 NI-DAQ（Legacy）是 NI-DAQ 6.9x 的升级版，为 NI-DAQ 的早期版本。传统 NI-DAQ（Legacy）的 VI、函数和工作方式都和 NI-DAQ 6.9x 相同。传统 NI-DAQ（Legacy）可以和 NI-DAQmx 在同一台计算机上使用，但是不能与 NI-DAQ 6.9x 同时使用。不能在 Windows Vista 上使用传统 NI-DAQ（Legacy）。

NI-DAQmx 是最新的 NI-DAQ 驱动程序，带有控制测量设备所需的最新 VI、函数和开发工具。与较早版本的 NI-DAQ 相比，NI-DAQmx 的优点在于：提供了用于配置设备通道和测量任务 DAQ 助手；性能更佳，单点模拟 I/O 速度更快且多线程；创建 DAQ 应用程序时，API 更为简洁且使用的函数和 VI 更少。

传统 NI-DAQ（Legacy）和 NI-DAQmx 支持的设备有所不同。关于支持的设备，可参见 NI 网站上的数据采集（DAQ）硬件说明。

### 6.4.2　NI-DAQmx 的应用设置

MAX 配置软件中的数据邻居用于通过带有描述性名称的快捷方式，配置系统的物理通道。这些快捷方式包括 CAN 信息、NI-DAQ 虚拟通道和任务，以及 FieldPoint 项。设备和接口用于显示已经安装或检测到的 CAN、DAQ、FieldPoint 串口控制器、GPIB、IVI、Motion、串口、VISA、Vision 和 VXI 硬件。这两个分支是在数据采集系统硬件集成中最常用到的选项。

#### 6.4.2.1　NI-DAQmx 概述

NI 测量设备均附带 NI-DAQmx 驱动软件。NI-DAQmx 驱动软件是一个用途广泛的库，可从 LabVIEW 或 LabWindows/CVI 中调用库函数，对 NI 设备编程。测量设备包括各种 DAQ 设备，如 E 系列多功能 I/O（MIO）设备、SCXI 信号调理模块、开关模块等。驱动软件有一个应用程序编程接口（API），包含了用于创建某特定设备的相关测量应用所需的 VI、函数、类及属性。

NI-DAQmx 于 2003 年取代了传统 NI-DAQ（Legacy）。NI-DAQmx 和传统 NI-DAQ（Legacy）的 API、硬件和软件配置各不相同。

#### 6.4.2.2　NI-DAQmx 的分布式应用

用户可选择部分安装 NI-DAQmx。例如，可选择只安装 NI-DAQmx 驱动，不安装 MAX 配置支持。部分安装的优点在于安装程序更小、安装速度更快、占用磁盘空间更少。NI-DAQmx 的安装分为两个部分：

（1）NI MAX 配置支持（也称为包含配置支持的 NI-DAQmx 运行引擎 1）——该部分

包括 MAX、LabVIEW Real-Time 支持、DAQ 助手，以及 NI-DAQmx 驱动程序。

（2）NI-DAQmx（也称为 NI-DAQmx 运行引擎 2）——该部分是较小的安装单元，只包括 NI-DAQmx 驱动程序。

NI-DAQmx 的完整安装称为应用程序开发支持（也称为 NI-DAQmx 应用程序开发支持）。完整安装包括对 LabVIEW 项目、ADE、MAX、LabVIEW Real-Time、DAQ 助手、帮助文档以及 NI-DAQmx 驱动程序的完整支持。

如要进行部分安装，在安装 NI-DAQmx 时选择自定义安装选项。如要安装完整版 NI-DAQmx，在安装 NI-DAQmx 时选择典型安装选项。

用户可通过 LabVIEW 项目使用部分 NI-DAQmx 生成安装程序。驱动程序的选择需避免与其他驱动程序产生冲突，减少安装后应用程序的大小，以及缩短安装时间。关于创建安装程序的详细信息，请参考 LabVIEW 帮助。

根据所用的 NI-DAQmx 功能，生成应用程序时需用到特定的程序部分。如应用程序使用网络变量或使用 TDMS 直接将数据写入文件，需安装含配置支持的运行引擎或应用程序开发支持。

在 NI-DAQmx 9.0 之前的版本中，升级部分 NI-DAQmx 会完全卸载上一个版本。例如，如在安装了 NI-DAQmx 8.x 的计算机上部分安装 NI-DAQmx，NI-DAQmx 将被部分安装。但是未安装部分相关的帮助文档、ADE 支持和 LabVIEW 项目支持将被删除。如从 NI-DAQmx 9.0 或更高版本进行更新，只有选择安装的部分会被替换。例如，如在完整安装了 NI-DAQmx 9.0（包括应用程序开发支持）的计算机上安装 NI-DAQmx 9.1 的 NI MAX 配置支持，只有 NI MAX 配置支持和 NI-DAQmx 部分会有改动。应用程序开发支持部分（例如，LaVIEW 项目支持）保持不变。

### 6.4.2.3 NI-DAQmx 通道

虚拟通道和任务是 NI-DAQmx 中的两个重要概念。

虚拟通道，有时简称为通道，是将实体通道和通道相关信息（范围、接线端配置、自定义换算等格式化数据信息）组合在一起的软件实体。任务是具有定时、触发等属性的一个或多个虚拟通道。

**A　物理通道、虚拟通道、本地虚拟与全局虚拟**

实体通道是测量和发生模拟信号或数字信号的接线端或管脚。信号物理通道可包括一个以上接线端，例如，差分模拟输入通道，或 8 线数字端口。设备上的每个实体通道都有唯一的符合 NI-DAQmx 实体通道命名规范的名称（例如，SC1Mod4/ai0，Dev2/ao5，Dev6/ctr3）。

虚拟通道是将实体通道和通道相关信息（范围、接线端配置、自定义换算等格式化数据信息）组合在一起的软件实体。使用"DAQmx 创建虚拟通道"函数/VI 或 DAQ 助手创建虚拟通道。

通过"DAQmx 创建虚拟通道"函数/VI 创建的虚拟通道是局部虚拟通道，只能在任务中使用。使用该函数，可选择虚拟通道的名称。该名称将用于 NI-DAQmx 的其他位置，用于指代该虚拟通道。

如使用 DAQ 助手创建虚拟通道，可在其他任务中使用这些虚拟通道，并在任务之外引用虚拟通道。因为这些虚拟通道是全局虚拟通道，可用于多个任务。可使用 NI-DAQmx

API 或 DAQ 助手选择全局虚拟通道，并将其加入至任务。如将一条全局虚拟通道添加至若干个任务，然后使用 DAQ 助手修改这个全局虚拟通道，改动将应用于所有使用该全局虚拟通道的任务。全局虚拟通道的改动生效前必须先保存改动。

B　开关通道

可使用 NI-DAQmx 对 NI 开关模块进行编程。该部分涵盖了开关的基本内容，包括开关通道和继电器字符串、连接和断开连接语法，以及开关扫描列表语法。

### 6.4.2.4　任务

任务是一个或多个虚拟通道定时、触发等属性的集合。从概念上来说，任务就是信号测量或信号发生。任务中的所有通道的 I/O 类型必须相同，例如，模拟输入、计数器输出，等等。但是，任务可包含不同测量类型的通道，例如，测量温度的模拟输入通道和测量电压的模拟输入通道。对于大多数设备，一次只能运行子系统的一个任务；部分设备可同时运行多个任务。在一些设备上，一个任务中可以包括来自多台设备的通道。按照下列步骤进行测量或生成任务：

创建或加载一个任务。可使用 DAQ 助手交互式创建任务，或在 ADE（LabVIEW 或 LabWindows/CVI）中通过编程创建任务。

（1）如有需要，配置通道、定时和触发属性。

（2）如有需要，进行若干任务状态转换，使任务就绪。

（3）读取或写入采样。

（4）清除任务。

如实际需要，请重复步骤（2）至步骤（4）。例如，读取或写入采样后，可重新配置虚拟通道、定时和触发属性，然后根据新的配置读取和写入其他采样。

如要将属性设置为除默认值以外的其他值以保证任务成功执行，程序每次执行时都必须重新设置这些属性。例如，如运行的程序将属性 A 设置为非默认值，然后再运行一个不设置属性 A 的程序，第二个程序将使用属性 A 的默认值。避免该重复操作的唯一方法时使用 DAQ 助手创建虚拟通道和任务。

### 6.4.2.5　任务的创建和分解

在 LabVIEW 中，可以用两种方式打开或创建任务：通过 DAQmx 任务名常量或输入控件选择在 DAQ 助手中创建并保存任务；或通过 DAQmx 创建虚拟通道 VI 或 DAQmx 创建任务 VI 以编程的方式创建任务。

通过 DAQmx 任务名常量或输入控件选择任务时，即使输入控件或常量位于循环内部，LabVIEW 也只在内存中加载一次任务。

使用"DAQmx 创建虚拟通道"VI 时，如未指定要添加通道的任务，NI-DAQmx 将自动创建新的任务并为其分配所需资源。应用程序结束后，LabVIEW 将自动释放这些资源。在循环中使用"DAQmx 创建虚拟通道"VI 时，如未指定任务，NI-DAQmx 将在循环的每次迭代中创建新的任务，并在应用程序结束后销毁这些任务。

通过"DAQmx 创建任务"VI，可创建新的任务。在循环中使用该 VI 时，NI-DAQmx 将在循环的每次迭代中创建新的任务。"DAQmx 创建任务"VI 的自动清除输入端用于确定任务在内存中的驻留时间。

自动清除的值为 TRUE 时，创建的任务将保留在内存中，直至应用程序完成。自动清除的值为 FALSE（默认值）时，应用程序完成后任务仍将驻留在内存中，直至退出 Lab-VIEW。这样，在某个应用程序中创建的任务，还可用于其他应用程序。

如需在循环中使用"DAQmx 创建虚拟通道"VI 或"DAQmx 创建任务"VI 且不为每次迭代分配额外的内存，可在循环内任务结束后使用 DAQmx 清除任务 VI。

通过"DAQmx 创建任务"VI 的新任务名称输入端可为任务命名。创建重名任务会导致错误。因此，为任务指定新任务名称时，将无法在循环中使用"DAQmx 创建任务"VI。例如，在循环中使用"DAQmx 创建任务"VI，并设置新任务名称为我的任务时，循环的第一次迭代将正常执行。在循环的第二次迭代中，我的任务仍将驻留在内存中，后续的"DAQmx 创建任务"VI 将返回错误。完成任务后，在循环中使用"DAQmx 清除任务"VI，可避免发生该错误。

创建 DAQmx 任务或通道的具体步骤如下：

（1）在 MAX 中，右键单击"数据邻居"，选择"新建"，即可创建 DAQmx 任务或者 DAQmx 全局虚拟通道。

（2）选择测量类型，即采集信号中的模拟输入、计数器输入、数字输入、TEDS，以及生成信号中的模拟输出、计数器输出和数字输出等，如图 6-51 所示。

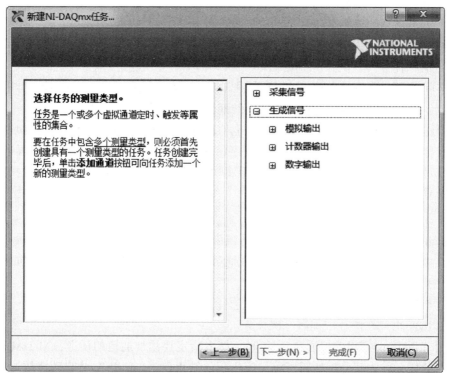

图 6-51 测量类型选择

模拟输入主要包括电压、电流、阻抗、温度、应变、频率、LVDT、RVDT、电涡流位移传感器、声压、加速度、速度（IEPE）、力、压强、扭矩、电桥（V/V）和带激励的自定义电压等信号类型。计数器输入包括边沿计数、频率、周期、脉冲宽度、半周期、两个边沿的间隔、位置、速度和占空比等信号类型。数字输入包括线输入和端口输入。模拟输入主要包括电压和电流两种信号。计数器输出为脉冲输出。数字输出包括线输出和端口输出。

（3）物理通道选择并重新命名任务或通道，完成 DAQmx 任务或通道创建，也可以复制现有的全局通道。全局通道可以直接从 MAX 创建或是从其他应用软件中创建，但应保存在 MAX 中，全局通道可以用于任意的任务或是应用程序选择中，但只能选择支持当前测量类型的全局通道。选择通道的过程中，按下<Ctrl>或<Shift>键可以同时选择多个通道，但只能是同一设备上的多个通道。

### 6.4.3　NI-DAQmx 数据采集节点与属性节点

用于数据测量与采集的 DAQmx VI 主要包括建立虚拟通道、读取、写出、定时设定、触发设定和高级任务函数等。

#### 6.4.3.1　DAQ 助手

DAQ 助手是用于配置任务、虚拟通道和换算的图形化界面，如图 6-52 所示。可在 LabVIEW、SignalExpress、LabWindows/CVI 或 Measurement Studio 等 NI 应用软件中打开 DAQ 助手。也可在 MAX 中打开 DAQ 助手。

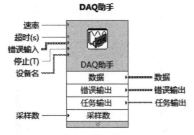

通过NI-DAQmx创建、编辑和运行任务。关于NI-DAQmx支持设备的完整列表，见NI-DAQ自述文件。

在程序框图上放置DAQ助手Express
VI，可通过DAQ助手新建任务。创建任务后，双击DAQ助手Express
VI可编辑该任务。如需连续进行测量或信号生成，可将DAQ助手Express
VI置于While循环内。

**接线端的数据类型**
错误输出 (簇 3 元素)
  status (布尔（TRUE或FALSE））
  code (长整型[32位整型（-2,147,483,648至2,147,483,647）])
  source (字符串)

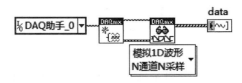

图 6-52　DAQ 助手及所自动生成的 LabVIEW 程序代码

DAQ 助手的用途包括创建和编辑任务及虚拟通道、向任务添加虚拟通道、创建和编辑换算、测试自定义配置、保存自定义配置、在 NI 应用软件中生成代码以便在自定义应用程序中使用，以及查看传感器的连线图。DAQ 助手的详细说明参见"使用 DAQ 助手来自动生成 LabVIEW 代码"文档，图 6-53 显示了一个 DAQ 助手的实例以及相应的所有自动生成的配置和 LabVIEW 代码例程。

DAQ 助手虽然使用方便，但其提供的功能还不全面，对一些需要触发、条件控制等更为复杂、灵活的数据采集程序的设计就无能为力了，因而 LabVIEW 平台提供了功能更为强大的 NI-DAQmx 函数，下面对这些函数的特点与应用进行分析。

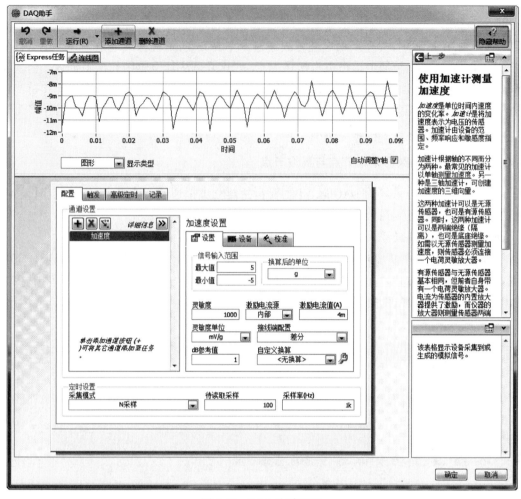

图 6-53 DAQ 助手配置

### 6.4.3.2 应用 NI-DAQmx 创建虚拟通道函数

NI-DAQmx 创建虚拟通道函数（VI）的用法在前节的任务创建和分解中已有简单说明，它可以创建单个或一组虚拟通道，并将其添加至任务（见图 6-54）。该多态 VI 的实例分别对应于通道的 I/O 类型（例如，模拟输入、数字输出或计数器输出）、测量或生成操作（例如，温度测量、电压测量或事件计数）或在某些情况下使用的传感器（例如，用于温度测量的热电偶或 RTD）。

与 C++语言中的多态函数类似，该函数也具有多态性。根据实例选择下拉菜单选项的不同，可创建不同测试任务的虚拟通道，图 6-55 是 6 个不同的 NI-

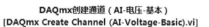

DAQmx创建通道（AI-电压-基本）
[DAQmx Create Channel (AI-Voltage-Basic).vi]

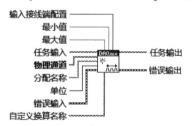

输入接线端配置
最小值
最大值
任务输入 ——————— 任务输出
**物理通道**
分配名称 ——————— 错误输出
单位
错误输入
自定义换算名称

创建通道，测量电压。如需使用内部激励进行测量，或需激励对电压进行换算，可使用该VI的AI带激励的自定义电压实例。

**接线端的数据类型**

[I/O] 自定义换算名称 (DAQmx换算)

图 6-54 NI-DAQmx 创建虚拟通道（VI）

DAQmx 创建虚拟通道 VI 实例的函数。

图 6-55 多个 NI-DAQmx 创建虚拟通道（VI）实例

该函数的不同实例的输入参数是不相同的，但一部分是相同或类似的。例如，物理通道输入参数用于指定用于生成虚拟通道的物理通道。DAQmx 物理通道常量包含系统已安装设备和模块上的全部物理通道，也可以为该输入连接包含物理通道列表或范围的字符串。此外，模拟输入、模拟输出和计数器操作使用最小值和最大值输入来配置和优化基于信号最小和最大预估值的测量和生成。而且，一个自定义的刻度可以用于许多虚拟通道类型。

图 6-56 的 LabVIEW 程序框图中，NI-DAQmx 创建虚拟通道 VI 用来创建一个热电阻温度传感器虚拟通道（包括 RTD 和热敏电阻 Thermistor 两种类型）。程序分三部分，即虚拟通道设置、定时设置（采样频率设置）和数据采集。为简化起见，程序中未使用开始任务和结束任务 VI。

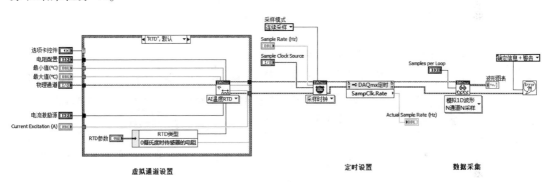

图 6-56 NI-DAQmx 电阻温度传感器示例

### 6.4.3.3 开始和停止任务 VI

开始任务 VI 使任务处于运行状态，开始测量或生成。该 VI 适用于某些应用程序。如未使用该 VI，DAQmx 读取 VI 运行时测量任务将自动开始。DAQmx 写入 VI 的自动开始输入端用于确定"DAQmx 写入"VI 运行时，生成任务是否自动开始。而停止任务 VI 用于停止任务，使其返回 DAQmx 开始任务 VI 运行之前或自动开始输入端为 TRUE 时 DAQmx 写入 VI 运行之前的状态。开始与停止任务 VI 如图 6-57 所示。

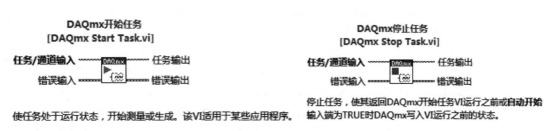

图 6-57 开始与停止任务 VI

调用"开始任务"函数/VI 可显式地开始一个任务。进行其他隐式开始任务的操作时，任务会自动开始。例如，调用"读取"或"写入"函数/VI 可能会隐式地开始一个任务。指定显式或隐式开始任务，取决于任务的操作。默认情况下，单点读取函数和写入函数会自动开始一个任务。

如在循环中多次使用"DAQmx 读取"VI 或"DAQmx 写入"VI 时，未使用"DAQmx 开始任务"VI 和 DAQmx 停止任务 VI，任务将反复进行开始和停止操作，导致应用程序的性能降低。

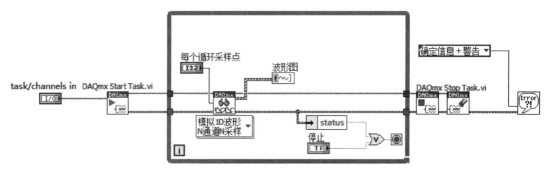

图 6-58 利用开始和停止任务进行多通道多点采样实例

#### 6.4.3.4 NI-DAQmx 读取函数（VI）

NI-DAQmx 读取函数需要从特定的采集任务中读取采样值（模拟、数字或计数器）、虚拟通道数、采样数和数据类型，如图 6-59 所示。该函数为多态 VI，各实例分别对应于返回采样的不同格式、同时读取单个/多个采样或读取单个/多个通道。

DAQmx 读取属性包含用于读取操作的其他配置选项。图 6-60 显示了不同的 NI-DAQmx 读取函数的样式。

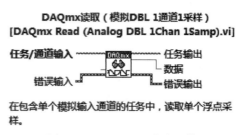

图 6-59 NI-DAQmx 读取函数

图 6-60 NI-DAQmx 读取函数多态实例

该函数的任务/通道输入是操作要使用的任务的名称或虚拟通道列表。使用虚拟通道列表时，NI-DAQmx 将自动创建任务。任务输出是在 VI 或函数执行结束后，对任务的引用。如将通道或通道列表连接至任务/通道输入，NI-DAQmx 将自动创建任务。数据输出端输出采样值。NI-DAQmx 将把数据换算为测量单位，包括用于通道的自定义换算。通过 DAQmx 创建虚拟通道 VI 或 DAQ 助手指定单位。

若选择多通道多采样，则每通道采样数指定要读取的采样数。如未连线该输入端或将其设置为−1，NI-DAQmx 将根据任务进行连续采样或采集一定数量的采样，确定要读取的采样数。

如任务进行连续采样且该输入的值为-1，VI 将读取缓冲区中当前可用的全部采样。

如采集一定数量的采样且该输入的值为-1，VI 将等待任务获取全部所需采样，然后读取采样。如读取全部可用采样属性的值为 TRUE，VI 将读取缓冲区中当前可用的采样，而不等待任务获取全部所需采样。

### 6.4.3.5　NI-DAQmx 写入 VI

写入 VI 用于向用户指定的任务或虚拟通道中写入采样数据。该多态 VI 的实例分别用于写入不同格式的采样、写入单个/多个采样，以及对单个/多个通道进行写入。

如任务使用按要求定时，VI 只在设备生成全部采样后返回。未使用 DAQmx 定时 VI 时，默认的定时类型为按要求。如任务使用其他类型的定时，VI 将立即返回，不等待设备生成全部采样。应用程序必须判断任务是否完成，确保设备生成全部的采样。

每一个 NI-DAQmx 写入 VI 实例都有一个"自动开始"输入端（图 6-61），用于指定在没有通过 DAQmx 开始任务 VI 开始运行任务时，VI 是否自动开始执行。图 6-62 为 NI-DAQmx VI 向指定通道连续生成模拟输出数据。表示在每次循环周期中，VI 向设备写入 1 个采样点。设备在下一个时钟滴答输出该采样点。如果向设备写入下一个数据点之前发生了多余的时钟滴答，将产生错误。如要忽略上述错误，设置"将延迟错误转换为警告"控件为 TRUE。

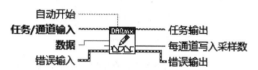

图 6-61　NI-DAQmx 写入 VI

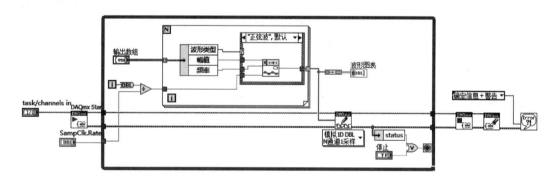

图 6-62　向指定通道写入连续生成模拟输出数据

使用确定性操作系统（例如，LabVIEW Real-Time）时，硬件单点定时输出可实现最佳性能。由于通用操作系统（例如，Microsoft Windows）的非确定性特性，软件循环周期时间不固定，这导致偶尔会错失采样时钟。如需考虑错失的采样时钟错误，可尝试减少采样率或设置"将延迟错误转换为警告"为 TRUE。

### 6.4.3.6　NI-DAQmx 结束前等待 VI

NI-DAQmx 结束前等待 VI 用于等待测量或生成操作完成，如图 6-63 所示。最常见的范例是有限次生成。如开始一个进行有限次信号生成的任务，然后立即停止任务，停止任务时生成可能没有完成。生成没有按照预期完成。要保证有限次信号生成按照预期完成，在停止任务前调用"结束前等待"函数。"结束前等待"函数执行后，有限次生成任务完成，然后任务停止。

一般情况下，"结束前等待"函数通常与有限次测量或生成任务一起使用。

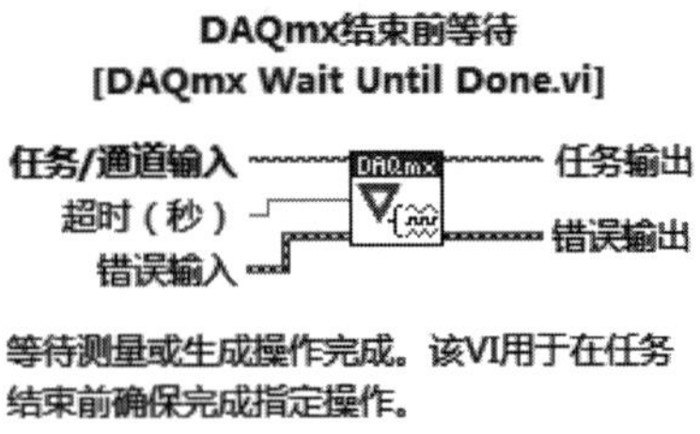

**DAQmx结束前等待**
**[DAQmx Wait Until Done.vi]**

等待测量或生成操作完成。该VI用于在任务结束前确保完成指定操作。

图 6-63　结束前等待 VI

### 6.4.3.7　NI-DAQmx 清除任务 VI

该 VI 用于程序中清除任务（图 6-64）。在清除之前，VI 将中止该任务，并在必要情况下释放任务保留的资源。清除任务后，将无法使用任务的资源。必须重新创建任务。

如在循环内部使用 DAQmx 创建任务 VI 或 DAQmx 创建虚拟通道 VI，应在任务结束后在循环中使用此 VI，以避免分配不必要的内存。

**DAQmx清除任务**
**[DAQmx Clear Task.vi]**

清除任务。在清除之前，VI将中止该任务，并在必要情况下释放任务保留的资源。清除任务后，将无法使用任务的资源。必须重新创建任务。

图 6-64　清除任务 VI

### 6.4.3.8　NI-DAQmx 属性节点

属性节点提供了对所有与数据采集操作相关属性的访问功能，这些属性可以通过 NI-DAQmx 属性节点来设置，而且当前的属性值可以从 NI-DAQmx 属性节点中读取。在 LabVIEW 中，一个 NI-DAQmx 属性节点可以用来写入多个属性或读取多个属性。图 6-65 显示了 NI-DAQmx 的属性节点。

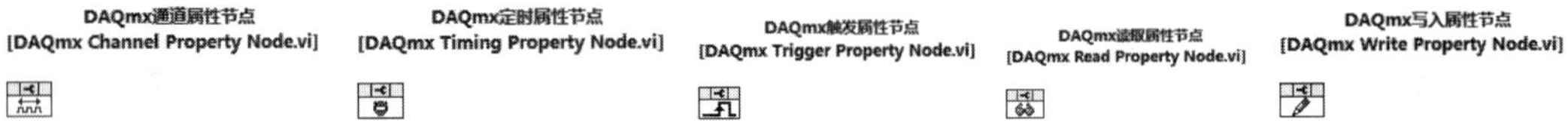

图 6-65　NI-DAQmx 的属性节点

各个属性节点选定的类均为其对应的属性类，如 DAQmx 定时属性节点（VI）中选定的类是 DAQmx 通道，DAQmx 读取属性节点（VI）选定的类是 DAQmx 读取等。右键单击属性节点，在快捷菜单中选择选择过滤，属性节点将只显示系统已安装设备支持的属性。图 6-66 的 DAQmx 属性节点的过滤结果显示了当前计算机上所选设备的属性。

实际上，DAQmx 数据采集 VI 的许多属性可以使用前面讨论的 NI-DAQmx 函数/VI 来设置。例如采样时钟源和采样时钟有效边沿属性就可以使用 NI-DAQmx 定时函数来设置。然而，对于一些相对不常用的属性，则只能通过 DAQmx 属性节点来访问。

## 6.4.4　利用 DAQmx 函数构建数据采集应用

### 6.4.4.1　模拟输入

模拟输入一般包含单点模拟输入和带缓冲的模拟输入等。单点模拟输入是无缓冲的、软

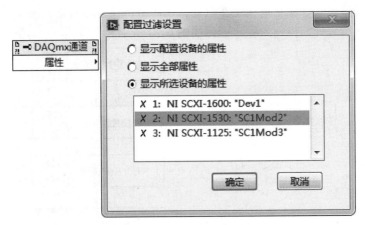

图 6-66　DAQmx 通道属性

件定时的数据采集，而带缓冲的模拟输入进程是数据先从 DAQ 设备输入到缓冲区中，再由 DAQmx Read.VI 读取到应用程序内存中，既可进行有限多点采集，也可进行连续采集。

A　单点模拟输入

单点模拟数据采集的输入是无缓冲的、软件定时的采集。图 6-67 为单点模拟输入数据采集程序框图。

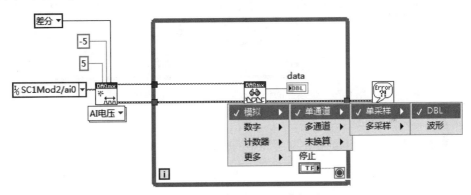

图 6-67　单点模拟输入程序框图

B　带缓冲的模拟输入

带缓冲的模拟输入首先需设定数据缓冲区的大小。如果使用缺省值或设为 −1，则 NI-DAQmx 根据任务的配置，自动确定读取的采样点数，每通道的采样点数（Samples per channel）等于缓冲大小，如图 6-68 所示。

带缓冲的数据采集又可分为有限点采集和连续采集。NI 公司推荐在多数应用中使用带缓冲的有限点采集方式，这种方式可以采集硬件定时，并且需要设定缓冲大小、采样模式、采样率和每通道采样点数等参

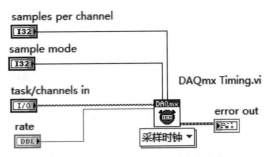

图 6-68　利用定时 VI 设定缓冲大小

数。对于连续采集模式，除上述设定参数外，还需进行循环设定等任务，其流程如图 6-69
所示。完整的连续采样模拟输入程序框图如图 6-70 所示。

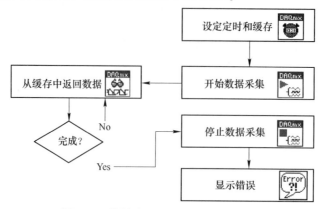

图 6-69 带缓冲的连续采集的程序流程

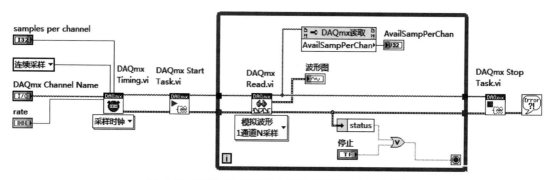

图 6-70 带缓冲的连续数据采样模拟输入程序框图

#### 6.4.4.2 模拟输出

模拟输出波形的频率由更新率和缓冲中的循环个数等参数确定，其设定过程包括选择
设定和确认设定两个步骤。如图 6-71 所示。

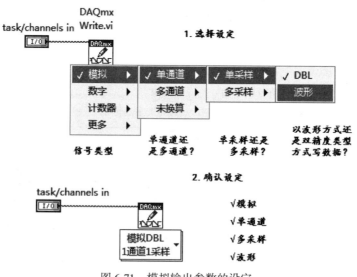

图 6-71 模拟输出参数的设定

　　DAQmx 写入 VI 的自动开始（Auto Start）输入参数用于控制是否由 Write 写 VI 启动信号输出，对于单点采样，其缺省值为真，而对于多点采样，缺省值为假。当使用 DAQmx 开始/停止任务 VI 时，总是设定自动开始为假。

A　带缓冲的有限点输出

图 6-72 是带缓冲的有限点输出的程序执行流程，典型的程序框图如图 6-73 所示。

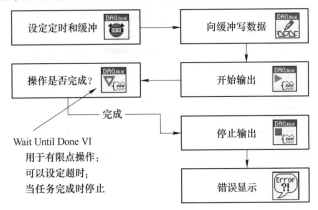

图 6-72　带缓冲有限点输出流程

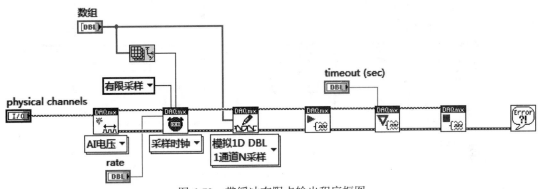

图 6-73　带缓冲有限点输出程序框图

B　带缓冲的连续输出

带缓冲的连续输出的程序流程如图 6-74 所示。在连续输出程序设计时，使用采样时

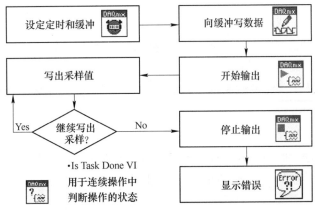

图 6-74　带缓冲连续输出程序流程

钟定时控制数据的连续输出。而如果输出信号是连续波形数据，则可在 DAQmx 定时 VI 中，使用波形数据的 dt 参数来设定其定时参数，缺省情况下为使用 PC 缓冲保存输出数据。图 6-75 和图 6-76 分别为使用采样时钟定时的连续数据输出程序框图和使用 dt 参数定时的连续波形输出程序框图。

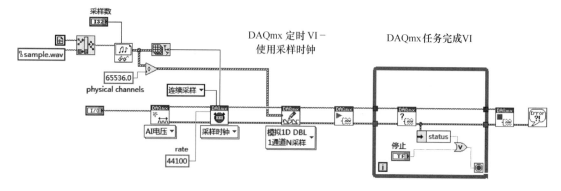

图 6-75　使用采样时钟定时的连续数据输出程序框图

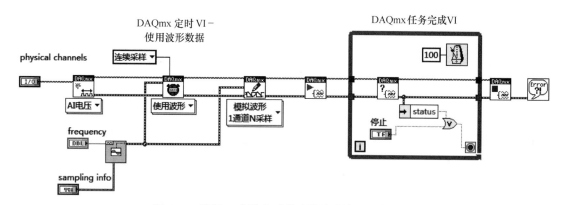

图 6-76　使用 dt 参数定时的连续波形输出程序框图

### 6.4.4.3　数字 I/O

A　NI-DAQmx 数字终端类型

DAQmx 数字终端的类型包括端口（Port）和数字线（Line）。端口是数字线的集合，一般为 4 根或 8 根数字线，其命名方式为 Dev x/Port y。数字线则是指端口中的一条信号线，其命名一般为 Dev x/Port y/Line a、Dev x/Port y/Line b 以及两者的联合等。

B　数字通道的数据类型

可以建立几种不同类型的数字信号通道，如一个端口、一条数字线或几条数字线的集合等。如图 6-77 所示。

C　读取单数字线通道采样数据

数字通道的数据读取和写入比较简单，不再过多讨论。图 6-78 是一个利用 DAQmx 读取 VI 与数字线类型返回一个布尔量的程序框图，图 6-79 是两种写出数字线通道单采样数据程序框图。

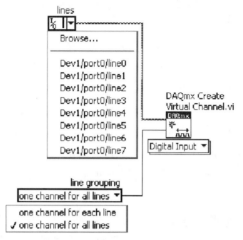

图 6-77　数字通道的数据类型

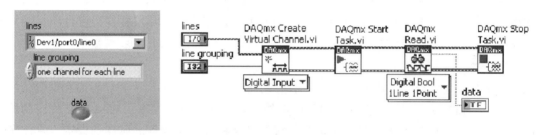

图 6-78　读取单数字线通道采样数据程序框图

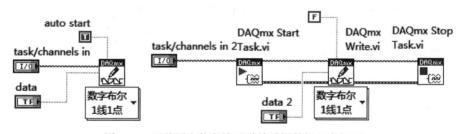

图 6-79　两种写出数字线通道单采样数据程序框图

## 6.5　模块化应用程序开发

在应用 LabVIEW 编程时，也应与其他编程语言一样，尽量采用模块化编程的思想，有效地利用子 VI。在图形化语言中，子 VI 是提供给其他 VI 使用的，子 VI 可以实现与调用 VI 之间的数据交换。子 VI 除了可以被其他 VI 使用外，另一个作用就是简化程序框图。对于一个复杂的程序框图可以通过创建多个子 VI 来进行简化。

### 6.5.1　项目规划和设计

开发 VI 前，应先根据用户需求列出所需执行任务的清单。明确用户界面组件及用于数据分析、显示分析结果等操作所需的输入控件和显示控件的数量和类型。与目标用户或项目组其他成员详细规划和商讨，明确用户需在何时以何种方式实现上述功能和特性。创建并向目标用户或项目组成员演示前面板样本，确认前面板能否帮助用户实现其需求。通过该互动过程，按实际需要优化用户界面。

将应用程序分为规模上便于管理且有逻辑关系的若干部分。设计应从包含应用程序主要组件的高层程序框图开始。例如，可将程序框图分为配置、采集、分析、数据显示、数据记录和错误处理等功能不同的区域。

高层程序框图设计完毕后，定义输入和输出。然后，设计子 VI，子 VI 是构成高层程序框图的重要组件。创建子 VI 时可同步对其进行测试。可创建较高层的测试程序，但在小型模块中纠错比测试由几个 VI 组成的多层次结构更容易操作。高层程序框图的初始设计往往不够完善。使用子 VI 进行低层测试任务便于应用程序的修改或重新组织。

### 6.5.1.1 模块化组件设计

模块化编程不仅利于对程序修改进行管理，也便于程序框图的快速调试。为通用或常用操作创建可重复使用的子 VI。子 VI 使高层程序框图易于读取和理解，便于调试及维护。设计项目时，确认并选择设计方法对项目实施意义重大。LabVIEW 的原型开发与设计技巧主要包括 code and fix 开发步骤及自顶向下设计方法。当开发者首次进行项目规划和设计时，需系统规划和考虑项目实施方案，选择合适的开发方法与步骤。

### 6.5.1.2 项目的协同开发

由多个开发人员共同开发项目时，需在设计伊始即对编程职责、程序界面和编码标准进行划分，确保整个开发过程及应用程序运作良好。开发前注意遵从 LabVIEW 程序的编码标准，根据 LabVIEW 样式检查表进行面板控件及框图程序控件的属性的设定。具体实施时，可在一台计算机上保留 VI 的主备份，制定源代码控制规则。LabVIEW 专业版开发系统可与第三方源代码控制方同时运行，因此可从 LabVIEW 中签出文件、跟踪修改、合并改动。编辑 VI 前，应重新编译在其他平台上编辑过的 VI 以节省编辑会话的加载时间。打开 VI，按<Ctrl+Shift>组合键并同时单击运行按钮，可重新编译内存中所有的 VI。然后选择文件→保存全部保存内存中所有的 VI。

## 6.5.2 创建与调用子 VI

LabVIEW 中的子 VI 相当于文本编程语言中的子程序，在 LabVIEW 环境中创建的任何一个 VI 都可以被其他 VI 作为子 VI 调用。显而易见的是，LabVIEW 程序框图越大就越难理解和维护，这时就应该在程序中归纳查找可多次重复利用的代码段，并使用子 VI 替代这些代码，由此可节省程序框图空间并简化后续代码更新流程。因为编辑子 VI 将影响全部调用该子 VI 的 VI，而不仅限于当前实例。程序框图中相同的子 VI 节点每次调用同一个子 VI。

### 6.5.2.1 创建子 VI

创建 VI 后，必须为其创建连线板和创建图标，以用作子 VI。然后将子 VI 置于另一个 VI 的程序框图。子 VI 的控件从调用该 VI 的程序框图中接收数据，并将数据返回至调用方 VI 的程序框图。

创建子 VI 有两种方法，一种是通过创建一个新 VI 来实现；另一种是从现有的 VI 中选取部分代码构成一个 VI。下面分别进行介绍。

A　通过创建新 VI 构成子 VI

在 5.1 节中提到，VI 一般由 3 部分构成，其中一部分是图标和连接板，子 VI 利用连接板上的端口与上层 VI 交换数据。实际上，创建完成一个 VI 后，再按照一定的规则定义好 VI 的连接端口，该 VI 就可以作为一个子 VI 来使用了。

新建的 VI 前面板右上角显示的是 LabVIEW 的缺省的图标和连线板，为了便于在程序框图和函数模板中识别子 VI，应对该图标及连线板进行编辑或配置，如图 6-80 所示。连线板集合了 VI 各个接线端，与 VI 中的控件相互呼应，类似文本编程语言中函数调用的参数列表。连线板标明了可与该 VI 连接的输入和输出端，以便将该 VI 作为子 VI 调用。连线板在其输入端接收数据，然后通过前面板控件将数据传输至程序框图的代码中，从前面板的显示控件中接收运算结果并传递至其输出端。新建 VI 时由于连线板上的端口并没有与前面板上的控件建立起关联关系，因而需要用户进行定义。

一般情况下，用户并不需要把所有的控件都与一个端口建立关联，与外部程序交换数据。因而需要改变接线端口中端口的数目。LabVIEW 提供了两种方法来改变端口的个数：第一种方法是在接线端口单击右键，在弹出的快捷菜单中选择添加连线段或删除接线端，逐个删除或添加连接端口，这种方法比较灵活，但操作过程较为繁琐；第二种方法是在接线端口单击右键弹出的快捷菜单中选择模式选项，此时会出现一个图像化的选择面板，列出了 36 种不同的接线端口，基本可以满足用户的需要，如图 6-81 所示。第二种方法较为简单，但是不够灵活，有时不能满足需求。

在程序开发时可以先使用第二种方法选择一个与设计需求比较接近的连接端口模式，然后再使用第一种方法对选择的连接端口进行修改定制以适合需求。

图 6-80　前面板上的图标和连接端口示意图

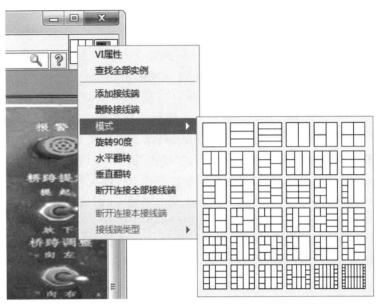

图 6-81 设置连接板

B 选择部分程序框图创建子 VI

用定位工具选中希望重用的程序框图局部，选择编辑→创建子 VI 则将该部分 VI 转换为一个子 VI。出现一个新子 VI 的图标替换这部分被选中的程序框图。LabVIEW 会为该新子 VI 创建输入控件和显示控件，并将该子 VI 连接到已有的连线上。

通过选择程序框图的局部来创建子 VI 方便快捷，但需要仔细规划，从而使 VI 层次结构具有逻辑性。考虑应选中哪些对象，避免改变原有 VI 或新建 VI 的功能。

通过选中部分 VI 来创建子 VI 时应注意下列问题：

（1）通过选中 VI 的局部来创建子 VI 相当于将所选对象删除后以一个子 VI 取代。在这两种情况下，LabVIEW 都将执行下列操作：

1）LabVIEW 不会删除在原 VI 中所选 VI 局部的任何程序框图接线端。前面板上只保留原 VI 的控件，接线端仍然与新的子 VI 连接。

2）在选中的程序框图中，如其中有属性节点或局部变量的前面板对象，LabVIEW 将在原有的前面板上添加控件引用，并与子 VI 连线。在子 VI 中，LabVIEW 将控件引用与属性节点相连接。

（2）创建子 VI 时选中的对象不得多于 28 个，因为连线板最多可连接 28 个对象。

（3）避免在程序框图上创建循环。

（4）不要选择内含程序框图接线端的结构。

C 创建连线板的注意事项

在创建和设置边线板时，应注意以下事项：

（1）建议不要使用超过 16 个接线端。超过 16 个接线端的连线板较难连线。如要传递很多数据，请使用簇。

（2）多余的接线端可以保留，当需要为 VI 添加新的输入或输出端时再进行连接。

（3）将接线端分配为输入端或输出端时，确保将连线板上的接线端分为输入端和输出端两个部分。如要使用 4×2×2×4 连线板的中间四个接线端，水平或垂直地将其分为两个部分。例如，将输入分配给上两个接线端，输出分配给下两个接线端，或者将输入分配给左边两个接线端，输出分配给右边两个接线端。

（4）如创建一组经常使用的子 VI，需为子 VI 的常用输入端创建统一的连线板，将这些输入端固定在相同位置，以帮助用户记住各个输入端的位置。如创建的子 VI 生成的输出被另一个子 VI 作为输入（例如，引用、任务 ID、错误簇），需将输入和输出连接端对齐，以简化连线。

（5）在前面板中，将错误输入簇放在左下角，错误输出簇放在右下角。图 6-82 举例说明了正确的和不正确的"错误簇"排列方式。

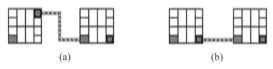

图 6-82　错误簇排列方式
(a) 不正确；(b) 正确

除此之外，对连线板的输入和输出端口还应进行属性设置，将输入和输出设置为必需、推荐或可选等属性，以避免用户忘记连接子 VI 接线端。

如未连接"必需"输入端，该子 VI 所在的程序框图将出现断线。输出接线端不存在"必需"选项。建议和可选的接线端输入和输出表示这些接线端的连线是可选的。如未连接这些接线端，程序框图不会生成任何警告。

vi. lib 中的 VI 输入输出接线端已被标识为必需、推荐或可选。LabVIEW 将所创建的 VI 的输入和输出默认设置为推荐。如某个输入或输出对 VI 的正常运行是必不可少的，该接线端应设置为"必需"。

右键单击连线板上的接线端，从快捷菜单中选择接线端类型，然后为输入或输出端选择必需、推荐和可选。可将连线板上的所有新接线端默认类型从"推荐"改为"必需"。选择工具→选项→前面板并勾选连线板接线端默认为必需复选框。该选项将应用于通过编辑→创建子 VI 创建的所有连接。

在即时帮助窗口中，"必需"接线端的标签是粗体，"推荐"接线端的标签是普通文本，"可选"接线端的标签是灰色字体。如单击即时帮助窗口中隐藏可选接线端和完整路径按钮，"可选"接线端将不出现。

### 6.5.2.2　调用子 VI

在完成连线板上各个端口的定义后，该 VI 就可以当做子 VI 来调用了。其调用步骤如下：

（1）在程序框图上放置一个 VI。

（2）右键单击 VI，从快捷菜单中选择调用设置，打开 VI 调用配置对话框。

（3）选择下列选项以配置何时加载子 VI：

1）与调用方同时加载。加载调用方 VI 的同时加载子 VI。默认状态下子 VI 与调用方同时加载。

2）每次调用时重新加载。调用方 VI 调用子 VI 时，如子 VI 不在内存中，则加载子

VI。该选项不保证子 VI 始终在内存中。

3）首次调用时加载并保留。仅在调用方 VI 第一次调用子 VI 时加载子 VI。如有一个大的调用方 VI，在对话框中选择首次调用时加载并保留可节省加载时间和内存。选择该选项后，子 VI 仅在调用方需要时加载。

选中每次调用时重新加载或首次调用时加载并保留选项后，如调用方 VI 的程序框图在内存中，则 LabVIEW 还将加载子 VI。如在编辑模式下打开调用方 VI，LabVIEW 将通过加载调用方 VI 加载子 VI。因此，如不希望加载子 VI，则不要打开调用方 VI 的程序框图。将调用方 VI 作为一个子 VI 调用，并且关闭调用方 VI 的前面板窗口和程序框图。需要注意的是，选中每次调用时重新加载或首次调用时加载并保留后，子 VI 将被一个配置为调用该子 VI 的通过引用调用节点所取代。通过引用调用节点上的符号对应于选定的模式。选定上述任意选项以后，程序框图将不再显示子 VI。该选项可删除对子 VI 的静态调用。

（4）单击"确定"按钮，保存该调用配置。

采用这种子 VI 调用方式来调用一个子 VI，只是将其作为一般的计算模块来使用，程序运行时并不显示其前面板。如果需要将子 VI 的前面板作为弹出式对话框来使用，则需要改变一些 VI 的属性设置。

在子 VI 前面板窗口右上角图标单击右键弹出的快捷菜单中选择"VI 属性"，会出现 VI 属性对话框，在对话框的"类别"下拉框中选择"窗口外观"，将对话框页面切换到窗口显示属性页面，单击"自定义"按钮，选择"调用时选择前面板"和"若之前未打开则在运行后关闭"，单击"确定"，那么当程序运行到这个子 VI 时，其前面板就会自动弹出来，当子 VI 运行结束后，其前面板会自动关闭。在 VI 属性对话框中还可以设定 VI 执行时的其他各种属性。

## 6.6　LabVIEW 中的数据通信

虚拟仪器技术与网络技术相结合，构成网络化虚拟仪器系统，是自动测试系统的发展方向之一。通过网络进行数据共享是各种软件的发展趋势，LabVIEW 等虚拟仪器开发平台顺应这一趋势，具有强大的网络通信功能。使用 LabVIEW 实现网络通信有 4 大类方法：（1）使用网络通信协议编程实现网络通信，可以使用 TCP/IP、UDP、串口、红外线、蓝牙、SMTP 等协议；（2）使用基于 TCP/IP 数据传输协议 DSTP 的 DataSocket 技术实现网络通信；（3）通用共享变量节点、VI 或函数实现网络数据共享；（4）通过远程访问实现数据共享。

### 6.6.1　TCP 与 UDP 通信

LabVIEW 中支持的通信协议类型包括 TCP/IP、UDP、串口、红外线、蓝牙、SMTP 协议等。其中 TCP/IP 协议体系是目前最成功、使用最频繁的 Internet 协议，有着良好的开放性和实用性。该协议定义了通信网络层的网络互联协议 IP、传输层的传输控制协议 TCP 和用户数据协议 UDP 等。

#### 6.6.1.1　TCP 协议及通信编程

LabVIEW 中为网络通讯提供了基于 TCP/UDP 的通讯函数供用户调用，TCP VI 和函数的具体含义如表 6-2 所示。这样用户可直接调用 TCP 模块中已发布的 TCP 函数来完成流程的编写，而无须过多地考虑网络的底层实现，这样原本复杂的 TCP 编程在 LabVIEW 中变得简单起来。

表 6-2  TCP VI 和函数

| 选板对象 | 说　明 |
| --- | --- |
| IP 地址至字符串转换 | 使 IP 地址转换为字符串 |
| TCP 侦听 | 创建侦听器并等待位于指定端口的已接受 TCP 连接 |
| 创建 TCP 侦听器 | 为 TCP 网络连接创建侦听器。连线 0 至端口输入可动态选择操作系统认为可用的 TCP 端口。使用打开 TCP 连接函数向 NI 服务定位器查询与服务名称注册的端口号 |
| 打开 TCP 连接 | 打开由地址和远程端口或服务名称指定的 TCP 网络连接 |
| 等待 TCP 侦听器 | 等待已接受的 TCP 网络连接 |
| 读取 TCP 数据 | 从 TCP 网络连接读取字节并通过数据输出返回结果 |
| 关闭 TCP 连接 | 关闭 TCP 网络连接 |
| 解释机器别名 | 返回机器的网络地址，用于联网或在 VI 服务器函数中使用 |
| 写入 TCP 数据 | 使数据写入 TCP 网络连接 |
| 字符串至 IP 地址转换 | 使字符串转换为 IP 地址或 IP 地址数组 |

TCP 是基于连接的协议，这意味着各传输点必须在数据传输前创建连接。数据传输在客户端和服务器之间进行。TCP 允许多个同步连接。

可通过等待入局的连接或寻找具有指定地址的连接来创建连接。在创建 TCP 连接时，须指明其地址及该地址的端口。一个地址上不同的端口表示该地址上的不同服务。

通过打开 TCP 连接函数可主动创建一个具有特定地址和端口的连接。如连接成功，该函数将返回唯一识别该连接的网络连接句柄。这个连接句柄可在此后的 VI 调用中引用该连接。

以下方法用于等待一个 TCP 通信的连接：

（1）通过 TCP 侦听 VI 创建一个侦听器并等待一个位于指定端口已被接受的 TCP 连接。如连接成功，VI 将返回一个连接句柄、链接地址以及远程 TCP 客户端的端口。

（2）通过创建 TCP 侦听器函数创建一个侦听器，用"等待 TCP 侦听器"函数侦听和接受新连接。等待 TCP 侦听器函数返回连接至函数的侦听器 ID。在结束等待新连接后，用关闭 TCP 连接函数关闭侦听器。侦听器无法进行读写操作。

上述做法的优点在于以"关闭 TCP 连接"函数取消侦听操作。在侦听连接时无须使用超时，而在另一个条件为真时侦听被取消。可随时关闭 TCP 侦听 VI。

连接创建完毕后，可通过读取 TCP 数据函数及写入 TCP 数据函数对远程程序进行数据读写。

通过"关闭 TCP 连接"函数关闭与远程程序的连接。当连接关闭而仍有未读数据时，这些数据将遗失。可通过更高层次的协议来指明何时关闭连接。

#### 6.6.1.2　UDP 通信

UDP 用于执行计算机各进程间简单、低层的通信。将数据报发送到目的计算机或端口即完成了进程间的通信。端口是发送数据的出入口。IP 用于处理计算机到计算机的数据传输。当数据报到达目的计算机后，UDP 将数据报移动到其目的端口。如目的端口未打开，UDP 将放弃该数据报。UDP 与 IP 有相同的传输问题。对传输可靠性要求不高的程序可使用 UDP。例如，程序可能十分频繁地传输有信息价值数据，以至于遗失少量数据段也不成问题。

A 在 LabVIEW 中使用 UDP

UDP 不是基于连接的协议，如 TCP，因此无须在发送或接收数据前先建立与目的地址的连接。但是，需要在发送每个数据报前指定数据的目的地址。操作系统不报告传输错误。

使用打开 UDP 函数，在端口上打开一个 UDP 套接字。可同时打开的 UDP 端口数量取决于操作系统。"打开 UDP"函数用于返回唯一指定 UDP 套接字的网络连接句柄。该连接句柄可在以后的 VI 调用中引用这个套接字。

写入 UDP 函数用于将数据发送到一个目的地址，读取 UDP 函数用于读取该数据。每个写操作需要一个目的地址和端口。每个读操作包含一个源地址和端口。UDP 会保留为发送命令而指定的数据报的字节数。

理论上，数据报可以任意大小。然而，鉴于 UDP 可靠性不如 TCP，通常不会通过 UDP 发送大型数据报。

当端口上所有的通信完毕，可使用关闭 UDP 函数以释放系统资源。

B UDP 多点传送（Multicast）

UDP 函数通过广播与单个客户端（单点传送）或子网上的所有计算机进行通信。如需与多个特定的计算机通信，则必须配置 UDP 函数，使其在一组客户端之间循环。Lab-VIEW 向每个客户端发送一份数据，同时需维护一组对接收数据感兴趣的客户端，这样便造成了双倍的网络报文量。

多点传送用于网上单个发送方与多个客户端之间的通信，无须发送方维护一组客户端或向每个客户端发送多份数据。如要从一个多点传送的发送方接收数据广播，所有的客户端须加入一个多点传送组。但发送方无须为发送数据而加入这个组。发送方指定一个已定义多点传送组的多电传送 IP 地址。多点传送 IP 地址的范围是 224.0.0.0 到239.255.255.255。如客户机要加入一个多点传送组，客户机即订阅了该组的多点传送 IP 地址。一旦接受多点传送组的传送地址，客户端便会收到发送至该多电传送 IP 地址的数据。

如需在 LabVIEW 中进行多点传送，可用打开 UDP 多点传送 VI 打开能够进行读、写和 UDP 数据读、写的连接。需指定写数据的停留时间（TTL）、读数据的多点传送地址和读写数据的多点传送端口号。TTL 默认值为 1，即 LabVIEW 仅将数据发送至本地子网。路由器收到一个多点传送数据报后，将数据报的 TTL 值递减。如 TTL 大于 1，路由器将数据报转发给其他路由器。表 6-3 为指定不同 TTL 代码后，多点传送数据报所发生的相应动作。

表 6-3 UDP 通信停留时间（TTL）与相应动作列表

| 停留时间 | 相 应 动 作 |
|---|---|
| 0 | 数据报停留在主机上 |

| 停留时间 | 相 应 动 作 |
|---|---|
| 1 | 数据报已发送到本地子网上接收同一 IP 地址的所有客户端。集线器（hub）/中继器（repeater）和桥接器（bridge）/交换机（switch）转发数据报。如 TTL 为 1 则路由器不转发数据报 |
| >1 | 数据报已发送且由路由器经 TTL-1 层转发 |

### 6.6.2　DataSocket 技术

#### 6.6.2.1　DataSocket 技术

DataSocket 是一个基于 TCP/IP 工业标准的编程技术，对底层进行了调度封装，所提供的参数简单友好，大大简化了同一计算机内部或网络中不同计算机间应用程序的数据交换过程。使用 DataSocket 技术，很容易地通过各种方式接收和发送测量数据，如 OPC、HTTP、FTP 或其他网络的 DataSocket，包括 Internet/Intranet。用户不用进行底层 TCP/IP 编程，就可以很方便地在测量和控制系统中共享和传输现场数据（Live Data），并在网上实时发布。

DataSocket Server Manager 是一个独立运行的应用程序，其主要功能是设置 DataSocket server 可连接的客户端程序的最大数目和可创建的数据项的最大数目，设置用户和用户组，设置用户创建数据项和读写数据项的权限，未经授权的用户不能在 DataSocket Server 上创建或读写数据项。数据项实际上是 DataSocket Server 中的数据文件。DataSockek Server 也是一个独立运行的应用程序，能为用户解决大部分网络通信方面的问题，负责监管 Manager 中所设定的各种权限的用户组和客户端程序之间的数据交换，自动处理底层的网络连接及客户程序之间的数据交换，使网络连接对客户端保持透明。DataSocket Server 与测控应用程序可安装在同一台计算机上，也可以分装在不同的计算机上，后一种方法可增加整个系统的安全性。因为两台计算机之间可用防火墙加以隔离，而且，DataSocket Server 程序不会占用测控计算机 CPU 的工作时间，从而使测控应用程序可以运行得更快。

DataSocket API 包含有打开 DataSocket、读取 DataSocket、写入 DataSocket 和关闭 DataSocket 等函数。其中的写入和读取 DataSocket 函数又分为单个或数组形式的字符串型、布尔型、数值型和波形等多种类型。DataSocket 技术可在 C 语言、VB 和 LabVIEW 等多种开发环境中使用，因此这些函数有不同的形式，在 C 语言中是函数，在 VB 中是 ActiveX 控件，而在 LabVIEW 中则是功能模块，DataSocket 的 ActiveX 控件还可以应用在 VC、Excel、网页和其他支持 ActiveX 的环境中。

#### 6.6.2.2　利用 DataSocket 技术通信

以下是通过 DataSocket 技术，以客户机/服务器模式实现数据远程传输的实例。

在服务器端对 DataSocket Server Manager 进行设置，可以采用默认值。然后运行应用程序 DataSocket Server，打开 DataSocket Server。如图 6-83 所示，DataSocket 数据写入框图程序的编写步骤为：利用打开 DataSocket 函数在服务器上创建 "wave" 正弦信号 URL，读取 VI 将使用该 URL 读取该 VI 写入的数据。DataSocekt 写入循环中生成不同频率的正弦波数组，通过写入 DataSocket 将当前数组发送至 DataSocket 服务器。单击停止或发生错误时，关闭 DataSocket 函数关闭连接。

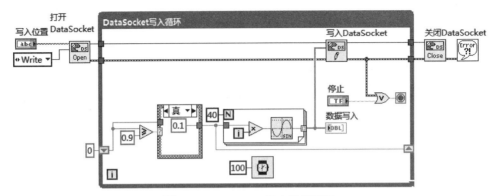

图 6-83 DataSocket 写入程序框图

客户端数据读取程序框图如图 6-84 所示。该程序中，利用打开 DataSocket 函数创建与服务器 "wave" URL 的连接，该 URL 在图 6-83 写入 VI 中进行了定义。读取 DataSocket 从 DataSocket 服务器读取当前数据数组，并在数据读取波形控件中显示出来。关闭停止或发生错误时，关闭 DataSocket 函数关闭连接。

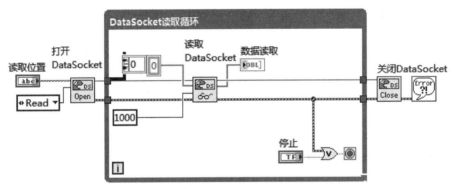

图 6-84 DataSocket 读取程序框图

### 6.6.3 通过 Web 服务器远程查看和控制前面板

LabVIEW 可以将 VI 发布到 Web 上，用户就可以在 LabVIEW 或 Web 浏览器中远程查看和控制 VI 前面板。当客户端远程打开一个前面板时，Web 服务器将前面板发送到客户端，但是程序框图和所有的子 VI 仍保留在服务器计算机上。VI 的前面板可进行人机交互，就像 VI 运行在客户端一样，但 VI 的程序框图运行在服务器上。使用该特性可以安全、轻松、快速地发布整个前面板或控制远程应用程序。因而，如果要控制整个 VI，需使用 LabVIEW Web 服务器。如果要读写 VI 中单个前面板上的数据，则可使用共享变量。

#### 6.6.3.1 为客户端配置服务器

在客户端使用 LabVIEW 或 Web 服务器远程查看和控制前面板之前，服务器的用户必须首先配置该服务器。如果需要配置 Web 服务器，可以选中工具→选项，并从类别下拉菜单中选择 Web 服务器页，如图 6-85 所示。通过这些页面可控制浏览器对服务器的访问（见图 6-86），指定哪些前面板为远程可见（见图 6-87）。通过这些页面也可设定时间限制，当有多个客户等待控制 VI 时，限制任意一个远程客户控制 VI 的时间。

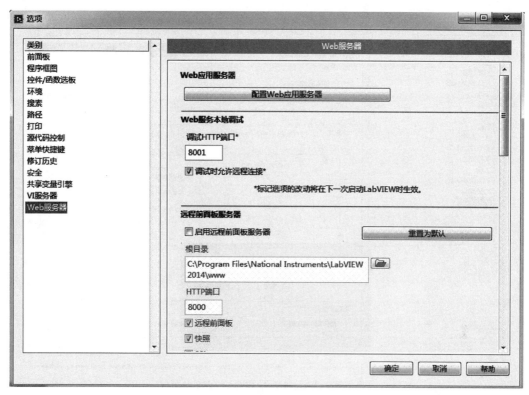

图 6-85　配置选项界面

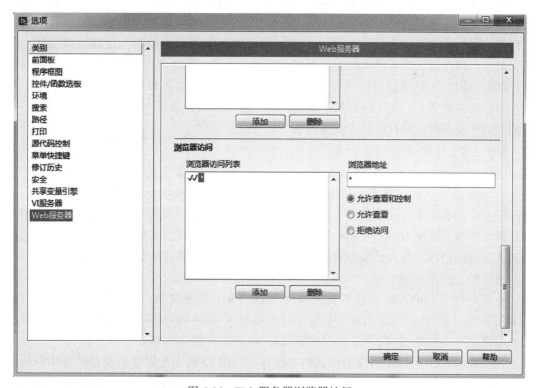

图 6-86　Web 服务器浏览器访问

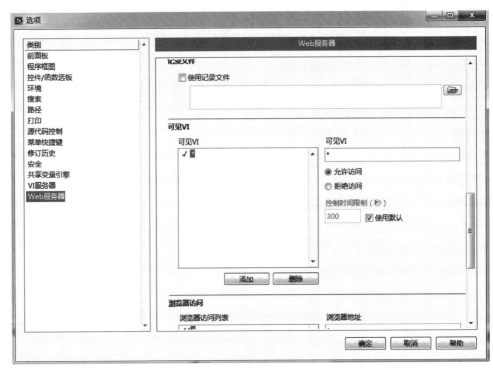

图 6-87 Web 服务器可见 VI 设置界面

Web 服务器允许多个客户端同时连接到同一个前面板，但每次只能有一个客户端控制该前面板。服务器的用户则可在任何时候收回任何 VI 的控制权。如果控制者（取得控制权的一方）更改了前面板上的某一个值，所有的客户端前面板都会反映出该变化。但是，没有取得控制权的客户端的前面板不会反映出所有的更改。通常，没有取得控制权的客户端的前面板不反映前面板对象显示的变化，而是反映前面板对象实际值的变化。例如，当控制者改变了一个图表标尺的刻度间距或映射模式，或者当控制者显示和隐藏了一个图表的滚动条时，只有控制者的前面板会反映这些变化。

6.6.3.2 Web 发布网页配置

客户端可以从 LabVIEW 或 Web 浏览器远程查看和控制前面板。客户端和服务器计算机上运行的 LabVIEW 的版本必须相同。当通过浏览器查看和控制远程前面板的时候，必须保证客户端和服务器计算机上 LabVIEW 运行引擎的版本之间兼容。同时还需要和服务器管理员联系，确保 HTML 文档中指定了 LabVIEW 运行引擎的正确版本。另外，在远程查看和控制前面板之前，必须先启动 VI 或应用程序所在服务器计算机的 Web 服务器。

具体配置操作过程如下：

在客户机上 LabVIEW 操作界面上选中工具→Web 发布工具，弹出如图 6-88 所示的 Web 发布工具窗口，从 VI 名称下拉菜单中选择要发布的 VI 程序，然后选择一种查看模式，单击"下一步"按钮，将出现 HTML 输出界面，如图 6-89 所示。

在图 6-89 中，可以编辑输出网页的文档标题、在 VI 前面板图像前显示的文本和图像后显示的文本等内容，设置完成后单击"下一步"按钮，出现保存至磁盘按钮提示用户可将网页文件配置保存至 LabVIEW 系统的默认发布目录，通常为 X:\Program Files\

图 6-88　Web 发布工具选择 VI 和查看选项界面

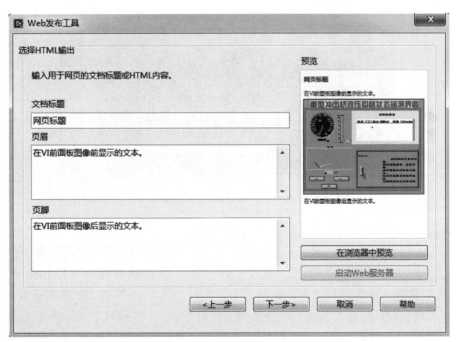

图 6-89　HTML 输出设置界面

National Instruments \ LabVIEW 2014 \ www，其中 X 为安装目录，具体路径随 LabVIEW 版本、安装路径等有所不同。保存文件后关闭 Web 发布工具对话窗口。

6.6.3.3　从 Web 浏览器查看和控制前面板

如果客户端上没有安装 LabVIEW 系统，则必须安装 LabVIEW 运行引擎才能使用 Web

浏览器远程查看和控制前面板。LabVIEW 运行引擎包括一个 LabVIEW 浏览器插件包，该插件包安装在浏览器插件目录中。LabVIEW 平台媒体中包含 LabVIEW 运行引擎的安装程序。

而服务器端的用户需要创建一个 HTML 文档，其中包含<OBJECT>和<EMBED>标记，用于规定客户端能够查看和控制的 VI。标记中包含了指向 VI 的 URL 引用，以及指导 Web 浏览器将该 VI 传递给 LabVIEW 浏览器插件所需的信息。通过在地址栏或 Web 浏览器顶部的 URL 字段中输入 Web 服务器的 Web 地址，客户端可以浏览到 Web 服务器。LabVIEW 浏览器插件在 Web 浏览器中显示前面板并与 Web 服务器进行通信，从而使得客户端可以与远程前面板进行交互。通过选择 Web 浏览器中远程前面板窗口底部的请求控制 VI 或右键单击前面板上任意位置并从快捷菜单中选择请求控制 VI，客户端可以请求对 VI 的控制，如图 6-90 所示。

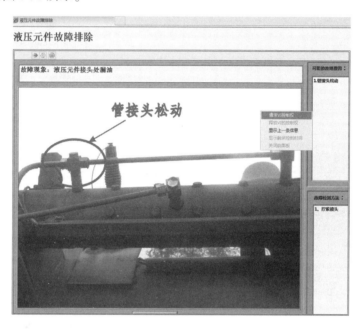

图 6-90 Web 浏览器界面

### 6.6.3.4 在 LabVIEW 中查看和控制前面板

要将 LabVIEW 作为客户端查看远程前面板，可以新建一个 VI 并选择操作→连接远程面板以打开连接远程面板对话框，如图 6-91 所示。使用该对话框可以指定服务器的 Internet 地址和需要查看的 VI。在默认状态下，远程 VI 前面板最初处于观察模式。通过勾选连接远程面板对话框中的请求控制复选框，可请求对 VI 的控制。当计算机上显示出需要的 VI，也可以右键单击前面板上的任何地方并从快捷菜单中选择请求控制。这个菜单也可以通过单击前面板窗口底部的状态条来访问。如当前没有其他客户端控制 VI，当前用户即取得前面板的控制权。如果另一个客户端正在控制该 VI，服务器将把当前客户端的请求放入队列，直到其他客户端放弃控制或控制超时。只有服务器的用户可通过选择工具→远程面板连接管理器来监视客户端队列列表。当一个 VI 在远程计算机上运行时，如果需要保存它产生的数据，只能使用 TCP，不能使用远程前面板。

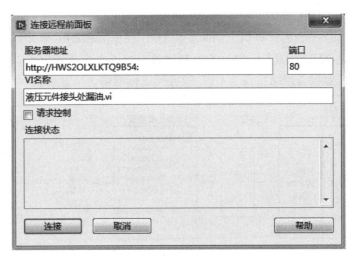

图 6-91　连接远程前面板

所有能在客户端查看和控制的 VI 必须存在服务器计算机的内存中。如果所请求的 VI 在内存中，那么服务器就把该 VI 的前面板数据发送到请求它的客户端。如果该 VI 不在内存中，那么连接至远程面板对话框的连接状态部分将显示一个错误信息。

如果当前没有其他客户端控制该 VI，并且同一连接上没有其他浏览器窗口控制该 VI，当前用户即获得前面板的控制权。如果另一个客户端正在控制该 VI，服务器将把当前客户端的请求放入队列，直到其他客户端放弃控制或控制超时。只有服务器的用户可通过选择工具→远程面板连接管理器来监视客户端队列列表。

### 6.6.4　通过 LabVIEW 连接 OPC 系统

过程控制 OLE（OPC）是一组标准接口，用于确保制造商不同的设备间进行实时现场数据传输的互用性。OPC 规范由 OPC 基金会制定及修改。来自于控制系统、仪器系统以及过程控制系统的制造商代表组成了该基金会。

#### 6.6.4.1　OPC 规范

通过 OPC 基金会制定的 OPC 规范，用户可在一个工厂中使用不同制造商生产的设备和交换设备，无须改变设备通信的代码。OPC 规范也可用于工厂的过程控制和数据采集，再将数据在整个企业内部传输和使用。

OPC 基金会目前持有如下 8 个 OPC 规范，即 OPC 数据访问规范（DA）、OPC 报警与事件规范、OPC 批量过程规范、OPC 数据交换规范、OPC 历史数据访问规范、OPC 安全性规范、OPC XML-DA 规范、OPC 统一架构规范（UA）。

LabVIEW 支持 OPC 数据访问规范。即第三方 OPC 客户端与 LabVIEW OPC 服务器连接。也可在 LabVIEW 中开发 OPC 客户端，以连接到其他 OPC 服务器。

OPC 基金会发布了三个主要版本的 OPC 规范。LabVIEW 现支持下列 OPC DA 规范：

1.0 版—DataSocket Client

2.x 版—DataSocket Client、Variable Engine OPC Server、（DSC 模块）DSC OPC Client

3.0 版—Variable Engine OPC Server、（DSC 模块）DSC OPC Client

### 6.6.4.2 本地 OPC 系统

在运行 Windows 平台的计算机上同时安装 OPC 服务器和 OPC 客户端即成为一个本地 OPC 系统。在图 6-92 显示的工厂中,各控制设备组成了一个工业网络。控制设备间通过串行或 ENET 等工业设备网络协议与 OPC 服务器进行通信。

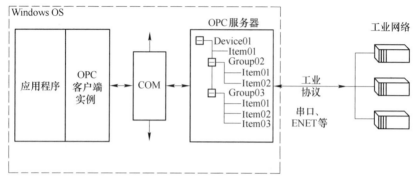

图 6-92　OPC 通信系统

当 OPC 服务器收到工业网络的数据时,OPC 服务器将数据转换为标准的 OPC 格式,供各 OPC 客户端访问。OPC 客户端可读取数据并将新数据通过 OPC 服务器写入设备。OPC 服务器将数据分为组和项,并将数据在一个标准接口上显示。OPC 客户端的数据被分为不同的组后,可以组为单位,发出更新通知的请求。项是 OPC 服务器所发布的数据的相关信息。

OPC 服务器使用了基于 COM 的接口(一种基于 Windows 的技术)与 OPC 服务器交换数据。所以,OPC 仅可在 Windows 平台上使用。OPC 客户端与 OPC 服务器连接时,客户端将指定需订阅的数据项以及接受更新的频率。图 6-93 是一个通过 DataSocket 函数监测 OPC 项的示例 VI,该 VI 通过 DataSocket Select URL 函数指定 OPC 服务器的 URL,利用打开 DataSocket 函数创建与 OPC 服务器 URL 的连接。再在 While 循环中,由读取 DataSocket 函数读取 OPC 服务器发布值,程序结束时利用关闭 DataSocket 函数关闭端口和释放通信资源。

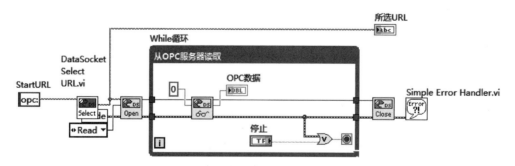

图 6-93　通过 DataSocket 函数监测 OPC 服务器发布数据

### 6.6.4.3 远程 OPC 系统

若干安装了 OPC 服务器和 OPC 客户端的计算机即成为一个远程 OPC 系统。计算机必须运行 Windows 平台,且必须通过以太网将各计算机连接。

OPC 服务器和 OPC 服务器/客户端系统在正常运行前，必须为 OPC 服务器进行 DCOM 设置。DCOM 可限制个别计算机在域上的访问权限，安全设置则可防止 OPC 客户端与远程 OPC 服务器进行通信。因此，本地 OPC 通常比远程 OPC 易于配置。

同时，必须对 Windows 进行多处设置，如安全、防火墙，以及 OPC 服务器和 OPC 客户端软件。为取得最佳效果，设置时请按下列顺序：（1）Windows 安全，包括用户、组及其访问权限；（2）DCOM；（3）防火墙；（4）OPC 服务器；（5）OPC 客户端。

### 6.6.5 通过共享变量发布最新的值

共享变量是一块内存空间，可从中读取数据，也可向其写入数据。在一台计算机上读写数据，可使用单进程共享变量。在多台计算机上读写数据，可使用网络发布共享变量，通过 NI-PSP 协议发布数据。共享变量用户将一个数据集合中最新的值发布至一台或多台计算机。如果是将每个数据点从一台计算机传递到另一台计算机，最好以网络流方式发送命令或连续流数据。通过共享变量发布数据的步骤如下。

#### 6.6.5.1 创建共享变量

在 LabVIEW 的项目浏览器窗口，右键单击终端、项目库或文件夹，从快捷菜单中选择新建→变量，打开共享变量属性，如图 6-94 所示。在该对话框中配置共享变量，最后单击"确定"按钮，即可完成共享量的创建。

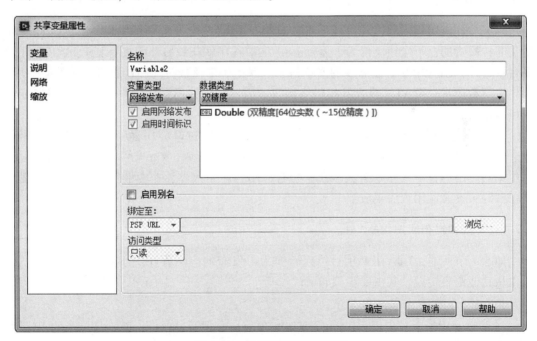

图 6-94 共享变量属性对话框

#### 6.6.5.2 配置共享变量

创建共享变量后，应选择最适合当前应用程序的读写共享变量的方法。其配置方法如下（参见图 6-94）：

（1）在名称文本框中输入共享库的名称。

（2）从数据类型下拉菜单中选择共享变量的数据类型。如没有需要的数据类型，选择来自自定义控件可使用自定义控件的数据类型。

（3）根据读写变量的计算机所在的网络位置，选择要创建的共享变量的类型。可在变量类型下拉菜单中选择下列选项：

网络发布是创建共享变量，在同一子网的计算机和终端上读写。

单进程是创建在一台计算机上读写的共享变量。

（4）如选择从变量类型列表中选择网络发布，勾选网络页的使用缓冲区复选框，为共享变量数据启用客户端缓冲。根据数据类型下拉菜单中选择的数据类型，可能需要在使用缓冲区部分输入额外的值。

如选择该选项后，共享变量在 FIFO 缓冲区中存储数据。如缓冲区被填满，新值仍然会覆盖旧值。所以，该选项不保证无丢失的数据通信。如应用程序要求无丢失通信，则应使用网络流在应用程序之间连续流数据。

（5）如选择从变量类型列表中选择网络发布，勾选网络页的单个写入方复选框，一个时间点上只接受来自一个应用程序的写入。选择该选项时，连接至共享变量的第一个应用程序可写入共享变量，但是其后的应用程序无法写入。当第一个应用程序断开连接后，队列中的下一个应用程序才可写入值至共享变量。

# 6.7  生成和发布应用程序

当编写好应用程序后，用户并不希望只能在 LabVIEW 开发环境中运行。因为开发环境是非常昂贵的，不应该仅仅为了运行 LabVIEW 程序就花钱另外购买一套 LabVIEW 开发平台；另外，LabVIEW 开发环境的安装与运行都是非常耗费时间和计算机资源的；最后，用户也不希望将一批 VI 文件发布给最终用户。因此，应该向最终用户发布独立的安装包或可执行文件。

用户可使用程序生成规范来创建和发布自定义 LabVIEW 应用程序，而要生成应用程序、安装程序、.NET 互操作程序集、打包项目库、共享库、Zip 文件，必须安装应用程序生成器。LabVIEW 专业版开发系统中含有应用程序生成器，非专业版的 LabVIEW 则必须单独购买安装应用程序生成器。

## 6.7.1  开发和发布应用程序

如 5.1 节所述，LabVIEW 项目可以转换为可发布的应用程序用于其他的计算机，也可以从其他语言转换。其主要步骤如下。

### 6.7.1.1  准备生成应用程序

（1）打开用于生成应用程序的 LabVIEW 项目。必须通过项目，而不是单个的 VI，生成应用程序。

（2）保存整个项目，确保所有 VI 保存在当前版本的 LabVIEW 中。

（3）验证每个 VI 在 VI 属性对话框中的设置。

如准备发布应用程序，需确保 VI 生成版本在 VI 属性对话框中设置的正确性。例如，为改进生成应用程序的外观，验证 VI 属性对话框中窗口外观、窗口大小和窗口运行时位置的设置。如应用程序包含带分离编译代码的 VI，可在应用程序属性对话框的源文件设置页配置该 VI。

（4）验证开发环境中使用的路径在目标计算机上正常工作。如项目动态加载 VI，则使用相对路径，而不是绝对路径，指定 VI 的位置。由于文件层次结构因计算机而异，相对路径可确保路径在开发环境和应用程序运行的目标计算机上正常工作。注：如应用程序使用 8.x 文件布局，可能需要在目标计算机和开发环境使用不同的相对路径。同时，为避免生成过程中发生错误，确保包括文件名在内目标目录的生成文件路径少于 255 个字符。可在所创建的程序生成规范的属性页的目标页指定生成文件的目标位置。

（5）验证"当前 VI 路径"函数返回预期的路径。在独立的应用程序或共享库中，"当前 VI 路径"函数返回 VI 在应用程序文件中的路径并将应用程序文件视为一个 LLB。例如，如将 foo.vi 生成为一个应用程序，函数将返回 C：\..\Application.exe\foo.vi，其中 C：\..\Application.exe 表示应用程序的路径及其文件名。

（6）确保 VI 服务器属性和方法在 LabVIEW 运行引擎中按预期运行。LabVIEW 运行引擎不支持某些 VI 服务器属性和方法。因此，避免在应用程序或共享库中的 VI 使用这些属性和方法。可从 VI 分析器工具包运行生成应用程序兼容性测试，确保 VI 服务器属性与 LabVIEW 运行引擎兼容。

（7）如 VI 中含有 MathScript 节点，删除脚本中所有不支持的 MathScript 函数。

### 6.7.1.2　生成应用程序的配置规范

如将前面板控件的自定义运行时菜单保存为单独的运行时菜单文件，或 .rtm 文件，同时希望将该控件包含在应用程序的生成版本中，必须将 .rtm 文件添加至应用程序属性对话框中源文件页的始终包括列表框。

（1）创建程序生成规范。在项目浏览器窗口中扩展我的电脑。右键单击程序生成规范，从快捷菜单中选择新建→应用程序类型，打开应用程序属性对话框。如先前已在项目浏览器窗口中隐藏程序生成规范，访问之前必须重新显示项。

（2）在应用程序"属性"对话框中配置程序生成规范的要求配置页。

如果希望在安装程序中包含任意类型的应用程序，确保指定应用程序中的所有文件相对于应用程序的基本目标。否则，在安装程序中包含应用程序的生成输出时，安装程序将重新排列应用程序文件的原始结构，移动所有非相对于基本目标的文件。可在应用程序属性对话框的目标页中指定任意类型应用程序的主要目标。

应用程序的类型按照前述的 7 种类型进行选择。

（3）在程序生成规范中包括动态加载的 VI。

如某个 VI 使用 VI 服务器动态加载其他 VI，或通过引用调用或开始异步调用节点调用动态加载的 VI，必须将这些 VI 添加到应用程序属性对话框源文件页的始终包括列表框中。

（4）如应用程序的硬件终端不支持 SSE2 指令，请禁用 SSE2 编译器优化。默认情况下，应用程序生成器将新的程序生成规范配置为包括 SSE2 编译器优化，可提高分布式 VI 和生成的程序的运行效率。如需生成 LabVIEW 应用程序以运行在不支持 SSE2 指令的硬件终端，生成终端前请禁用 SSE2 编译器优化。否则，应用程序在硬件上运行时会返回错误。如要禁用应用程序的编译器优化，在应用程序属性对话框的高级页上取消勾选启用 SSE2 优化复选框。

（5）保存程序生成规范的新设置。单击"确定"按钮更新项目中的程序生成规范并关闭对话框。更新的程序生成规范的名称出现在程序生成规范目录下的项目中。如需保存程序生成规范的改动，必须保存包含程序生成规范的项目。

### 6.7.1.3　生成应用程序

右键单击要生成的应用程序的程序生成规范名称，从快捷菜单中选择生成。也可使用生成 VI 通过编程生成应用程序。预览应用程序可确保其正确性。在应用程序属性对话框的预览页，单击生成预览按钮可查看应用程序的生成文件。

### 6.7.1.4　发布生成的应用程序

（1）确保运行应用程序的计算机可访问 LabVIEW 运行引擎。任何使用应用程序或共享库的计算机上都必须安装 LabVIEW 运行引擎。可将 LabVIEW 运行引擎与应用程序或共享库一并发布。也可在安装程序中包括 LabVIEW 运行引擎。

（2）发布终端用户的法律信息。如使用安装程序发布应用程序，在安装程序属性对话框的对话框信息页，输入自定义许可证协议信息。

（3）发布 LabVIEW 生成应用程序的提示。

表 6-4 显示了发布 LabVIEW 生成应用程序时的一些操作提示及注意事项。

表 6-4　发布 LabVIEW 生成应用程序操作提示

| 操　　作 | 优　　点 |
|---|---|
| 启用调试以验证生成的应用程序运行正常，在应用程序属性对话框的高级页上勾选启用调试复选框。也可通过操作→调试应用程序或共享库连接至生成的应用程序 | 测试生成的应用程序时，确保开发环境和发布环境之间的操作未发生改变 |
| 测试应用程序后，可禁用调试 VI | 禁用调试 VI 可减小文件大小并提高运行速度 |
| 为独立应用程序创建关于对话框 | 大多数专业应用程序包括关于对话框，提供应用程序的常规信息，如版本、版权和支持信息 |
| 如终端用户使用的语言要求与原始应用程序不同，需在应用程序属性对话框的运行时语言页调整应用程序的默认语言设置 | 发布应用程序时，对话框和菜单采用运行应用程序的操作系统语言，但实现的文本和控件保持为生成应用程序的操作系统语言<br><br>默认情况下，独立应用程序和共享库生成规范提供中文（简体）、英语、法语、德语、日语和韩语的语言支持 |
| 如应用程序使用和其他应用程序相同的"VI 服务器"端口，可创建自定义配置文件 | 如尝试运行的应用程序要求和冲突应用程序同时使用"VI 服务器"，"VI 服务器"将不会运行，LabVIEW 也不会提出警告 |
| 和生成的应用程序一起发布自定义配置文件 | 如需确保应用程序在特定的 LabVIEW 环境设置下始终运行，可通过与应用程序一起发布自定义配置文件，或称引用文件，保存并重新发布这些设置 |

## 6.7.2　部署安装程序至 Windows 嵌入式标准终端

在主机上部署 VI 后，可生成 VI 为一个可执行应用程序。也可以创建一个包含可执行应用程序或其他文件的安装程序，在 Windows 嵌入式标准终端上部署或运行该安装程序。生成安装程序时，可将运行引用程序所需的所有组件包括在安装程序中。

如要生成应用程序或安装程序，首先必须创建程序生成规范。程序生成规范包含生成程序的各项设置。例如，需包含的文件、待创建的目录和 VI 的设置。右键单击项目浏览器窗口中的 Windows 嵌入式标准终端下的程序生成规范，从快捷菜单中选择新建→应用程序（EXE）或新建→应用程序。

创建程序生成规范后，在项目浏览器窗口中右键单击该程序生成规范，从快捷菜单中选择下列选项之一：

（1）生成——生成程序生成规范。例如，应用程序或安装程序。该选项不会自动部署安装程序至终端。

（2）部署——生成安装程序并部署安装程序至终端。该选项不会自动在终端上运行安装程序。

（3）安装——生成、部署和在终端上运行安装程序，在程序生成规范中指定位置。

生成、部署或安装应用程序时显示应用程序生成器信息对话框。默认情况下，应用程序生成器将新的程序生成规范配置为包括编译器优化，可提高分布式 VI 和生成的程序的运行性能。但如程序生成规范的终端不支持 SSE2 指令，生成应用程序前应禁用 SSE2 编译器优化。否则，应用程序在终端上运行时会返回错误。如要禁用应用程序的编译器优化，在应用程序属性对话框的高级页上取消勾选启用 SSE2 优化复选框。

# 第3篇　虚拟仪器系统开发案例

通过对虚拟仪器系统开发案例的讲解，使读者初步了解虚拟仪器系统开发过程，在工作中能够应用虚拟仪器技术开发各种仪器与系统。本篇内容包括虚拟测控模拟终端、虚拟仪器故障检测诊断系统的开发案例等。

# 第7章　某型冲击桥维修实训台操控系统开发

某重型冲击桥架设系统维修实训台主要为用户提供一套操作简便直观的重型冲击桥维修训练系统，帮助维修操作人员了解和掌握装备各系统的工作原理、故障现象与故障维修知识，并对其理论知识进行考核，以提高维修训练水平。实训台操控系统是整个实训台的主要部分，本章采用模块化设计思想，应用虚拟仪器技术和 LabVIEW 语言，构建训练平台的操作面板与作业显示终端界面。

## 7.1　维修实训台操控系统总体设计

维修实训台操控系统的设计要综合考虑外部环境要求、操作精度要求、可靠性要求、实用性要求与生产成本等因素。维修实训台操控系统总体方案的确定，是操控系统设计最关键的一步。

### 7.1.1　操控系统功能设计

根据实训台硬件平台的设计需求，结合重型冲击桥液压系统、电气控制系统的工作原理、结构组成和故障特点，设计了维修实训台的硬件操控系统总体方案，如图 7-1 所示。维修实训台硬件平台主要由操控系统硬件平台和通用演示终端两部分组成。操控系统硬件又由两部分构成，一部分为模拟重型冲击桥主控盒操控面板及附属嵌入式 ARM 控制电路，另一部分为包含一体化工控机构成的作业显示终端。主控盒模拟操控平台面板设置了类同于原装备主控盒操控面板的所有操作按钮、拨挡开关、旋转按钮、操作手柄和指示灯等，供参训人员进行维修实训台的操作演练。作业显示终端与原车的作业显示终端功能相同，用于显示冲击桥的架设和撤收过程中的各个液压执行元件和传感器检测到的状态信息以及报警信息等。

从系统工作的环境和维修实训台工作特点考虑，主控盒模拟操控平台面板上所有器件

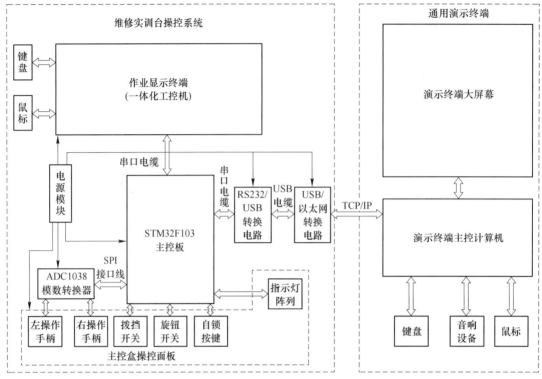

图 7-1　实训台硬件功能框图

的选型严格依照原装备的选型原则进行，保证操控平台的操纵感觉、力度等与原装备尽量接近。操控台上各种操作按钮、开关和手柄等的动作参数的采集，根据信号参数的类型分类进行采集处理：开关量直接由嵌入式微处理器的多功能 I/O 口进行采集，模拟量则经放大、滤波输入 ADC1038 模数转换器进行转换后传输到 CPU 主控板中。CPU 主控板的核心是嵌入式微处理器 STM32F103，它是整个维修实训台操控系统硬件的核心单元，所有的用户操作信息经其处理后，根据功能和类别，分别经串口电缆和以太网线，传送给作业显示终端和通用演示终端。

作业显示终端的位置处于模拟操控平台面板的上部，因此直接采用串口电缆进行信号的传输。而通用演示终端的位置远离操控系统，二者之间信号的交互直接采用串口电缆比较困难。设计中首先采用 RS232/USB 信号转换模块，将串口信号转换为 USB 信号，经 USB 电缆将信号传送到 USB/以太网转换模块中，利用成熟的外置转换模块将信号再转换为以太网信号，通过以太网电缆将信号传送至通用演示终端中的主控计算机中。这样处理使信号传输稳定方便，通用演示终端软件系统接收信号不需进行额外的处理，直接读取网络信号即可。而且根据需求，维修实训台系统可以方便地进行扩展，组成 B/S 模式或 C/S 模式的分布式系统，驱动多台终端进行教学，或进行远程维修实训教学。硬件平台中的扩展鼠标和键盘主要用于程序开发和调试阶段，另外在不进行实训教学时，也使系统可以作为通用电脑进行使用。

### 7.1.2　操控系统结构设计

如上所述，维修实训台操控系统硬件由主控盒模拟操控平台硬件和作业显示终端硬件两部分组成。该平台为便携式结构组成，易于携行使用。整个系统为箱体组合结构，打开后的结构如图 7-2 所示，其中箱体上盖部分为包含一体化工控机的作业显示终端，下箱体部分为主控盒模拟操控平台面板部分。上、下箱体之间的通信与电源供给由中间的组合电缆完成。

图 7-2　维修实训台操控
系统硬件示意图

　　操控系统的上箱体内置了一体化工控机，显示触摸屏上显示虚拟仪表和各种状态显示界面。下箱体（主控盒操控面板）内部采用模块化设计，采用框架式结构，集成了电池、电源转换模块、CPU 主控板、信号调理电路、A/D 转换电路和其他电路。面板采用高性能合金材料制作，预留有操作手柄、拨挡开关、各种按钮和指示灯等的安装位置，图 7-3 是下箱体（操控面板）的结构示意图。

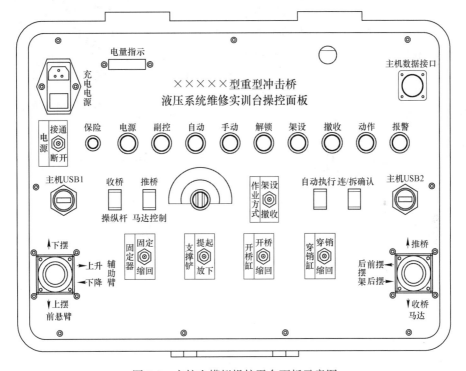

图 7-3　主控盒模拟操控平台面板示意图

## 7.2　主控盒模拟操控平台的设计

　　主控盒模拟操控平台硬件的设计是操控系统硬件设计中最重要的一环，用户的所有操作均是由操控平台上的各种开关和手柄接收转换的，同时操控平台内部还集成了电源管理模块并负责向作业显示终端的一体化工控机供电。通过分析操控平台的主要功能和设计需求，经过芯片选择、电路设计、印制板制作、程序编制、联合调试等过程，设计开发了操控平台的控制电路与驱动程序。

### 7.2.1 模拟量传感器的选型

主控盒模拟操控平台面板上的操作元件为拨挡开关、带灯自复位按键和操作手柄等。前二者产生的是开关信号,其信号输出直接与主控 CPU 的通用 I/O 相接,只有两只复合操作手柄连接有模拟传感器,所产生的信号需经信号调理模块和 AD 转换模块进行模拟量到数字量变换后输入到 CPU 中进行处理。因此,操作控制手柄的选型是主操控面板设计的一个重要内容。根据对重型冲击桥实装的操作过程分析和实训台的研制需求,选用了上海域鸿科技公司生产的高性能控制手柄。该手柄具有良好的手动控制功能,内置有精密导电塑料电位计,根据手柄上端移动的距离和方向产生比例

模拟信号,并输出至 STM32F103 主 CPU 控制板,用于控制三维模拟软件中相应执行元件的运行,手柄的控制信号也可以直接驱动电液比例控制阀等执行元件,或为其他回路提供信号。手柄下端内部的模拟轨道上的中心抽头可为手柄中心回位提供精确的电压参考值,当采用双极性供电电压时,可提高参考电压零点。为精确地模拟实装的操作效果,手柄设计中采用了中位锁定与摩擦锁定,并设定了摩擦锁,具有真实的操作力感。图 7-4 为手柄的实物图,图 7-5 为外形尺寸及手柄移动范围示意图。表 7-1 为手柄传感器的各种特性参数。

图 7-4 操作手柄实物

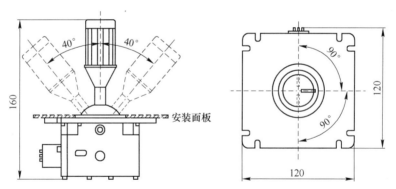

图 7-5 手柄移动范围及外形尺寸图

### 7.2.2 信号调理电路

信号调理是指对从传感器或测试电路传来的信号利用各种滤波、放大或转换电路进行处理,以削弱或滤除信号中混杂的各种高频噪声信号,并对去噪后的信号进行变换和归一化处理,使信号能够被主控电路或 CPU 电路识别。在维修实训台的硬件平台中,信号的调理和准确传输是否得当,直接影响到用户操作信号的正确识别、三维虚拟维修软件的运行和整个系统的可靠性。因此,在研制操控平台硬件系统时,系统地分析了各种开关量信号、模拟量信号及指示灯电路的工作特性,并考虑到工频电源的干扰,设计了专门的信号调理板卡。板卡之间的通信方式采用 PC104 总线接口连接,保持了板卡之间的机械连接和电气传输的稳定。在信号调理板卡的设计中保留了扩展特性,设置了资源扩展功能,以

提高信号调理板卡的通用性和可升级功能。信号调理板卡针对实训台硬件的信号特点，主要进行手柄内位移传感器输出模拟信号的调理，各种拨挡开关、状态切换旋钮和自复位按键所产生的开关信号的隔离变换等。

### 7.2.2.1　手柄角位移传感器信号调理电路

操作手柄内置的位移传感器的输出信号在传输过程中不可避免地会混入一些高频干扰信号及工频干扰信号等，操控面板上的各种拨挡开关或切换旋钮动作时所产生的开关信号也会对模拟信号形成谐波干扰，这些干扰会影响信号传输的精确度，干扰严重时甚至会导致整个信号调理板卡不能正常工作。因此，对信号采集通道输入的模拟信号，必须在进入采集通道前由低通滤波器进行抗混滤波，使信号中耦合的噪声信号得到衰减和滤除，提高信噪比，保证信号的准确可靠传输。维修实训台的模拟信号输入调理电路如图 7-6 所示，电路中采用精密运算放大器和附属的电阻电容等元件构成负反馈型低通滤波电路，该电路能够抑制输入电压信号中的高频干扰成分。滤波电容值根据输入信号的频率选取确定，电路的输入增益通过调整反馈电阻的阻值来调整。

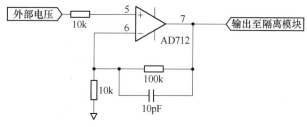

图 7-6　模拟信号输入调理电路

### 7.2.2.2　开关量信号隔离模块

操控面板上的开关、按键和旋钮产生的信号均为开关量信号，这些信号资源统一变换为 5V TTL 电平信号，由光耦器件进行隔离。当用户操作面板上的开关量控制器件时，在控制电路板上产生输入信号，这些信号传送至光耦器件时，使光耦器件中的发光元件接通发出光信号，触发光耦器件中的受光器导通，产生光电流在输出端器件上产生工作电压，从而实现"电—光—电"的转换。光耦器件在电路中除电气隔离作用外，还承担信号的电平匹配作用，将不同幅值的输入信号转换为统一的 TTL 电平信号。在做输出隔离时，光耦器件可将主控板输入的 TTL 电平信号转换为与外部设备匹配的电平信号。隔离模块的使用，不仅保护了数据采集电路的数字 I/O 通道，也增强了 CPU 输入输出接口的驱动能力，实现信息的稳态传输。输入、输出信号隔离电路的原理如图 7-7 和图 7-8 所示。

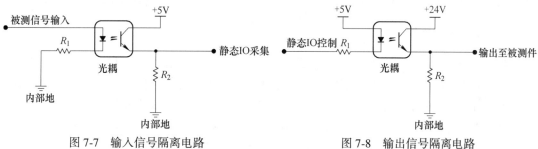

图 7-7　输入信号隔离电路　　　　　　　　　图 7-8　输出信号隔离电路

### 7.2.3 数据采集电路设计

#### 7.2.3.1 角位移传感器信号采集电路

手柄内置的模拟式角位移传感器，其输出的手柄位置与方向模拟信号需经信号调理电路后才能进入数据采集电路。数据采集电路所用的主芯片为 ADC1038 模数转换器。ADC1038 是一种 8 通道、10 位分辨率的串行总线 A/D 转换器，内置模拟信号多路切换开关和采样保持电路。输出的串行数据信号可以设置为左对齐或右对齐模式。由于嵌入了输入信号采样保持功能，信号在转换过程中允许模拟输入信号的变化。提供的互相分开串口 I/O 信号和转换时钟信号输入便于其与多种微处理器接口。这种转换模块的最大转换误差为 ±1 LSB，单一 5V 电源供电，最大功耗 20mW，信号的最大转换周期为 13.7μs，串口数据交换时间最大为 10μs。

ADC1038 的串行信号接口可通过 7 根数字控制线执行，其中有 2 根是时钟输入线。Sclk 引脚串线数据交换的交换率和模拟信号采样时间窗的宽度。图 7-9 是信号的采集电路图。

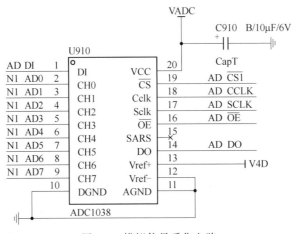

图 7-9 模拟信号采集电路

#### 7.2.3.2 开关量输入信号采集电路

维修实训台操控系统的操作元件数量较多，计有固定器油缸、支撑铲油缸、开桥缸、穿销缸、作业方式选择、操纵杆马达控制推桥与收桥、自动、手动、解锁、副控、执行和连/拆确认等多个开关量输入信号。这些操作开关的信息通过隔离电路后，由 CPU 通过双向总线 I/O 进行扫描，并将结果送入 CPU 进行处理。扫描电路的原理图如图 7-10 所示。

### 7.2.4 CPU 控制电路设计

根据维修实训台硬件需求分析，选用了增强型基于 ARM 核心的 32 位微控制器 STM32F103 作为主操控系统的控制器。STM32F103 微控制器采用了 ARM32 位的 Cortex-M3 CPU 内核，工作频率最高可达 72MHz，可执行单周期乘法和硬件除法运算；其存储器的设置非常灵活，闪存程序存储器范围从 256K 至 512K 字节，并带有最多 64K 字节 SRAM。内置有 4 个片选的静态存储器控制器，支持多种外设存储器，如 CF 卡、PSRAM、

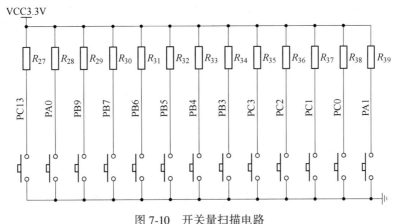

图 7-10 开关量扫描电路

NAND 和 NOR 存储器等，提供并行 LCD 接口，并兼容 8080/6800 模式。

　　CPU 的时钟电路可采用 4~16MHz 的晶体振荡器，片内集成了 8MHz 的 RC 阻容振动器以及带校准的 40KHz 的 RC 振荡器，同时内嵌了带校准功能的 32KHz 的实时时钟 RTC 振荡器。CPU 可工作于低功耗模式，包括睡眠、停机及待机模式。在低功耗状态下，RTC 和后备寄存器的电源由 Vbat 提供。该模块设置有 12 通道 DMA 控制器和 112 个快速 I/O 双向接口，所有的双向接口均可以映射至 16 个外部中断，所有的 I/O 端口可承受 5V 的峰值信号。内置有 11 个多功能定时器和 13 个通信接口。

　　CPU 主控板电路原理图、复位电路和存储电路示意图如图 7-11 所示。

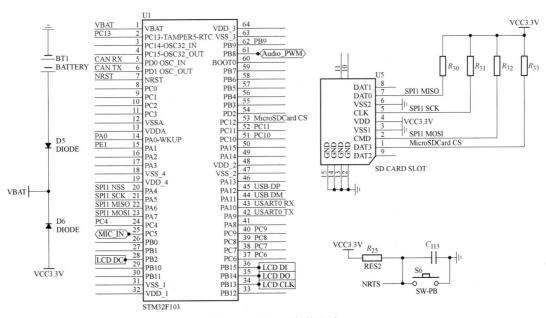

图 7-11 CPU 及复位电路

### 7.2.5 通信接口电路设计

　　观察图 7-1 可知，STM32F103 微控制器电路板产生 2 路串口信号，分别送往实训台操控系统的作业显示终端和通用演示终端。通往作业显示终端的一路串口信号直接由串口电缆与一体化工控机的串口连接，实现二者的信号通信。而送往通用演示终端的串口信号，由于串口通信距离的限制，无法直接采用 RS-232 串口电缆进行信号通信。所以先将串口信号通过外置 RS-232/USB 信号转换模块转换为 USB 信号，再由 USB/以太网转换模块将信号转换为以太网信号，通过局域网线（有线或无线）传送到通用演示终端系统中的计算机，以达到控制三维虚拟维修软件的目的。

为实现 TTL 和 CMOS 通信接口电路与 RS-232 标准接口的连接，必须进行串行口的输入/输出信号的电平转换。采用美国 MAXIM 公司生产的单一+5V 电源供电、多路 RS-232 驱动/接收器 MAX232 完成信号的电平转换。具体实现时，由 STM32F103 主控制器的通用同步/异步发送器 USRT0 和 USRT2 的发送和接收脚分别与 MAX232 的 9、10、11、12 脚相连，进行 CPU 与串口芯片的通信。主控制器发送的串口信号经 MAX232 转换为 RS-232 制式的信号后，分别由 7、8 脚和 13、14 脚输出，送往作业显示终端的工控机和通用演示终端的控制计算机。串口通信接口电路如图 7-12 所示。

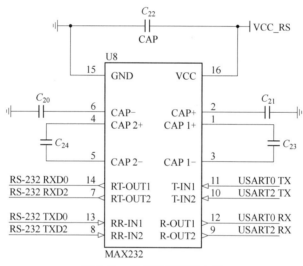

图 7-12　串口通信接口电路

主控盒模拟操控平台向作业显示终端和通用演示终端发送 RS-232 串口信号，波特率 9600b/s，8 位数据位，1 位停止位。

### 7.2.6　主控板驱动程序开发

#### 7.2.6.1　软件主流程设计

系统上电后，执行初始化设置，进行通用输入输出口（GPIO）配置、复位与时钟控制寄存器配置、嵌套向量式中断控制器配置、定时器配置、AD 软件模块配置、USART 的配置等，然后进入主循环，进行 AD 采样（查询受训人员操作开关、手柄及按键的状态），当收到 AD 消息后，判断是否需要发送数据，如是则转入数据发送进程，否则进行超时处理，并根据状态信号情况转入指示灯处理进程或继续进行采样。软件的主流程如图 7-13 所示。下面对其主要调用函数进行说明。

系统初始化主要完成 STM32F103 微控制器的内部器件配置功能：将复位与时钟控制

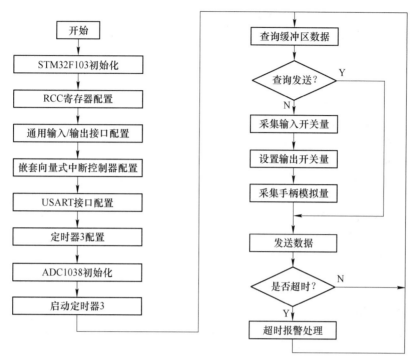

图 7-13　操控平台驱动程序主流程图

RCC 中的时钟控制寄存器 CR、时钟配置寄存器 CFGR 和 CFGR2、时钟中断寄存器 CIR 的配置复位到默认的复位状态；配置系统时钟频率参数 HCLK、PLCK2、PCLK1 等；完成内部 SRAM 和内部 FLASH 的向量表再分配任务。

RCC_ Configuration 函数主要完成通用异步/同步收发器 USART 外设时钟的定时器时钟的使能等。

GPIO_ Configuration 函数主要完成通用输入/输出接口的初始化任务。

NVIC_ Configuration 函数完成嵌套向量式中断控制器的初始化任务。

USART_ Configuration 函数负责通用异步/同步接收发送器的配置任务。

TIM3_ Configuration 函数负责完成定时器 3 的配置任务。

AD1308_ Init 函数负责 A/D 转换模块的初始化工作。

### 7.2.6.2　主函数的实现代码

软件主函数 main（）是程序的主进程，完成各种初始化和配置工作，以及数据采样、发送、进程控制等任务，其主要代码段如下：

```
int main（void）
{
    SystemInit（）;
    RCC_ Configuration（）;
    GPIO_ Configuration（）;
    NVIC_ Configuration（）;
    usart_ Configuration（）;
    TIM3_ Configuration（）;
```

```
//ADC
AD1038_ Init ();
TIM3_ Start ();
while (1)
{
    //查询缓冲区数据
    UART_ Processs ();
    //查询发送
    if (RX_ CMD_ F == 1)
    {//接收命令
        RX_ CMD_ F = 0; //reset
        RX_ CMD_ C++; //自动增加
        CheckIO_ GetValue (); //IOCHECK
        AD1038_ Read ();
        UART_ MSG (); //send message
    }
    //超时判定
    if (GL_ AutoFlag == 1)
    {
        GL_ AutoFlag = 0; //reset
        if (RX_ CMD_ C>0)
        {LED_ ONOFF (LED_ ON); //打开指示灯}
        else
        {LED_ ONOFF (LED_ OF); //关闭指示灯}
        RX_ CMD_ C = 0; //reset
    }
delay (50);
    }
}
```

## 7.3　作业显示终端系统开发

维修实训台操控系统作业显示终端，其作用与原装备的作业显示终端作用相同，主要用来显示操作人员操作虚拟装备时的作业状态参数，桥跨连接位置的视频输入显示，架设/撤收作业向导功能及行驶导航功能。与原装备作业显示终端不同的是，所有的这些信息都是虚拟的，由主操控软件产生模拟信号输入到作业显示终端中进行显示，而且原车作业显示终端上的操作按钮，包括电源开关、电源指示灯、报警指示灯、通信指示灯和自复位带灯按钮等，全部由软件产生的虚拟按钮代替实车上的按键。

本章选择 LabVIEW 语言作为作业显示终端软件的开发平台，以下对软件系统的功能模块构成、部分功能模块的设计和关键技术进行阐述。

### 7.3.1　作业显示终端软件系统功能模块构成

原车作业显示终端的作用是对控制方式、作业模式、各机构所处的状态以及动作过程、机构连拆过程的显示。根据显示终端界面构成和操作控制需求，软件可分为相应的 7 个模块，原车备用界面没有太多实际功能，在程序中也单独放置一个备用面板，加上主调软件模块，软件模块共 9 个，在 LabVIEW 中对应有 9 个 VI（子程序），软件模块的结构框图如图 7-14 所示。

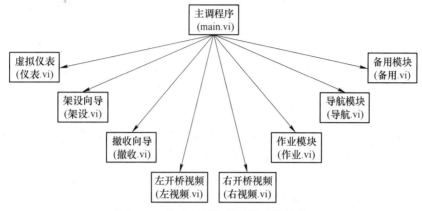

图 7-14　作业显示终端软件功能模块

各模块的虚拟面板介绍如下：

（1）摄像头视频显示虚拟面板，显示前悬臂顶部摄像头的观察内容，主要用于观察连拆桥时桥跨上部接头的连脱钩情况。该虚拟面板包含两幅图像，即左侧虚拟面板和右侧虚拟面板。

（2）行驶导航虚拟面板，显示屏上显示电子地图，通过接收车载定位仪传来的定位数据，通过十字光标标定当前位置。

（3）桥车架设主作业虚拟面板，此时虚拟面板显示架设机构的动作状态及位置信息，同时虚拟面板右上部专门开辟了两块文字提示区，上部用来提示当前的动作状态，下部用来显示系统提示信息。

（4）虚拟仪表显示虚拟面板，此时虚拟面板显示液压系统压力、温度，桥车左右倾斜角度、前后俯仰角度，表头上部为指针式，下部为数显式，并且根据数值状态进行颜色分区，绿色为安全区，黄色为警告区，红色为报警区。

（5）作业向导虚拟面板，此时虚拟面板显示桥节架设/撤收的步骤及内容，如果是自动作业状态，系统的高亮条还显示当前系统的作业状态。向导界面又包含两部分，即撤收和架设界面。

### 7.3.2　主操作界面设计

#### 7.3.2.1　LabVIEW 子面板

LabVIEW 语言中子面板控件（Subpanel Controls）可在当前 VI 的面板上显示其他 VI 的前面板。例如，子面板控件可用于设计一个类似向导的用户界面。在顶层 VI 的前面板上放置"上一步"和"下一步"按钮，并用子面板控件加载向导中每一步的前面板。

在前面板上放置子面板控件时，程序框图上不会出现常有的接线端，而是创建一个调用节点，并已经选中了"插入 VI"方法。如需在子面板控件中加载 VI，需将指向该 VI

的引用连至调用节点。如该 VI 前面板已打开，或者在同一个前面板的另一个子面板控件中再次加载 VI 的前面板，LabVIEW 将报错；只有将该前面板设置为可重入后，才能加载该前面板。同时也不能在远程应用程序实例中加载或迭代加载 VI 前面板。

如载入的 VI 未运行，则子面板控件中的 VI 加载时为编辑模式。LabVIEW 仅显示在子面板控件中加载的 VI 前面板的可视区域。在停止运行包含子面板控件的 VI 后，LabVIEW 将清除子面板控件中的前面板。或使用删除 VI 方法，卸载子面板控件中的 VI。

### 7.3.2.2  主操作程序面板设计

实装作业显示终端界面分为三个部分：左侧由电源开关、电源指示灯、报警指示灯、通讯指示灯组成作业显示终端电源与通讯控制区域；中间为主界面显示区域；右侧设有自复位带灯按钮，上面有相应的功能提示文字，通过这些按钮可进入相应的功能画面，是界面切换与控制区域。因此，在设计作业显示终端的主调程序主界面时，也按三部分设计，如图 7-15 所示。这些按钮均为自定义控件，进行了美化定制处理。

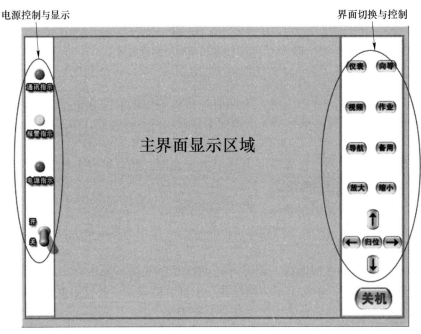

图 7-15　主操作虚拟面板

### 7.3.2.3  主控面板程序框图开发

根据对图 7-15 和作业显示终端显示内容需求的分析，确定主调程序作为主控程序。用户操作主界面右侧的界面切换与控制区域的各个命令按钮，调入并执行虚拟仪表、架设与撤收向导、左右开桥视频、作业等程序模块，在主界面显示区域内显示执行结果。主调程序界面的中间显示区域可作为一个容器，分时显示不同 VI 的界面。编程时采用了 Lab-VIEW 语言的子面板控件作为显示区域的容器。

在主调程序中，用子面板控件来设计一个用户接口（主界面显示区域），在主调程序中，单击主界面右侧的仪表、向导、视频、作业、导航、备用等按钮，在子面板控件中调用相对应的前面板。上文中已经说明，在主调程序中放置前面板控件时，程序框图中生成对应的调用节点（Invoke Node），该节点上嵌入了插入 VI 方法（Insert VI method）。在程序编写时，连接需调用 VI 引用至插入 VI 连线端，即可进行 VI 的动态调用。程序框图开发的具体过程如下：

（1）在程序框图上放置 While 循环结构，在其条件接线端连接停止按钮用作系统的退出控制开关。然后构建子面板需要显示的各个 VI 名称字符数组，包括仪表 VI、向导（架设）等 8 个元素，如图 7-16 所示。

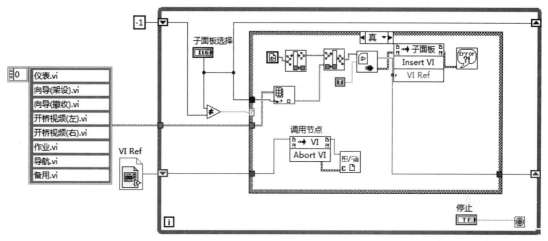

图 7-16　主操作面板程序框图

（2）在循环结构中放置选择结构，利用索引数组函数从 VI 名称数组中提取被调用前面板名称 VI，再与由当前 VI 路径函数、拆分路径函数解析出的 VI 路径通过创建路径函数生成被调用 VI 的完整路径参数，输入到 LoadAndRun 子 VI 中。

（3）LoadAndRun 子 VI 主要用来打开 VI 引用所指向的子面板，并且根据设定运行该 VI。其程序框图如图 7-17 所示。该程序通过打开引用函数返回由 VI 路径指定的在子面板控件上显示的 VI 的引用，将输出的 VI 引用传递到运行 VI 方法的输入连接端。运行 VI 方法根据输入的 VI 引用，开始执行指定的 VI。运行 VI 方法与调用 VI 的不同之处在于，方法在执行时使用所有前面板控件的当前值，而非通过参数传递的数据。该方法将忽略 VI 的执行；调用时显示前面板属性和执行；调用后关闭属性。另外要注意的是，该方法执行的 VI 需要有前面板。指定的调用的子面板显示 VI 执行后，再将 VI 引用变量输出，传递到插入 VI 方法，如图 7-16 所示。

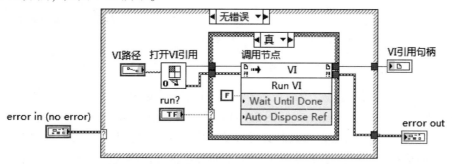

图 7-17　LoadAndRun 子 VI 程序框图

（4）将要加载并运行的 VI 引用连接到插入 VI 方法，通用插入 VI 方法，才真正实现该 VI 在子面板控件中的加载与显示，而且在加载到子面板控件时，所加载的 VI 的状态不会改变。如该 VI 前面板已打开，或者在同一个前面板的另一个子面板控件中再次加载 VI 的前面板，LabVIEW 将报错；只有将该前面板设置为可重入后，才能加载该前面板。同时也不能在远程应用程序实例中加载或迭代加载 VI 前面板。

调用该方法后，即可在内存中加载前面板。关闭引用函数可用于关闭 VI 引用。前面板可驻留在子面板控件中，直至子面板控件所在的 VI 停止运行。或使用删除 VI 方法，卸载子面板控件中的 VI。在图 7-16 中，是通过中止 VI 来停止 VI 的执行的。

中止 VI 方法的使用有点特殊，说明一下其使用方法。

如图 7-18 所示，在程序框图上放置一个调用节点，右击其引用接线端创建输入常量。在创建的引用控件上右击，选择打开选择服务器类→VI→VI，这时该引用变为通用 VI 引用，然后单击调用节点的方法项，在弹出的菜单中选择中止 VI，最后就生成了中止 VI 函数，如图 7-16 所示。

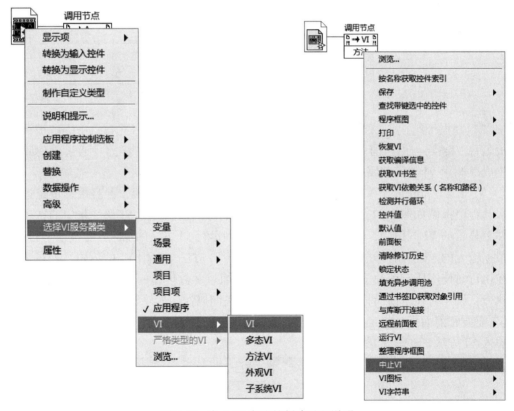

图 7-18　中止 VI 方法的创建过程说明

（5）子面板的切换是通过子面板选择下拉列表选项的改变而实现的，通过移位寄存器保存和传递调用 VI 的选项（参见图 7-16）。用户在操作主面板的控制按钮时，则通过选择结构中的子面板选择常量输入到其局部变量中，从而改变下拉列表的选项来进行子面板调用 VI 的选择与切换，如图 7-19 所示。子面板选择下拉列表框作为中间变量存在，因此选择隐藏属性使其不显示在主程序的前面板上。

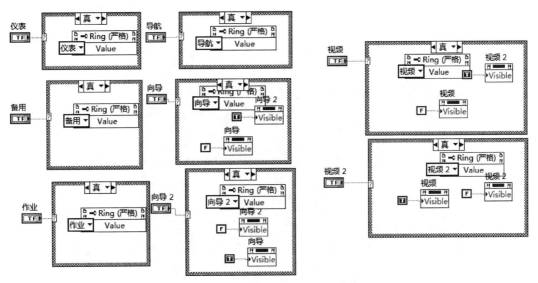

图 7-19　子面板显示 VI 的切换程序框图

#### 7.3.2.4　全局变量的应用

LabVIEW 中的全局变量用于在多个同步运行的 VI 之间访问和传递数据，由于作业显示终端模拟软件中的主调程序模块要调用多个 VI，所有的操作命令按钮都位于主调软件前面板上，所以采取创建全局变量的方式，将命令按钮信息准确地传递到各个调用的 VI 中。图 7-20 是全局变量在主调程序中的定义。

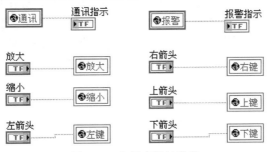

图 7-20　全局变量的定义

### 7.3.3　作业功能模块开发

#### 7.3.3.1　作业功能模块虚拟面板设计

作业功能模块主要用来显示架设机构的动作状态及位置信息，同时画面右上部专门开辟了两块文字提示区，上部用来提示当前的动作状态，下部用来显示系统提示信息。该模块是操控系统与用户最主要的交互界面。用户在操作主控盒的操作手柄、拨挡开关等控制机构时，操控系统的数据采集系统通过模拟量传感器或开关量采集回路，获取用户的操作信息，经 CPU 处理后转换为串行信号，传送到作业显示终端的一体化工控机中，作业功能模块接收到这些信息，利用 LabVIEW 的图形化控制进行实时显示，并根据桥梁虚拟架设或撤收过程中作业机构的运行状态进行处理或反馈报警信号给操控系统的主控盒，并由主控盒上的各种报警信号灯显示出来，作业模块主界面如图 7-21 所示。

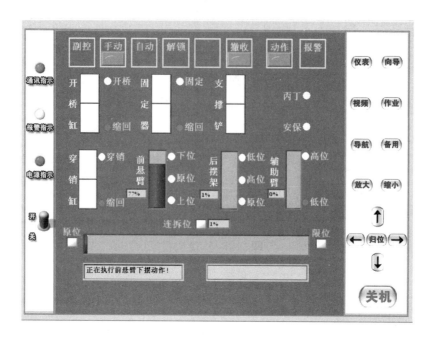

图 7-21  作业功能模块虚拟面板

作业主界面的最上一排指示灯显示冲击桥架设与撤收时的动作状态与操作模式等信息，其状态受模拟操控平台操作面板上执行元件的动作控制，当操作过程失误或冲击桥虚拟架设或撤收异常时，报警指示灯亮。中间区域的控件用于显示开桥油缸、固定器油缸、支撑铲、穿销油缸、前悬臂油缸、后摆架变幅油缸和辅助臂油缸的工作状态，当这些油缸处于指定位置时，显示控件右侧的指示灯状态改变，使操作人员能够准确了解架设与撤收时桥梁的位置和状态。下部的水平进度条控制显示桥节的推出或收回状态，当推桥马达将桥节推出到连桥位或收回到拆桥位时，连拆位指示灯亮，操作人员根据该信息暂停当前动作，通过视频按钮切换工作界面，观察丙丁接头的连拆状态是否正常，据此决定下一步的操作。最下部的两个字符显示控件用来显示当前操作对象信息，以及对故障报警进行文字提示。

### 7.3.3.2  作业模块执行流程与程序实现

作业模块程序流程图如图 7-22 所示。程序运行时首先配置串口通信参数，具体设置根据通信协议确定数值，然后清空串口缓冲区。完成初始化工作后，程序进入 While 循环结构，第一步清空 I/O 接收和传输缓冲区，这一步在每个循环内都要执行，否则在数据发送过程中会出现故障。第二步在初次循环时程序向串口写入默认指令（AA558055AAH），注意在具体实现时应将字符串设置为二进制格式，以与 ARM 主控板发送和接收的指令匹配，保证命令的正确解析。完成写入指令任务后，程序等待接收串口数据，在进行误差检测后解析读入数据，根据协议表将数据发送给前面板的各个控件，完成相应的任务。若此时前面板控件操作超限或有模拟报警信息，程序会进行命令编码，生成新的指令，回到循环开始，清空 I/O 接收和传输缓冲区后，向串口写入更新后的指令（0AA554055AAH），控制模拟操控平台面板上的报警显示 LED 灯状态。

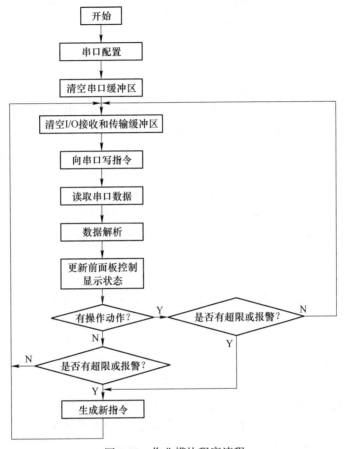

图 7-22　作业模块程序流程

**A　串口资源查找**

作业功能模块运行时通过串口读取操控面板各个控件的动作状态数据，因此程序设计时首先需查找和配置串口，程序中是通过调用一个完成串口查找的子 VI，获取到本机的所有串口资源列表后，选择第一个串行端口作为通信端口进行配置。串口查找 VI 的程序框图如图 7-23 所示。

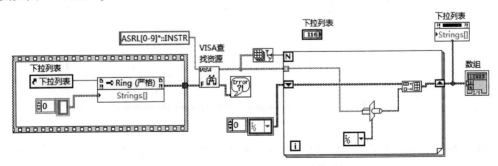

图 7-23　串口资源查找 VI 程序框图

该程序用一个下位列表控件显示本机所有 VISA 资源（包括串口资源）列表。创建下拉列表控件的引用，并将其连接到一个通用属性节点的输入端，此时属性节点外观变为

Ring（严格），单击属性节点上的属性标签项，在弹出的下拉菜单中选择"字符串 ［］"项，属性节点变为图 7-23 所示，以进行该下拉列表控件各项值的显示方式的设定，在 String ［］输入端连接字符串数组，设定了下拉列表控件的显示项为字符串格式。程序中用顺序结构来保证在该 VI 运行开始时首先进行下拉列表控件显示格式的初始化设定。

VI 查找资源函数是该 VI 的核心，其表达式输入连接端用于匹配可用硬件端口设备指定的值，指明字符串指定用于搜索已有设备接口（GPIB、GPIB-VXI、VXI、所有 VXI、串行或所有）的标准。一般而言，表达式参数指定的搜索标准有两个部分，一个关于资源字符串的正则表达式，另一个关于属性值的可选逻辑表达式。正则表达式不匹配 VISA 资源管理器已知资源的资源字符串。如资源字符串匹配正则表达式，资源的属性值不匹配关于属性值的表达式。如匹配成功，资源满足搜索标准并已加入至已找到资源的列表中。本程序中，该表达式接入的字符串正则表达式为 ASRL ［0-9］ *::? * INSTR，表示查找端口 0-9 的串口，如果串口端口超过了 10 个，则需更改 ASRL 后的参数，比如可以改为 ［0-20］等。

FOR 循环内的函数主要目的将本机串口的表达式进行规范化，并生成 VISA 串口资源数组，以便连接到 VISA 串口配置函数的输入端。循环总数由数组大小函数读取串口资源数组获取，在循环中将串口的字符串表达式转化为 VISA 资源表达式数组，并在下拉列表和输出数组控件中显示出来。VISA 资源数组的通过移位寄存器累加生成，其中的关键函数是强制转换函数，在该函数的类型连接端输入 VISA 资源名称常量指明转换后的数据类型。LabVIEW 平台中，VISA 资源名称常量并不显示在函数选板上，用户在使用资源名称常量时，需通过前面板控件选板上选取 VISA 资源名称控件，然后在程序框图窗口右击该控件并在弹出菜单中选择转换为常量选项而将其转换为 VISA 名称常量得到。串口查找与配置的程序框图如图 7-24 所示。

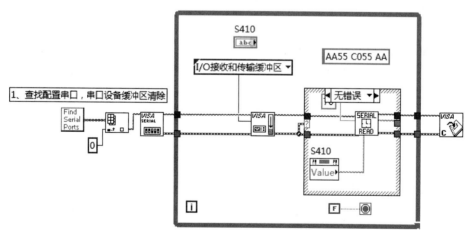

图 7-24　串口查找与配置程序框图

图 7-24 所示程序框图的功能为，查找本机串口资源，并选择第 1 个串口，按默认参数（9600b/s，8 位数据位，1 位停止位，无校验等）配置串口，清空 I/O 接收和传输缓冲区。然后将串口资源引用传入串口读取子 VI（Serial Read. VI）中，同时也将串口读取命令字符串输入串口读取子 VI 中。

S410 字符串控件在主控程序中代表握手信号信号指令，该控件的显示方式应设置为 16 进制格式，否则其输入的字符将为 ASCII 格式，发送到操控台时必然出错，需引起注意。在程序执行时，通过该控件的属性变量传递到串口读取子 VI 中，达到了实时更新命令数据的要求。

B　串口数据读取

串口数据读取子 VI 的程序框图如图 7-25 所示。作业显示终端与操控台通信时，首先发送握手信号，即上文中的 SC410 字符串，输入到 VISA 写入函数中，然后由第一个属性节点的 Timeout 输入值串口访问的最小超时值（等待时间）。第二个属性节点则用于确定串口缓冲区当前可访问的字节数，并将其输入到串口读取函数，通过串口读取函数读出输入缓冲区内的内容。此处平铺顺序结构用于控制串口资源读取的顺序。

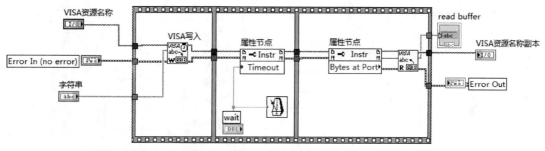

图 7-25　串口数据读取程序框图

C　作业功能模块的程序框图

图 7-26 为作业模块的部分 LabVIEW 程序框图，从图中可以看出，程序首先进行串口

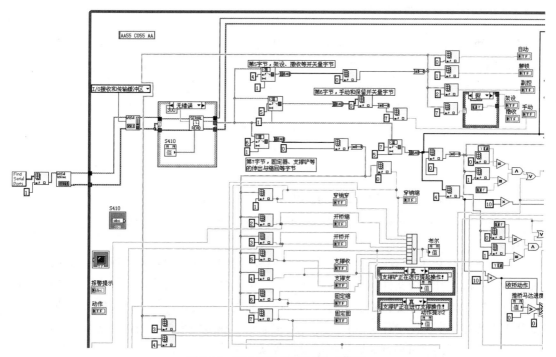

图 7-26　作业模块程序框图（局部）

配置，并清空串口缓冲区，然后进入 While 循环，再清空 I/O 接收和传输缓冲区，无错后向串口中写入命令字符串同时读取数据，然后进行数据解析，数据解析是按照串口传输协议进行的，解析完成后的数据送入各个控件。

### 7.3.4 其他功能模块开发

作业显示终端其他几个模块，如视频模块、向导模块、导航模块、虚拟仪表模块等，其主要开发手段如上两节的模块开发类似，具体开发过程不再详述。图 7-27 和图 7-28 分别为虚拟仪表面板和左视频显示虚拟面板。

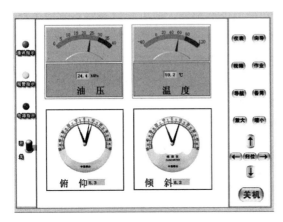

图 7-27　虚拟仪表面板

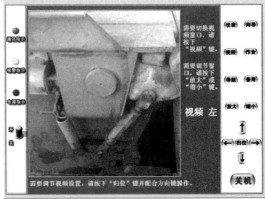

图 7-28　左视频显示面板

### 7.3.5 项目的生成与程序打包

项目用于集合 LabVIEW 文件和非 LabVIEW 文件、创建程序生成规范以及在终端部署或下载文件。保存项目时，LabVIEW 将创建一个包含该项目中文件的引用、配置、构建和部署等信息的项目文件（.lvproj）。

应用程序和共享库必须通过项目创建。必须通过 LabVIEW 项目在 RT、FPGA、PDA、Touch Panel、DSP 或嵌入式终端上操作。项目的创建、修改等操作都是在项目浏览器里进行。

#### 7.3.5.1 项目浏览器窗口

项目浏览器窗口用于创建和编辑 LabVIEW 项目。选择文件→新建项目，即可打开项目浏览器窗口。也可选择项目→新建项目或新建对话框中的项目选项，打开项目浏览器窗口。

项目浏览器窗口包括两页：项和文件。项将项目中的项在项目树的视图中显示。文件页显示在磁盘上有相应文件的项目项。在该页上可对文件名和目录进行管理。文件中对项目进行的操作将影响并更新磁盘上对应的文件。右键单击终端下的某个文件夹或项并从快捷菜单中选择在项视图中显示或在文件视图中显示可在这两个页之间进行切换。

默认情况下，项目浏览器窗口包括以下各项：

项目根目录：包含项目浏览器窗口中所有其他项。项目根目录的标签包括该项目的文件名。

我的电脑：表示可作为项目终端使用的本地计算机。

依赖关系：用于查看某个终端下 VI 所需的项。

程序生成规范：包括对源代码发布编译配置以及 LabVIEW 工具包和模块所支持的其他编译形式的配置。如已安装 LabVIEW 专业版开发系统或应用程序生成器，可使用程序生成规范配置独立应用程序（EXE）、动态链接库（DLL）、安装程序及 Zip 文件。

可隐藏项目浏览器窗口中的依赖关系和程序生成规范。如将上述二者中某一项隐藏，则在使用前，如生成一个应用程序或共享库前，必须将隐藏的项恢复显示。

在项目中添加其他终端时，LabVIEW 会在项目浏览器窗口中创建代表该终端的项。各个终端也包括依赖关系和程序生成规范，在每个终端下可添加文件。

可将 VI 从项目浏览器窗口中拖放到另一个已打开 VI 的程序框图中。在项目浏览器窗口中选择需作为子 VI 使用的 VI，并把它拖放到其他 VI 的程序框图中。

使用项目属性和方法，可通过编程配置和修改项目以及项目浏览器窗口。本文的项目浏览器窗口如图 7-29 所示。

图 7-29　作业显示终端软件项目浏览器

### 7.3.5.2　生成可执行程序

利用前面所述的方法，将项目文件添加到项目文件夹下，并设置好启动文件等内容后，如图 7-30 所示。注意图中，应将程序运行后加载的第一个 VI 移至"启动 VI"选框中，其他在程序运行中需要调用的 VI 加载至"始终包括"选框中。然后点击"生成"按钮，程序开始编译运行工作，生成可执行文件。在有需要的情况下，也可以生成安装文件等。

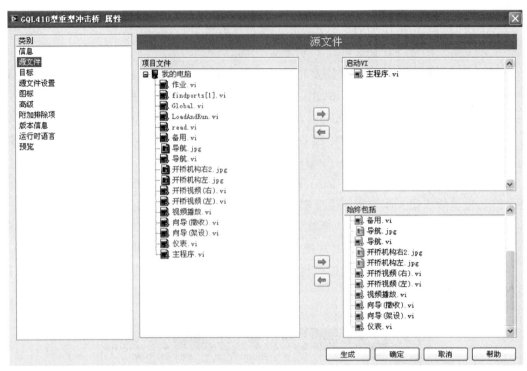

图 7-30　项目文件夹设置界面

# 第 8 章  挖掘机故障检测诊断系统开发

挖掘机故障检测诊断系统主要为该装备的使用和维修单位提供一套智能化的检测诊断设备，满足用户对山地挖掘机电气控制系统和液压系统状态检测、故障诊断的需求，可对电气控制系统进行战备完好性检测和故障诊断，故障定位到独立设备；可基于装备预埋的检测端口对液压系统的状态参数进行检测，为故障诊断提供数据依据。

该系统采用便携式检测诊断平台+适配器或与"通用装备电子系统综合检测车"相配合，构成现场检测诊断系统，进行挖掘机电子设备和液压系统的现场检测，对设备或组合进行性能检测和故障诊断，做到设备可更换单元的故障定位。

## 8.1  故障检测诊断系统的总体组成

检测诊断系统采用现场检测诊断平台（软、硬件）+山地挖掘机适配器的总体技术方案（参见图 8-1），用于山地挖掘机的现场检测。

图 8-1  挖掘机故障检测诊断系统技术方案

### 8.1.1  系统组成

故障检测系统硬件由控制计算机、显示控制单元、故障检测系统适配器、接口电缆、供电电源等部分组成，其内部组成结构框图如图 8-2 所示，图 8-3 是检测诊断系统的实物照片。

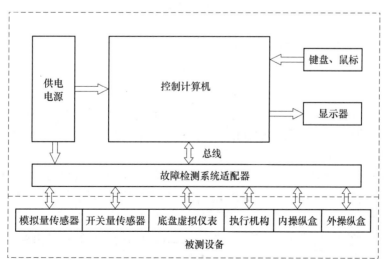

图 8-2  故障检测系统总体组成框图

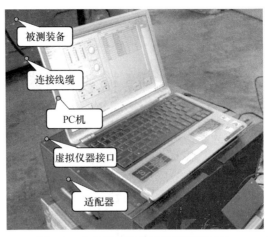

图 8-3　山地挖掘机故障检测诊断系统

（1）控制计算机。故障检测系统采用计算机为核心，通过测控软件对测试系统进行管理和控制。通过计算机接收工作状态指令，产生控制指令和驱动信号，并记录试验数据，在专家数据系统和相关软件的支持下提供故障定位信息，为排除故障提供参考。

（2）显示控制单元。显示控制单元采用彩色液晶屏显示，键盘、鼠标作为输入设备，硬盘作为存储介质。以 Windows 为软件平台，便于界面设计。显示控制单元为人机对话的接口。操作员借此可输入操作指令并显示各测试结果。

（3）适配器。适配器由盒体、数据采集与控制板和航空插座等组成，如图 8-4 所示。适配器正面的航空插座通过电缆和被测设备相连，反面则采用 VPC90 标准接口与 PXI 计算机系统相连。

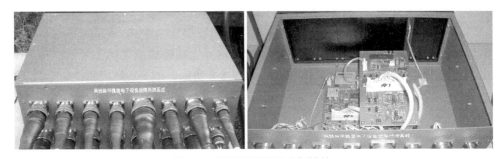

图 8-4　适配器外形及内部结构

适配器完成 A/D、D/A、数字 I/O、串口和 CAN 通信等功能，在测试功能软件的控制下产生被测设备所需的输入信号，通过电路网络送到连接器；被测设备响应的输出信号通过连接器、电路网络输入到模块化电路，主控计算机通过测试功能软件检测其响应是否正确，由此判断被测设备的完好性。当程序检测过程中，需要人工干预时，测试软件给出明确提示。当测出异常信号时，系统可查询数据库，给出相应的故障原因以及维修步骤。

数据采集与控制板包括上装设备数据采集板和底盘仪表数据采集板，每块数据采集板又由数据通讯模块、电源模块和接口模块组成，如图 8-5 所示。

数据通讯模块负责完成 CAN 总线数据的采集以及与控制计算机的 RS-232 数据通信。

电源模块负责产生设备各模块工作所需的+2.5V、+5V、±12V、+24V 内部工作电压。

图 8-5 数据采集与控制板

接口模块负责将全部模拟量传感器，开关量传感器，上装作业控制器，执行机构，内外操作盒激励响应信号连接到相应的数据采集模块。

### 8.1.2 工作原理

控制计算机向适配器发出开始发送指令，该适配器收到指令后，将按指定检测的顺序给被测设备加上检测信号；在检测信号发出后，控制计算机按设备工作流程向对应的模块发出开始接收指令，模块收到接收指令后，对其管理的所有设备进行测量，并将测量结果汇报到控制计算机；控制计算机收到检测结果后，根据故障检测系统的要求进行综合判断，并显示判断结果。

## 8.2 故障检测诊断系统硬件设计

### 8.2.1 控制计算机硬件

检测系统的硬件平台为 PXI 总线的计算机或满足抗振要求的便携式 PC 机。

### 8.2.2 适配器硬件

适配器硬件包括单片机电路、接近开关检测、操纵盒供电检测、模拟量传感器检测、阀回路电流检测、车速里程传感器信号检测与模拟、RS-232 串口电平变换、CAN 总线数据收发与切换、A/D 转换和电源电路。

#### 8.2.2.1 单片机电路

单片机电路采用了 MICROCHIP 公司带 CAN 总线管理器的高级单片机 PIC18F458，其外围电路十分简单，只需一个频率合适的石英晶体即可，上电复位由单片机完成，如图 8-6 所示。该单片机采用 DIP40 封装。单片机电路采用独立的电源模块提供 5V 供电，可以提高抗干扰能力。为使引脚 1 能兼容上电复位和编程电压输入的双重功能，在该引脚上接有上拉电阻。

#### 8.2.2.2 电压信号输入调理电路

电压输入电路可以将输入的 −10~+10V 电压（VD）线性转化为 18F458 可检测的 0~5V 电压（AN），如图 8-7 所示。

#### 8.2.2.3 电流信号输入调理电路

电流检测输入电路将电流转化为电压，如图 8-8 所示。图中，$R_s$ 为采样电阻，流经

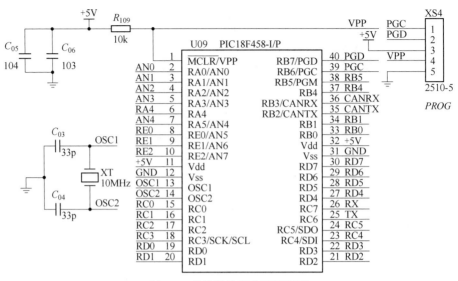

图 8-6 单片机控制电路原理图

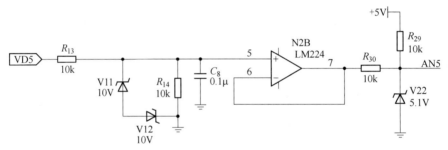

图 8-7 电压信号检测电路

它的电流在其两端产生电压，经运算放大器放大后形成电压 ID 送给 18F458 的模拟采样端。

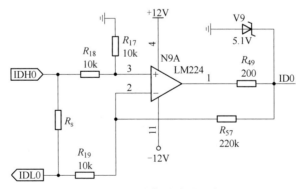

图 8-8 电流信号检测电路

#### 8.2.2.4 接近开关检测

接近开关检测电路用于上装作业状态开关的检测与信号模拟，由 8 路完全相同的电路组成，每路包括 2 个开关量输入检测、1 路电流检测和 1 路开关量输出变换，见图 8-9。

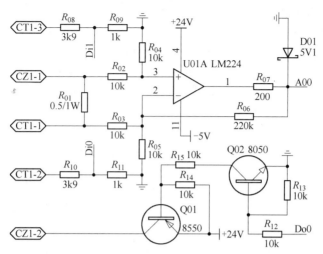

图 8-9　接近开关检测电路

从接近开关或作业控制器输出的开关量信号经 $R_{08}/R_{09}$（$R_{10}/R_{11}$）分压后送入后面的 74LS244 数据锁存器，并由单片机读取；接近开关的供电电流经 $R_{01}$ 取样、U01A 放大后送 A/D 转换器，以获取接近开关的供电情况；接近开关的输出可通过由 Q01 和 Q02 等组成的电子开关模拟输出。这样，在单片机的控制下可在线获得接近开关的工作状态，并在实装开关故障时单片机能模拟输出正确的开关状态。

#### 8.2.2.5　操纵盒供电检测

操纵盒供电检测主要检测从作业控制器供往操纵盒的电源电流和电压，以获得操纵盒的电源消耗情况，借此来判断操纵盒的工作是否正常。该检测电路采用了一个与接近开关的供电电流检测相同的 I/V 变换电路和一个分压电路构成，见图 8-10。

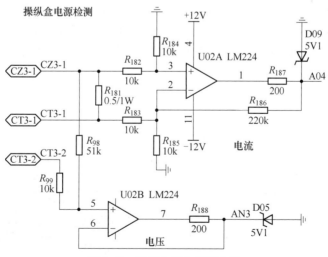

图 8-10　操纵盒供电检测电路

#### 8.2.2.6　车速里程传感器信号检测与模拟

车速里程传感器信号检测与模拟主要检测底盘车速里程传感器是否有正确的信号（频率为 0~2450Hz 的脉冲对应 0~100km/h 的车速）输出，同时在上装状态模拟检测时需要提供相应的模拟脉冲给作业控制器，以判断作业控制器是否正常。

车速里程传感器信号检测与模拟采用了简单的电平变换电路，见图 8-11。车速里程传感器输出的频率为 0~2450Hz 的幅度约为 10V 脉冲信号经 CZ5-1 送入由 Q31 构成的电平变换器，转换为低垫片为 0V 高电平为 5V 的标准信号，送入单片机的 RA4 端口；同样，由单片机产生的脉冲信号经 Q32 和 Q33 组成的电子开关，转换为幅度约为 24V 的脉冲给作业控制器，模拟底盘车速信号。

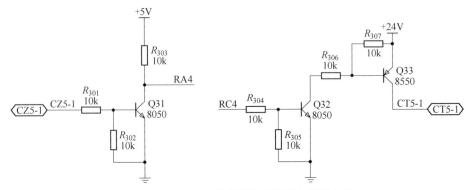

图 8-11　车速里程传感器信号检测与模拟电路

### 8.2.2.7　CAN 总线数据收发与切换

CAN 总线数据收发与切换负责完成适配器 CAN 总线与其他待检电子设备间的总线通信，并在必要时断开某个或某几个待检电子设备间的 CAN 总线。

CAN 总线数据收发采用了一种高速 CAN 隔离收发器——CTM1050。CTM1050 是一款带隔离的高速 CAN 收发器芯片，该芯片内部集成了所有必需的 CAN 隔离及 CAN 收、发器件，这些都被集成在不到 $3cm^2$ 的芯片上。芯片的主要功能是将 CAN 控制器的逻辑电平转换为 CAN 总线的差分电平，并且具有 DC 2500V 的隔离功能及 ESD 保护作用。

CAN 总线的切换采用继电器完成，见图 8-12。通过三个继电器 K3~K5 的组合使用，可以完成虚拟仪表、操纵盒和作业控制器与适配器的 CAN 总线交互连接。

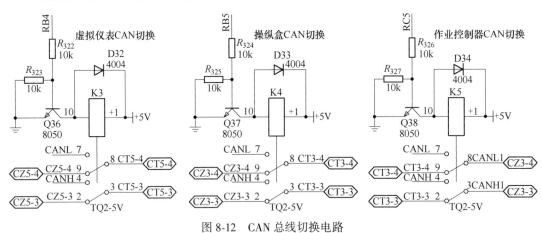

图 8-12　CAN 总线切换电路

### 8.2.2.8　A/D 转换

本适配器采用了两种 A/D 转换，一是单片机自带的 10 位 A/D 转换器，用了其中的 5

路（最多可以有 8 路），由单片机的 AN0 ~ AN4 完成；二是由 TLC545 构成的 19 路 8 位 A/D 转换器，见图 8-13。

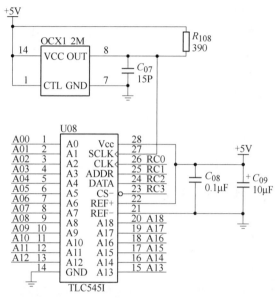

图 8-13　TLC545 构成的 19 路 8 位 A/D 转换器

TLC545 是具有 20 路输入（其中一路用于电路的标定）的 8 位 AD 转换器，输入的 19 路电压信号从 A00 ~ A18 送入转换器，单片机通过 3 总线（24 ~ 26 脚）与转换结果通信读取。OCX1 为 TLC545 提供工作时钟。AD 转换的参考电压（0 ~ 5V）可从管脚 REF+ 和 REF-输入。

### 8.2.3　通信协议

控制计算机与适配器之间通过 RS-232 串行口通信，波特率 57600，报文以 ASCII 码形式实现。

A　查询端口报文

报文格式：

$S<CRLF>

B　设置数字输出端报文

报文格式：

$DN, X1X0, B<CRLF>　　　（N=0, 1, 2, 3 ; X=0 ~ 15）

含义：设置序号 N 的单元输出端口 X 的输出值为 B，B 为 '0' 或 '1'。当 B = '2'，该 ID 号的扩展模块输出全部清零，当 B= '3'，该 ID 号的扩展模块输出全部置位。

C　设置模拟输出端报文

报文格式：

$AN, X, Y1Y2<CRLF>　　　（N=4, 5 ; X=0 ~ 7）

含义：设置序号 N 的单元输出端口 X 的输出值为 Y1Y2，Y1Y2 为 16 进制 ASCII 码，满幅输出 0x1F（32）级。第 5 路输出 0X1E。最大延时 31×3.2μs＝100μs。

D 设置采样速率报文

报文格式：

$RY1Y2Y3，D1D2<CRLF>

含义：Y1Y2Y3 为采样速率 10 进制 ASCII 码，D1D2 为速率倍除 10 进制 ASCII 码。

示例：$R020，10<CRLF> 设置为 20/10＝2（Hz），实际单板使用速率应小于 100Hz，六块采样卡应小于 20Hz。

E 设置模块采样允许报文

报文格式：

$EX0X1X2X3X4X5<CRLF>

含义：1 允许采样，0 不采样。

# 8.3 故障检测诊断系统软件开发

## 8.3.1 软件总体结构设计

### 8.3.1.1 主程序结构设计

LabVIEW 程序控件是一个模块，在程序面板中的编程方式也是模块化编程，为简化程序的复杂性、提高程序的可修改性，平台在 LabVIEW 的开发环境中的主程序也采用模块化编程。软件下包含各个功能模块，具体为：故障现象检测、自主检测、文献查询和维修建议等模块，每个功能模块下又包含不同的功能子模块。

上位机软件主要实现软件系统的介绍、故障检测、技术查询、串口通信、数据库链接等功能。整个上位机软件主要包括：系统简介、故障现象检测、自主检测、技术资料查询、故障维修指南、视频与动画显示、数据库接口、振动监测和串口通信等 8 个模块，如图 8-14 所示。

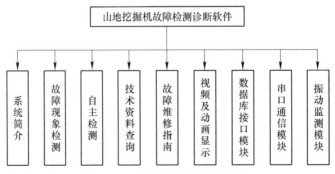

图 8-14 检测平台软件模块构成

### 8.3.1.2 检测主界面设计

系统运行界面设计时充分利用了 LabVIEW 软件的图形化与亲和性，设计出了大方美观、使用方便、交互性好的运行界面。上位机软件主要包括主界面、系统简介界面、故障现象检测界面、自主检测界面、资料查询界面、故障现象查询界面、移动操纵盒检测界面、液压系统参数检测界面、维修指导界面、技术手册显示界面、原理学习界面、振动监测界面和故障现象查询界面等。

### 8.3.2 主界面程序的开发

故障检测软件的主程序是利用 LabVIEW 开发环境与 SQL Server 2005 数据库共同开发构建的。在软件的主界面上设计了第一级功能按钮，点击第一级按钮进入下一级按钮界面，以此类推。

在系统设计的过程中，设计页面力求美观大方、功能方便快捷。主界面主要是利用 LabVIEW 和 Photoshop 制作的，主要特点是优化软件背景，使页面显得直观而简洁。系统采用了自动调屏技术，打开主界面时即调整为适合电脑屏幕分辨率的自动全屏界面，效果如图 8-15 所示。

图 8-15　软件主界面

主界面设计步骤为：

（1）在前面板上添加"确定"按钮控件，将控件覆盖到主界面相对应的文字上，设置外观属性"标签"、"标题"为不可见，属性"开""关"颜色为透明。

（2）在程序框图中添加一个 while 循环，设置 while 循环属性，在 while 循环中加入事件结构，设置事件分支，然后运用 VI 引用控件连接至类型说明符 VI 引用句柄输入端以创建一个严格类型的 VI 引用，用于传递到通过引用节点调用函数。连线板显示该多态函数的默认数据类型。部分程序框图如图 8-16 所示。

### 8.3.3 故障现象检测程序模块开发

#### 8.3.3.1 故障检测面板设计

点击故障现象检索按钮进入该模块，该模块根据某型冲击桥架设系统的电控与液压系统的主要工作元件、液压回路和电控回路的工作原理与故障机械，梳理出了电控与液压系统的常见故障现象、故障原因与故障检测与排除方法。该模块给用户提供一种简便快捷的故障检索方法，用户根据现场观察到的故障现象，利用该模块可快速的追寻故障根源，查找故障原因、故障部位，获取故障排除的方法。同时，故障现象检测模块还提供了辅助学习功能，程序用二维动画逼真显示了冲击桥架设操作中典型液压系统的工作原理，用户能够利用该模块学习辅助臂上升回路等液压系统的工作原理。图 8-17 是冲击桥故障检测软件的检测界面，图 8-18 是实现故障检测功能的程序图。

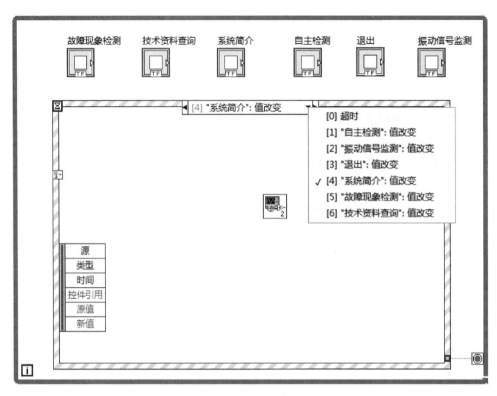

图 8-16 主界面程序框图

图 8-17 故障检测界面

故障现象检测程序诊断过程中，能够以图形化的友好方式向用户提供可能的故障原

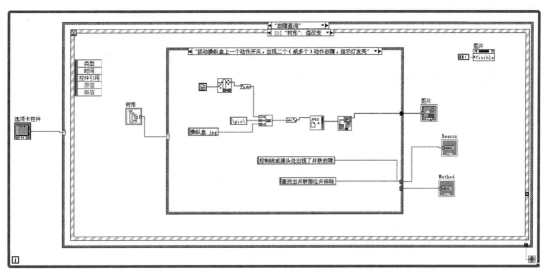

图 8-18 故障检测程序框图

因、检测方法和检测部位等信息，指导用户根据故障现象查找和诊断故障的原因，而且在检测结束后，提供故障检测报告生成功能，能够为用户自动生成方便实用的检测报告文档，用户根据文档信息，可以准备检测维修方案、工具和维修器材，极大地方便了用户的使用。图 8-19 是检测报告的生成界面。

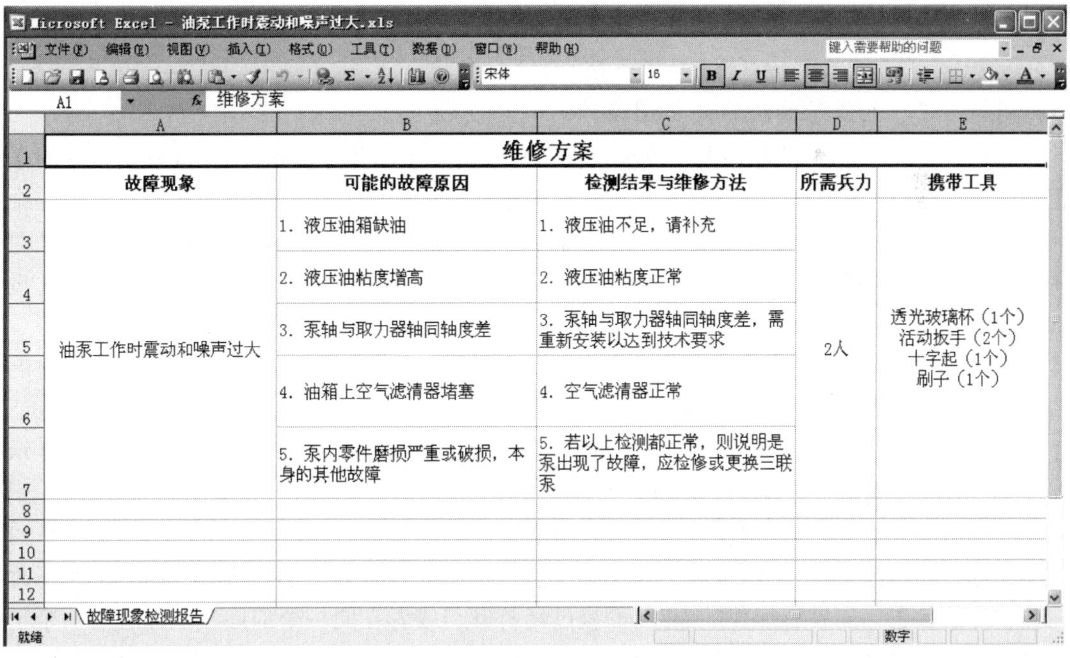

| 故障现象 | 可能的故障原因 | 检测结果与维修方法 | 所需兵力 | 携带工具 |
|---|---|---|---|---|
| 维修方案 | | | | |
| 油泵工作时震动和噪声过大 | 1. 液压油箱缺油 | 1. 液压油不足，请补充 | 2人 | 透光玻璃杯（1个）活动扳手（2个）十字起（1个）刷子（1个） |
| | 2. 液压油粘度增高 | 2. 液压油粘度正常 | | |
| | 3. 泵轴与取力器轴同轴度差 | 3. 泵轴与取力器轴同轴度差，需重新安装以达到技术要求 | | |
| | 4. 油箱上空气滤清器堵塞 | 4. 空气滤清器正常 | | |
| | 5. 泵内零件磨损严重或破损，本身的其他故障 | 5. 若以上检测都正常，则说明是泵出现了故障，应检修或更换三联泵 | | |

图 8-19 故障现象检测报告生成界面

故障现象检测界面同时提供了原理学习功能，用户点击标签页的原理学习选项，即进入原理学习界面，该界面提供了几个典型的液压回路，用户点选后用平面动画的方式显示这些液压回路的工作过程，用户可以形象直观地学习液压系统的油液流向、液压阀的开关时机等过程，便于用户快速准确地掌握这些回路的工作原理，为故障的检测、排除与维修奠定技术基础。图 8-20 是原理学习的一个典型界面。

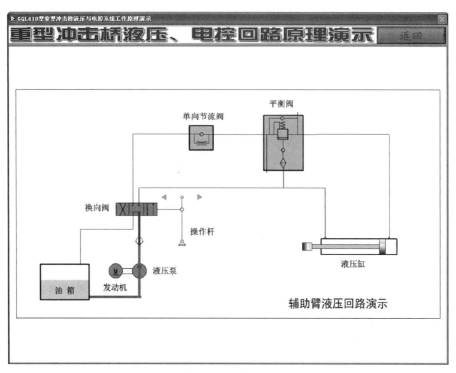

图 8-20 原理学习面板

### 8.3.3.2 加载子面板程序框图设计

如上一章相类似，故障现象检测模块的程序设计，也应用了 LabVIEW 开发语言中的子面板控件和子 VI 设计技术。子面板控件主要用于在当前程序（VI）的前面板上显示另一个程序（VI）的前面板。在本模块中，该控件主要用于显示在界面左侧树形控件中选定项对应的各个故障现象检测 VI。程序设计时，在前面板上放置子面板控件，而程序框图上并没有出现前面板接线端，而是自动创建了一个调用节点，并自动选中了"插入 VI"方法。

此处的调用节点实质是运用 VI 方法，用于开始执行一个 VI，其功能与程序设计时的运行按钮相当。运行 VI 方法与调用 VI 的不同之处在于，该方法在执行时使用的是所有前面板控件的当前值，而不是通过参数传递的数据。该方法忽略了 VI 的执行（调用时显示前面板属性）和执行（调用后关闭）属性。假如一个 VI 为另一个 VI 的执行而保留，则不能用该方法运行这个被保留的 VI。在调用运用 VI 方法节点后，下一步是调用插入 VI 方法节点，该方法属于子面板类中的一种方法，用于在子面板控件中加载一个 VI 而不改变该 VI 的状态。如果所加载的 VI 前面板已经打开，或者在同一个前面板上加载另一个子面板的控件的前面板，LabVIEW 不允许这种操作，因而会报错。并且所加载的前面板必须设置为可重入（由 VI 执行属性下的该选项设置）后，才能加载该前面板。同时也不能在远程应用程序实例中加载或迭代加载 VI 前面板。调用该方法后，前面板就被加载到内存中。关闭引用函数可用于关闭 VI 引用。前面板将驻留在子面板控件中，直到子面板控件所在的 VI 停止运行。图 8-21 是加载子面板的程序框图。

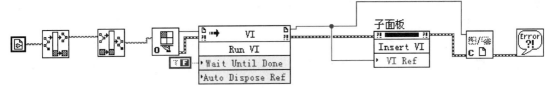

图 8-21　加载子面板程序框图

### 8.3.3.3　工作原理演示程序框图设计

工作原理演示主界面其实是一个用 LabVIEW 语言开发的 SWF 文档播放器，其前面板如图 8-20 所示。程序前面板的实现是通过在界面上放置 LabVIEW 语言中的 ActiveX 容器控件来完成。ActiveX 容器用于访问和显示前面板上的 ActiveX 对象。要在前面板上插入一个 ActiveX 对象，右键单击该 ActiveX 容器，并从快捷菜单中选择插入 ActiveX 对象，选择需插入的 ActiveX 控件或文档。使用 ActiveX 属性浏览器或属性选项卡可以设置属性，或使用属性节点通过编程设置属性。本程序中，创建显示 SWF 文件的 ActiveX 容器与文档步骤如下：

（1）在前面板窗口上放置 ActiveX 容器。

（2）右击 ActiveX 容器，在弹出式菜单中选择"插入 ActiveX 对象..."选项，弹出"选择 ActiveX 对象"窗口，如图 8-22 所示。

（3）在该窗口下拉列表框中选择"Shockwave Flash Ojbect"对象，然后单击确定按钮，此时 ActiveX 窗口中将出现 ShockwaveFlash 注册对象，这样就完成了对象的添加过程。

在前面板创建完成 ShockwaveFlash 对象后，相应地在程序框图中也生成了该对象的接线端子。若要正确地显示 SWF 动画文档，还需在框图上放置通过引用调用节点控件来调用动画文档，在框图上放置该控件后，右击该控件，在弹出的选择方

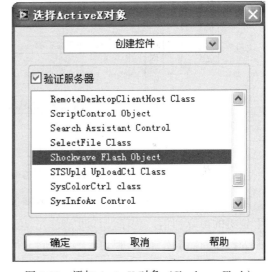

图 8-22　添加 ActiveX 对象（ShockwaveFlash）

法窗口中，在其方法和级联属性树形控件中选择"LoadMovie"选项，单击"确定"，此时生成调用（加载动画文档）方法，然后正确连接各个接线端，即可完成动画文档的加载与显示运行。动画文件的其他操作命令，如 Play、Stop、Rewind、StopPlay 等方法的调用与此类似。

### 8.3.4　自主检测程序模块开发

自主检测模块是状态监测系统的核心模块之一，既可用于与冲击桥液压、电控系统连接在线监测其工作状态，也可以在离线状态下监测液压电控系统的工作状态，以帮助用户学习液压系统、电控系统的故障现象、故障原因及故障排除方法之间的关系。系统设置了

重型冲击桥架设系统的所有液压回路的监测部位和监测参数，以及电控系统的主控盒、移动操纵盒等组件的监测参数。用户点击相应的监测选项，可进入各个液压回路或电控组件进行故障的联机监测或离线模拟分析。整个操作过程中，有良好的方法提示，帮助用户进行故障的监测与模拟训练。自主检测的回路结构示意图如图 8-23 所示，图 8-24 是自主检测的前面板。

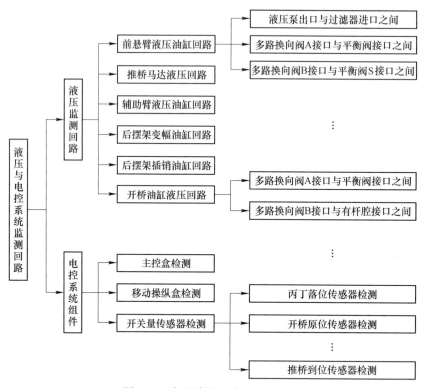

图 8-23   自主检测回路及测点框图

自主检测模块运行前，用户必须正确地连接传感器、测试与通信电缆，建立起上位机与下位机的可靠通信。程序设计时，首先是配置串口通信参数，当用户操作前面板数据采集命令按钮时，触发通信进程，上位机向下位机发送数据采集指令，控制下位机向传感器或电控系统提供激励信号，传感器的输出信号或电控系统的控制反馈信号再通过串行总线传送到上位机，由上位机程序进行处理后将相关结果进行显示、存储或报警等。

### 8.3.4.1  液压系统检测子模块开发

前文已说明，状态监测系统采用 LabVIEW 图形化虚拟仪器平台开发，充分发挥了 LabVIEW 的模块化和数据流功能。自主检测的各个监测点的测试程序均通过调用相应的子 VI 来完成。子模块也可分为液压回路检测子模块和电控组件监测子模块两大类，图 8-25 为前悬臂油缸液压回路监测的程序界面。该界面上布置了液压系统压力监测虚拟仪器、虚拟温度计和虚拟流量计等，并放置了监测数据记录表，可以实时显示所记录的数据并将其存储在上位机中。作为本文程序设计的特色之一，在界面上设置了监测功能选择按钮，用户可以随意选择在线监测或模拟实验功能，当监测软件通过硬件与冲击桥相连时，选择在线监测功能，监测软件实时监测冲击桥液压和电控系统的工况参数，进行显示、报警和

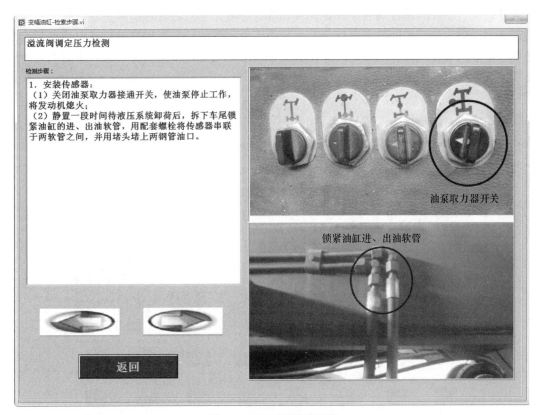

图 8-24 自主检测前面板

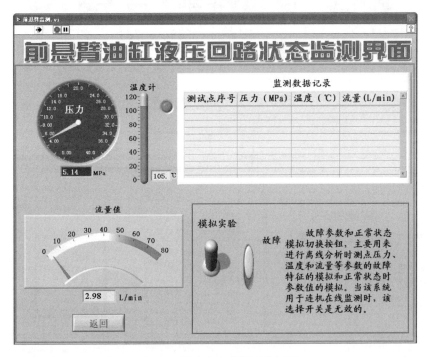

图 8-25 故障自主检测程序框图

存储等处理。当没有硬件或进行装备维修训练教学时，用户可选择模拟实验功能，这时监测程序可以模拟冲击桥的故障参数信号或正常工作时的信号，对用户进行故障检测与诊断的培训教学。前悬臂液压回路监测界面上正在显示的是处理模拟实验状态，模拟的是液压系统出现故障时的工况参数。

### 8.3.4.2 移动操纵盒监测子模块的设计

移动操作盒是重型冲击桥架设系统中的一个重要部件，使用较多，故障率较高。它的故障检测与维修诊断是用户经常进行的工作。图 8-26 是移动操纵盒（外操作盒）的检测界面。图 8-27 是移动操纵盒检测的程序流程框图。

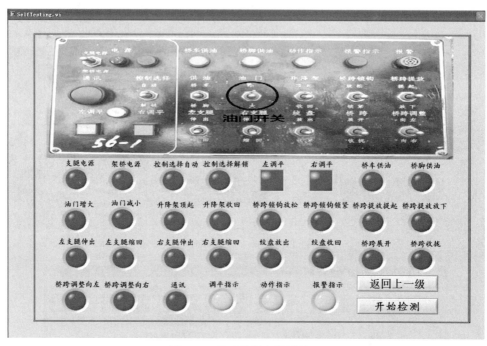

图 8-26 移动操纵盒检测界面

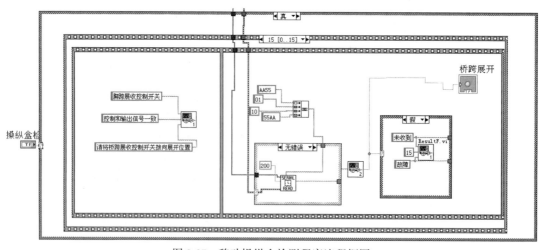

图 8-27 移动操纵盒检测程序流程框图

　　自主检测过程中，检测界面提供了良好的帮助功能，每一步都向用户提供了检测提示，如图 8-28 （a） 所示，当出现故障时，程序自主弹出故障显示窗口，如图 8-28 （b） 所示，用户此时可点击页面下部的维修指导按钮，进入维修指导界面，如 8.3.4.3 小节所示，为用户提供检测与维修指导。

### 8.3.4.3　维修指导模块开发

　　维修指导页面可以通过调用并输入检测项目编号进入，用户选择需要浏览的维修指导步骤和图片展示，其界面如图 8-29 所示。程序框图如图 8-30 所示。

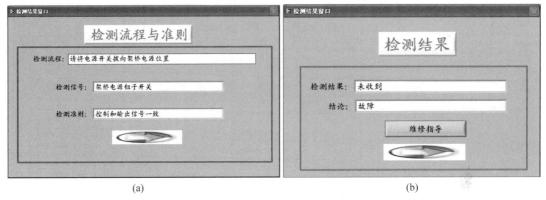

（a）　　　　　　　　　　　　　　　　　（b）

图 8-28　检测结果显示界面

（a）检测流程提示面板；（b）检测结果显示面板

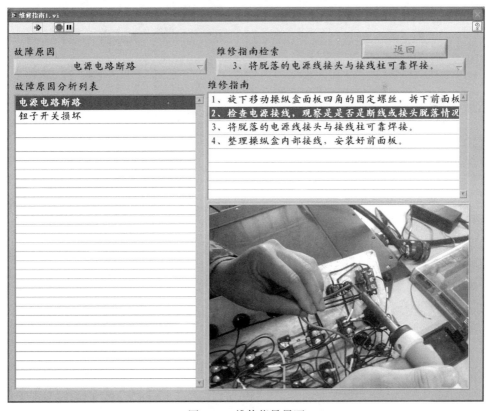

图 8-29　维修指导界面

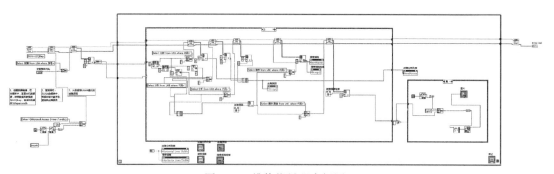

图 8-30    维修指导程序框图

# 参 考 文 献

［1］Obradovic D，Lenz H，Schupfner M. Fusion of sensor data in Siemens car navigation system. IEEE Trans. Veh. Technol. 2007：43-50.

［2］Julier S，Durrant-Whyte H. On the role of process models in autonomous land vehicle navigation systems. IEEE Trans Robot. 2003：1-14.

［3］Singh S，Cannon H. Multi-Resolution Planning for Earth moving. Proceedings International Conference on Robotics and Automation. leuven，Belgium，1998.

［4］Nguyen Q H，Ha Q P，Rye D C，etc. Force/position tracking fox electro-hydraulic systems of a robotic excavator. Proceeding of the 39th IEEE Conference on Decision and Control. Sydney，2000：5224-5229.

［5］Myung Jin Chae，Gyu Won Lee. A 3D surface modeling system for intelligent excavation system. Automation in Construction，2011：808-817.

［6］雷振山，等. LabVIEW 高级编程与虚拟仪器工程应用［M］. 北京：中国铁道出版社，2012.

［7］田泽. 嵌入式系统开发与应用实验教程［M］.3 版. 北京：北京航空航天大学出版社，2011.

［8］赵会兵. 虚拟仪器技术规范与系统集成［M］. 北京：清华大学出版社，北京交通大学出版社，2003.

［9］董景新，等. 机电系统集成技术［M］. 北京：机械工业出版社，2009.

［10］封士彩. 测试技术实验教程［M］. 北京：北京大学出版社，2008.

［11］尚锐，等. 机械工程专业技术基础实验教程［M］. 沈阳：东北大学出版社，2010.